办公软件应用

（第2版）

主　编　邓　荣

副主编　李青野　高瑗蔚

参　编　蒋　渝　江　希　张欣月

北京理工大学出版社
BEIJING INSTITUTE OF TECHNOLOGY PRESS

内 容 简 介

本书以企业办公为创作背景，结合 WPS Office 1 + X 考试需求，对 WPS 软件操作方法进行了详细讲解。全书共分为 4 个项目共 18 个工作任务。4 个项目分别为 WPS Office 文字的应用、WPS Office 表格的应用、WPS Office 演示文稿的应用和办公应用篇——综合应用。本书以"内容实用，任务典型"为指导思想，把育人目标与素质拓展融入企业案例中，同时引入新技术，对 WPS 进行功能拓展，提高办公操作效率。

本书配套微课教学视频与课件，更利于读者理解与学习。本书适合作为高等职业院校、高等专科学校、成人高校、本科院校所属二级职业技术学院等学生的办公应用课程教材，也可作为 WPS 1 + X 考试、全国计算机等级考试、各类计算机教育培训机构专用教材，还可作为信息技术爱好者的自学用书。

图书在版编目（CIP）数据

办公软件应用 / 邓荣主编 . -- 2 版 . -- 北京：北京理工大学出版社，2024.6（2025.1 重印）
ISBN 978 - 7 - 5763 - 3258 - 2

Ⅰ . ①办… Ⅱ . ①邓… Ⅲ . ①办公自动化 – 应用软件
Ⅳ . ①TP317.1

中国国家版本馆 CIP 数据核字（2024）第 002442 号

责任编辑：王玲玲	**文案编辑**：王玲玲
责任校对：刘亚男	**责任印制**：施胜娟

出版发行 / 北京理工大学出版社有限责任公司
社　　址 / 北京市丰台区四合庄路 6 号
邮　　编 / 100070
电　　话 / （010）68914026（教材售后服务热线）
　　　　　　（010）63726648（课件资源服务热线）
网　　址 / http：//www.bitpress.com.cn

版 印 次 / 2025 年 1 月第 2 版第 2 次印刷
印　　刷 / 唐山富达印务有限公司
开　　本 / 787 mm×1092 mm　1/16
印　　张 / 19.5
字　　数 / 436 千字
定　　价 / 55.00 元

前言

WPS Office 是由金山软件股份有限公司自主研发的一款办公软件套装，主要包括文字、表格和演示三大组件。本书以企业办公为创作背景，结合 WPS Office 1＋X 考试需求，对 WPS 软件操作方法进行了详细讲解。

1. 本书内容

本书包括 WPS Office 文字的应用、WPS 表格的应用、WPS 演示文稿的应用、办公应用篇——综合应用四大模块，共 18 个任务，所选任务均与日常工作密切相关，注重 WPS 办公软件实践技能的提升和学生综合应用能力的培养。其中，WPS Office 文字的应用模块包括通知的制作、诗词排版设计、电子板报设计、职业技能等级认定申报表、用户使用指南制作、准考证的制作、长文档批量设置表格 7 个任务；WPS 表格的应用模块包括简单数据表的制作、企业员工工资数据分析与处理、产品销售数据分析与处理、公司销售比较图制作、销售表设置与打印、制作企业员工工资条 6 个任务；WPS 演示文稿的应用模块包括入职培训、年度工作总结、WPS 文档快速转化成演示文稿 3 个任务；办公应用篇——综合应用包括项目招标投标基本框架、创建云文档 2 个任务。

2. 体系结构

本书依据课程教学目标及岗位需求，结合高职办公自动化课程教学特点，以"内容实用，任务典型"为指导思想，本书的每个任务都包含了任务描述、相关知识、任务实施、项目自评、素质拓展、能力拓展这六大板块。把素质拓展融入企业案例中，精心设计教材内容，对操作性强的项目采用了任务驱动模式，以"提出问题—解决问题—归纳问题"的三部曲方式，即"提出问题—设计任务—学习任务所需的相关知识—提示与操作—自评与拓展"的体例结构进行讲解。教材内容层次分明、通俗易懂，满足理实一体化教学需求。

（1）任务描述：简述任务背景。

（2）相关知识：任务涉及的 WPS 操作知识。

（3）任务实施：详细介绍任务的实现方法与操作步骤。

（4）项目自评：读者完成任务后对自己的评分。

（5）素质拓展：该任务所涉及的素质内容拓展。

（6）能力拓展：结合任务中的内容给出难度适中的实质任务，让学生通过练习巩固所学知识。

（7）新技术：介绍了相关软件的新技术，大幅提升用户的工作效率和办公体验。

3. 本书特点

本书内容较新、项目真实、叙述详略得当、配套资源丰富。作为校企合作开发的教材，本书的实操案例均取于企业真实案例，并且具有一定的代表性，注重易学性和实用性，旨在帮助读者学习相关理论知识后，能将该知识点运用到实际操作中，符合职业教育培养应用型人才的要求，注重任务实施和操作技能的训练。本书精心设计，因势利导，在素质拓展中恰当地融入工匠精神、创新思维等元素，注重挖掘其中的职业素养，体现爱国情怀，培养学生的创新意识，将"为学"和"为人"相结合。

本书引入了新技术，讲解了 WPS 中不坑盒子、办公助手 Free、OKPlus 等 WPS 插件的使用，能一键实现各种复杂的功能，节约办公时间；介绍了 WPS AI，能实现自动生成大纲，快速获取信息，开启移动创作方式，提供更好的工作体验；引入 WPS 的宏案例，对 WPS 进行功能拓展，可以编写宏代码，来完成 WPS 中没有的功能，提高操作效率。

4. 教学资源

为适应多媒体教学的需求，本书编者精心制作了 PPT 课件和每个项目任务，提供完成任务所需的素材，并提供高清微课视频。即本书涉及的所有案例、讲解的重点知识都配有二维码，读者只需要手机扫码即可查看对应的操作演示。

5. 适用对象

本书适合作为高等职业院校、高等专科学校、成人高校、本科院校所属二级职业技术学院和民办高校学生的信息技术课程教材，也可作为 WPS 1 + X 考试、全国计算机等级考试、各类计算机教育培训机构专用教材，还可作为信息技术爱好者的自学用书。

本书由邓荣任主编，负责全书的统稿、修改、定稿工作；李青野、高瑷蔚为副主编；蒋渝、江希、张欣月参与编写。主要编写人员分工如下：邓荣、高瑷蔚编写了项目一，蒋渝、张欣月编写了项目二，李青野编写了项目三，江希编写了项目四。本书中的案例由重庆建筑科学研究院有限公司教授级高工周磊，北京华晟经世信息技术有限公司运营总监、中兴通讯高级工程师、二级项目管理师尤淑辉，福建新大陆科技集团有限公司项目经理王咏，重庆电子工程职业技术学院副教授易国键，重庆工业职业技术学院副教授何静等企业工程师和学校教师共同参与设计；素质拓展由重庆工程职业技术学院马克思主义学院教师孙小恒、戴静等参与设计。

由于编者水平和能力有限，书中难免存在不足之处，恳请广大读者执评指正。

编　者

目 录

项目一

WPS Office文字的应用

【项目导读】

WPS 文字是 WPS Office 中的一个重要组件，是由金山软件股份有限公司推出的一款文字处理与排版工具。本项目主要介绍 WPS 文字处理的基本操作和使用技巧。主要内容包括设置文字格式及表格、图文排版、长文档编辑、邮件合并等。

任务一　创建文档——通知的制作

WPS 文字是金山软件公司的一种办公软件核心模块之一，主要用于文字处理工作。WPS 文字 2019 提供了出色的文档编辑功能，其提供了各种文档格式设置工具，利用它可以更轻松、高效地组织和编写文字，其增强后的功能可创建专业水准的文档。

【知识目标】

※ 了解并能够自定义 WPS 文字工作界面；

※ 熟悉文件的备份、格式转换、符号录入等技巧。

【技能目标（1 + X 考点）】

※ 掌握编辑文本的相关技巧；

※ 能够通过使用鼠标和键盘实现指定文本的选定；

※ 掌握文本格式化、页面设置的基本方法。

【素质目标】

※ 知晓公文的种类，了解公文正确格式；

※ 具备办公室文员基本素养。

【任务描述】

重庆智慧物联职业教育集团、工业互联网产业联盟重庆分联盟、中国信息通信研究院西部分院决定联合举办 2021 年重庆智慧物联职业教育集团年会暨成渝地区双城经济圈工业互联网产教融合大会，向重庆市、四川省教研机构、各职业院校、各相关行业企业发出了图 1.1.1 所示的通知（注：本通知删减了联系人信息）。

重庆智慧物联职业教育集团
工业互联网产业联盟重庆分联盟
中国信息通信研究院西部分院

重智职教集团[2022]X 号

重庆智慧物联职业教育集团
工业互联网产业联盟重庆分联盟
中国信息通信研究院西部分院
关于举办 2021 年重庆智慧物联职业教育集团年会
暨成渝地区双城经济圈工业互联网产教融合大会的通知

重庆市、四川省教研机构、各职业院校、各相关行业企业：

为贯彻落实习近平总书记对职业教育工作的重要指示和全国全球职业教育大会精神，把握成渝地区双城经济圈、科技创新中心和中国西部（重庆）科学城建设的新机遇，为进一步加强职教集团院校间的合作与交流，提升成渝地区职业院校办学水平，促进成渝地区双城经济圈工业互联网产教融合高质量发展，服务技能型社会建设，支撑国家重大发展战略落地实施。重庆智慧物联职业教育集团、工业互联网产业联盟重庆分联盟，中国信息通信研究院西部分院决定举办 2021 重庆智慧物联职业教育集团年会暨成渝地区双城经济圈工业互联网产教融合大会。现将有关

— 1 —

事宜通知如下：

一、活动组织

（一）指导单位

重庆市教育委员会、四川省经济和信息化厅、重庆市经济和信息化委员会。

（二）主办单位

重庆智慧物联职业教育集团、四川电子信息职业教育集团、工业互联网产业联盟重庆分联盟、中国信息通信研究院西部分院。

（三）承办单位

重庆工程职业技术学院、四川信息职业技术学院、重庆市工业软件产业园、重庆怎米网络科技有限公司、重庆市渝中区区块链协会、中国民营科技实业家协会元宇宙工作委员会。

二、活动时间

2022 年 6 月 25 日（上午 8：30-12：00，下午 14：00-18：00）

三、主题内容

（一）大会主题

职业教育集团化办学、成渝地区双城经济圈工业互联网产教融合

（二）大会内容

1.重庆智慧物联职业教育集团 2021 年会、新一届理事会；

2.成渝地区双城经济圈工业互联网产教融合大会。

— 2 —

（三）大会议程

见附件 1

四、参会方式和参会人员

大会总规模共计 128 家单位，其中重庆市 106 家，四川省 20 家，线下会议控制在 85 人以内，线上 200 人。

（一）线下主会场：重庆各高职业院校、中职院校、各相关行业企业代表派出 1 人参加会议；（报名方式见附件2）；

（二）线上分会场：四川省各职业院校、各相关行业企业代表（会议直播网址及二维码见附件3）。

五、活动要求

（一）请参加线上分会场各单位提前做好报名和组织工作，提前半小登录直播同平台参加会议；

（二）请各参会单位自觉遵守属地防控要求，做好相关防护工作；

（三）线下主会场学校参会人员住宿自理，差旅费按规定回原单位报销。

六、联系人及联系方式

重庆工程职业技术学院 xxx 12345678901

四川信息职业技术学院 xxx 12345678901

重庆市工业软件产业园 xxx 12345678901

重庆怎米网络科技有限公司 xxx 12345678901

七、大会地址

— 3 —

重庆总部城园区多功能会议厅

重庆市渝中区经纬大道虎距路总部城 A 区 1 号接待楼

恭请光临！期盼您的回复。

重庆智慧物联职业教育集团（代章）
工业互联网产业联盟重庆分联盟
中国信息通信研究院西部分院

— 4 —

图 1.1.1　关于举办 2021 年重庆智慧物联职业教育集团年会暨成渝地区双城经济圈
工业互联网产教融合大会的通知

【相关知识】

1. 认识 WPS 文字工作界面

案例说明：扫二维码观看 WPS 文字工作界面介绍。

WPS 文字的工作界面主要包括标题栏、窗口控制区、快速访问工具栏、功能区、导航窗格、文字编辑区、状态栏和视图控制区等部分，如图 1.1.2 所示。

WPS 文字工作界面介绍

图 1.1.2　WPS 文字工作界面

标题栏：主要用于显示正在编辑的文档的文件名。

窗口控制区：主要用于控制窗口的最小化、最大化和还原。

快速访问工具栏：用于显示常用工具按钮，默认显示的按钮有"保存""输出为 PDF""打印""打印预览""撤销""恢复"和"自定义快速访问工具栏"等，单击这些按钮就可以执行相应操作。

功能区：主要有"开始""插入""页面布局""引用""审阅""视图"和"章节"等选项卡，单击任一选项卡，可以显示其按钮和命令。

文字编辑区：用于文字的编辑、页面设置和格式设置等操作，是 WPS 的主要工作区域。

导航窗格：可以展示文档的中的目录、章节、书签、查找和替换等，快速地查找到自己需要的内容。

状态栏：位于窗口左下方，用于显示页码、页面、节、设置值、行、列、字数等信息。

视图控制区：主要用于切换页面视图方式和显示比例，常见的视图打开方式有页面视图、大纲视图、Web 版式视图等。

2. 自定义 WPS 工作界面

安装 WPS 之后，可以通过自定义工作界面，使其更加符合自己的使用习惯。

（1）在快速访问工具栏中添加或删除按钮

方法 1：单击快速访问工具栏的"自定义快速访问工具栏"下拉按钮，直接添加所需的命令，或者单击"其他命令"选项，根据需要进行设置，如图 1.1.3 所示，同时可以调整快速访问工具栏的位置到功能区下方或浮动显示。

图1.1.3 快速访问工具栏

方法2：使用 WPS Office 打开文件，依次单击左上角"文件"→"选项"，选择"快速访问工具栏"，根据需要进行相关设置即可。

（2）新建选项卡及常用工具组

使用 WPS 时，为了避免频繁切换选项卡，可以将常用命令添加到一个新的选项卡，方便使用。

选择左上角"文件"→"选项"→"自定义功能区"，单击"新建选项卡"命令，如图1.1.4所示，选择相应命令按钮，并为新选项卡更名即可。

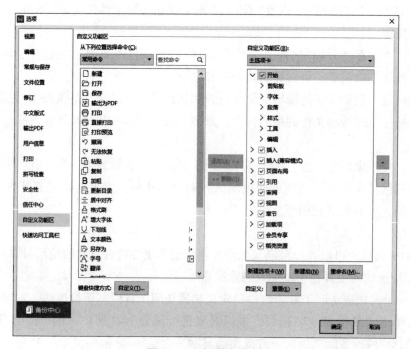

图1.1.4 新建选项卡

案例说明：扫二维码观看，新建一个"通知选项卡"。

通知选项卡

3. 文件的备份和文档保护

（1）文件的备份

在生活和工作中常用 WPS 编辑文本内容、数据表格。有时会遇到编辑的
文档忘记保存，电脑断电死机的情况，为了避免这样情况的发生，可以设置文档自动备份。

单击左上角"文件"→"备份与恢复"→"备份中心"，单击"本地备份设
置"，在"设置本地备份存放的磁盘"或者"云端备份"进行选择即可，还
可以选择定时备份。

云同步及备份

案例说明：扫二维码观看，开启文件自动同步和云备份。

> **注意：**
>
> WPS 备份管理不能代替"保存"和"另存为"命令。
>
> 备份时文字默认保存为 wps 格式，表格默认保存为 et 格式，演示默认保存为 dps
> 格式。

（2）文档保护

在工作中，有时会遇到较为隐私的合同、机密的文档、报告等，为了保护文档，不被随
意访问和修改，可以使用 WPS 文字、表格和演示中的文档权限对文档进行保护，为文档设
置打开和编辑密码，也可对访问者和编辑者进行指定。

单击左上角"文件"→"文档加密"→"密码加密"，如图 1.1.5 所示，在弹出的对话框中
可以设置打开权限密码以及编辑权限密码。

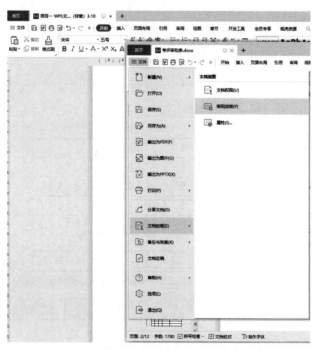

图 1.1.5　设置打开权限密码以及编辑权限密码

此处需要注意的是，密码一旦遗忘，就无法恢复，所以请妥善保管密码。若担心会忘记密码，最好还是将文档设置为私密保护模式。转为私密文档后，只有登录账号才可以打开，也很安全。

案例说明：扫二维码观看如何设置私密文档。

4. 转换格式

WPS 中可以进行多种格式的转换，可以将文档转换为 PDF、图片等格式，也可以将图片转换成文字，PDF 转换成 Word、Excel、PPT。

设置秘密文档

（1）将文档输出为 PDF

单击页面左上角"输出为 PDF"图标，在弹出框中进行相关设置后，单击"开始输出"按钮即可。

> **注意：**
>
> 当编辑内容未保存时，保存则将当前内容输出为 PDF，不保存则输出原有内容。

（2）将文档输出为图片

单击页面左上角"输出为图片"图标，在弹出框进行相关设置后，单击"开始输出"按钮即可。

案例说明：扫二维码观看如何将文档转换为 PDF、图片。

5. 符号的录入

输入文字时，有时需要输入一些诸如希腊字母、罗马数字、片假名及汉语拼音等特殊符号，这时仅仅通过键盘是无法输入这些符号的。WPS 中提供了插入这些符号的功能。

方法 1：首先单击上方菜单栏"插入"→"符号"，选择"其他符号"，会出现如图 1.1.6 所示"符号"对话框，可以选择插入各种符号。

图 1.1.6　"符号"对话框

　　方法2：单击上方菜单栏"插入"→"符号"→"符号大全"→"更多"，可以打开"符号大全"对话框，如图1.1.7所示，可以选择序号、标点、数学、几何、单位、字母、语文类型等各种符号。

图1.1.7　"符号大全"对话框

　　除此以外，WPS还提供了创意符号。例如想插入一个颜文字表示开心的心情，选择"颜文字"→"开心"，单击即可插入。

　　案例说明：扫二维码观看自定义符号列表、设置符号快捷键。

符号设置

6. 编辑文本

（1）选定文本

　　在对 WPS 文档中的文本进行编辑和排版操作之前，首先要选定文本。文本的选定可以通过鼠标和键盘实现，见表1.1.1。

表1.1.1　鼠标选定文本的方法

选择范围	具体操作	图例
选定一个词	双击选定待定词语	北国风光，千里冰封，万里雪飘。望长城内外，惟余莽莽；大河上下，顿失滔滔。山舞银蛇，原驰蜡象，欲与天公试比高。须晴日，看红装素裹，分外妖娆。

选择范围	具体操作	图例
选择任意连续文本	①从待选文本的起始位置按下鼠标左键，拖动鼠标到待选文本的结束处，释放鼠标 ②在待选文本的开始处单击，然后按住 Shift 键在待选文本结尾处单击，即可将两次单击处之间的文本选定	北国风光，千里冰封，万里雪飘。望长城内外，惟余莽莽；大河上下，顿失滔滔。山舞银蛇，原驰蜡象，欲与天公试比高。须晴日，看红装素裹，分外妖娆。
选择任意非连续文本	鼠标点按选定一处内容，按住 Ctrl 键继续点按选定其他不连续的内容	北国风光，千里冰封，万里雪飘。望长城内外，惟余莽莽；大河上下，顿失滔滔。山舞银蛇，原驰蜡象，欲与天公试比高。须晴日，看红装素裹，分外妖娆。
选定一行	移动鼠标指针到待选行左边，鼠标会自动地变成向右的箭头，单击选定一行	北国风光，千里冰封，万里雪飘。望长城内外，惟余莽莽；大河上下，顿失滔滔。山舞银蛇，原驰蜡象，欲与天公试比高。须晴日，看红装素裹，分外妖娆。
选定一段	段落左侧双击选定一段	北国风光，千里冰封，万里雪飘。望长城内外，惟余莽莽；大河上下，顿失滔滔。山舞银蛇，原驰蜡象，欲与天公试比高。须晴日，看红装素裹，分外妖娆。 江山如此多娇，引无数英雄竞折腰。惜秦皇汉武，
矩形块选定文本	按住 Alt 键并拖动鼠标就可以选定矩形文字	北国风光，千里冰封，万里雪飘。望长城内外，惟余莽莽；大河上下，顿失滔滔。山舞银蛇，原驰蜡象，欲与天公试比高。须晴日，看红装素裹，分外妖娆。
选定全文	①文档左侧三击选定全文 ②在"开始"的"编辑"组里打开"选择"列表，选择"全选"命令 ③快捷键 Ctrl + A	沁园春·雪 毛泽东 北国风光，千里冰封，万里雪飘。望长城内外，惟余莽莽；大河上下，顿失滔滔。山舞银蛇，原驰蜡象，欲与天公试比高。须晴日，看红装素裹，分外妖娆。 江山如此多娇，引无数英雄竞折腰。惜秦皇汉武，略输文采；唐宗宋祖，稍逊风骚。一代天骄，成吉思汗，只识弯弓射大雕。俱往矣，数风流人物，还看今朝。

释义：

　　选定栏是指文档窗口左边界和页面上工作区左边界之间不可见的一栏，移动鼠标指针到待选文本左边，鼠标会自动地变成向右的箭头，单击选定一行，双击选定一段，三击选定全文。

（2）用键盘选定文本

　　WPS 提供了一套利用键盘选择文本的方法，主要是通过 Ctrl 键、Shift 键和方向键来实现的，见表 1.1.2。

表 1.1.2　文本选择快捷键

按键	作用
Shift + ↑	向上选定一行
Shift + ↓	向下选定一行
Shift + ←	向左选定一个字符
Shift + →	向右选定一个字符
Ctrl + Shift + ←	选定内容扩展至上一单词结尾或上一个分句结尾
Ctrl + Shift + →	选定内容扩展至下一单词结尾或下一个分句结尾
Ctrl + Shift + ↑	选定内容扩展至段首
Ctrl + Shift + ↓	选定内容扩展至段末
Shift + Home	选定内容扩展至行首
Shift + End	选定内容扩展至行尾
Shift + PageUp	选定内容向上扩展一屏
Shift + PageDown	选定内容向下扩展一屏
Alt + Ctrl + Shift + PageUp	选定内容扩展至文档窗口开始处
Alt + Ctrl + Shift + PageDown	选定内容扩展至文档窗口结尾处
Ctrl + Shift + Home	选定内容扩展至文档开始处
Ctrl + Shift + End	选定内容扩展至文档结尾处
Ctrl + Shift + F8	纵向选取整列文本
Ctrl + A 或 Ctrl + 小键盘数字 5	选定整个文档

（3）移动和复制文本

　　有鼠标操作和剪贴板两种方法实现字符或文本的移动或复制。

　　方法 1：鼠标拖动法。

①首先在文档中选中需要移动或复制的文本。

②按住鼠标左键拖动到目标位置即可完成移动操作；在鼠标拖动的同时按住 Ctrl 键，可完成复制操作。

方法 2：使用剪贴板。

①选中需要移动或复制的文本。

②单击"开始"→"剪贴板"→"剪切"／"复制"，将选中的文档剪切或者复制下来。

③将光标移动到插入文本的位置，然后单击"开始"→"剪贴板"→"粘贴"，即可将文本移动或复制到新的位置。

（4）删除文本

要在 WPS 中删除文本，可针对不同的内容采用不同的删除方式。

①删除单个或多个文本：删除这类文本的时候，最简单的方法是使用 Back Space 键删除光标左边的字符，或者使用 Delete 键删除光标右边的文本。

②删除大段文本及段落：选定要删除的文本，然后单击"开始"→"剪贴板"→"剪切"即可。

（5）清除格式

在 WPS 中可以清除文本的格式，而不改变文本的内容，方法如下：

选定要清除格式的文本，然后单击"开始"→"字体"→"清除格式"即可。

（6）撤销和恢复

在 WPS 中，可以撤销和恢复多达 100 项操作。可以重复任意次数的操作。

①撤销执行的上一项或多项操作。

方法 1：单击快速访问工具栏上的"撤销"。

方法 2：按 Ctrl + Z 组合键。

方法 3：要同时撤销多项操作时，单击"撤销"旁的箭头，从列表中选择要撤销的操作，然后单击列表，所有选中的操作都会被撤销。

②恢复撤销的操作。

若要恢复某个撤销的操作，则单击快速访问工具栏中的"重复"命令；也可以按 Ctrl + Y 组合键。

7. 文本格式化

（1）设置字符格式

在 WPS 文档中，文字是组成段落的最基本的元素，任何一个文档都是从段落文本开始进行编辑的。当用户输入文本的内容之后，就可以对相应的文本进行格式化操作，从而使文档更加美观大方。字符格式的设置主要包括字体、字形、字号、字的颜色等。字体是指字符的形体，分为中文字体和西文字体；字形是指附加的字符形体属性，例如粗体、斜体等；字号是指字符的尺寸大小标准。设置字符的格式有以下四种方法：

方法 1：使用"开始"选项卡"字体"组的按钮。

利用"开始"选项卡"字体"组中的按钮可以完成字符格式的设置，包括字体、字号、增大字体、缩小字体、更改大小写、清除格式、拼音指南、字符边框、字形（粗体、斜体、下划线)、字体颜色等命令。

方法2："字体"对话框。

单击"开始"选项卡"字体"组右下角的对话框启动器，打开"字体"对话框，如图 1.1.8 所示。在"字体"选项卡中设置中（西）文字体、字形、字号、字体颜色、文字效果等格式；在"字符间距"选项卡中设置字符间距、Opentype 功能等格式。

图 1.1.8 "字体"对话框

方法3：选中要设置格式的字符，右击，选择"字体"，也可以弹出如图 1.1.9 所示的"字体"对话框。

方法4：使用"格式刷"工具。

格式刷位于"开始"选项卡的"剪贴板"组，如图 1.1.9 所示，它能够将光标所在位置的所有格式复制到所选文字上面，可以大大减少排版的重复劳动。

图 1.1.9 "格式刷"命令按钮

单击"开始"→"格式刷"，选中要套用格式的源文字区域，单击"格式刷"，再回到文档内容处，可以看到光标变成了刷子形状，此时选择要更改格式的文字区域，即可套用成功。

> **注意：**
>
> 格式刷无法复制艺术字（使用现成效果创建的文本对象，并可以对其应用其他格式效果）文本上的字体和字号。
>
> 可以使用"格式刷"应用文本格式和一些基本图形格式，如边框和填充。

（2）设置段落格式

段落格式设置是指设置整个段落的外观，包括段落缩进、段落对齐、段落间距、行间距等格式设置。

设置段落格式也有两种方法：

方法1：使用"开始"选项卡中的"段落"组。

方法2：使用"段落"对话框。可以单击"开始"选项卡"段落"组右下角的"对话框启动器"，打开"段落"对话框；也可以单击右键，选择"段落"，弹出如图1.1.10所示的"段落"对话框。

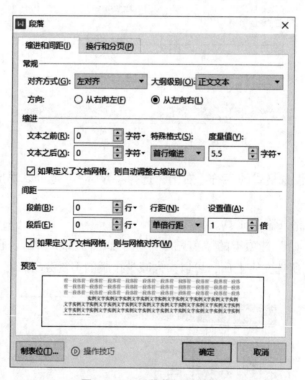

图1.1.10 "段落"对话框

若对一个段落进行设置，则应将光标（插入点）置于该段落中任意位置；若对几个段落进行设置，则需选中这些段落。

①对齐方式。

对齐方式是段落内容在文档的左右边界之间的横向排列方式。WPS 共有 5 种对齐方式：左对齐、右对齐、居中对齐、两端对齐和分散对齐，见表1.1.3。

表1.1.3 文本对齐方式示例

对齐种类	对齐方式	示例
左对齐	文字段落向左边边缘对齐	沁园春·雪
右对齐	文字段落向右边边缘对齐	沁园春·雪
居中对齐	文字段落在排版区域内居中对齐	沁园春·雪
两端对齐	所选文字段落的左右两端的边缘都对齐	沁园春·雪
分散对齐	通过调整字间距使文本段落的各行等宽	沁 园 春 · 雪

②段落缩进。

段落的缩进就是段落两侧与页边的距离。设置段落缩进可以将一个段落与其他的段落分开，使文档条理清晰、层次分明。选择要设置缩进的段落，单击"开始"→"段落"组，打开"段落"对话框，在"缩进和间距"选项卡中根据需要从中设置各个选项即可。

③行间距和段落间距。

行间距是指邻近两行文字间的距离。要设置段落间距，单击"开始"→"段落"组，打开"段落"对话框，在"行距"处设置。

所谓的段落间距，就是指前后相邻的段落之间的距离。要设置段落间距，首先应在文档中选择要改变间距的段落，然后单击"开始"选项卡的"段落"组，打开"段落"对话框，在"缩进和间距"选项卡中，在"间距"处根据需要设置各个选项即可。

8. 页面设置

在打印文档之前，用户可以对页面的页边距、纸张及版式等进行设置，通过调整它们的参数可以改变页面的大小和工作区域。

（1）设置页边距

页边距是页面四周的空白区域。通常可以在页边距的可打印区域中插入文字和图形。也可以将某些项放在页边距中，例如，页眉、页脚和页码等。

方法1：单击"页面布局"→"页面设置"组→"页边距"，选择所需的页边距类型。单击所需的页边距类型时，整个文档会自动更改为用户所选择的页边距类型。

方法2：自定义页边距。单击"页边距"下的"自定义边距"，弹出"页面设置"对话框，然后在"页边距"选项卡的"上""下""左"和"右"框中，输入新的页边距值，如图1.1.11所示。

（2）文字方向

在"页面布局"选项卡上的"页面设置"组中，单击"文字方向"，然后选择"垂直""水平"或者其他方向。

（3）改变纸张方向

方法1：单击"页面布局"选项卡→"页面设置"组→"纸张方向"→"垂直"或"水平"。

方法2：单击"页面布局"选项卡"页面设置"组的"对话框启动器"，在弹出的对话框中选择"页边距"选项卡，单击"纵向"或"横向"。

（4）纸张大小

方法1：单击"页面布局"选项卡→"页面设置"组→"纸张大小"，选择各种纸张。

方法2：单击"页面布局"选项卡"页面设置"组的"对话框启动器"，在弹出的对话框中选择"纸张"选项卡，单击选择纸张格式，如图1.1.12所示。

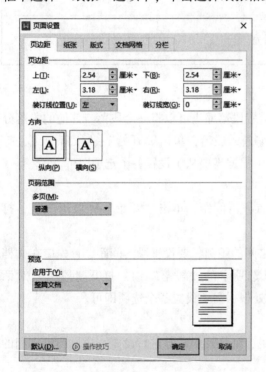

图1.1.11 "页面设置"对话框的
"页边距"选项卡

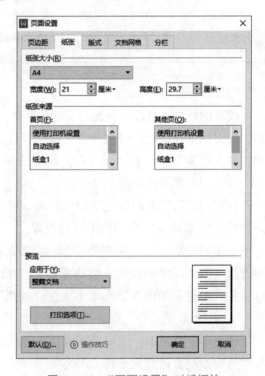

图1.1.12 "页面设置"对话框的
"纸张"选项卡

注意：

版心指纸张大小减去页边距和装订线所剩余的空间。设置版心是通过"页面设置"实现的。

案例说明： 扫二维码观看段落设置和页面设置。

段落设置页面设置

【任务实施】

1. 页面设置

新建一文档，设置纸张大小为 A4，宽度为 21 厘米，高度为 29.7 厘米；页边距：上边距为 37 mm，下边距为 35 mm，左边距为 27 mm，右边距为 26 mm；文档网格：每面排 22 行，每行排 28 个字。

2. 红头的制作

（1）红头文件排版设置

插入文本框，输入"重庆智慧物联职业教育集团工业互联网产业联盟重庆分联盟中国信息通信研究院西部分院"，设置字体为"方正小标宋_GBK"、字号为"一号"、字体"加粗"、居中对齐。右击文本框，选择"其他布局选项"，打开"布局"窗口，在"大小"选项卡中设置文本框高度为绝对值 26 mm，宽度为绝对值 156 mm。文字环绕设置为"浮于文字上方"。在"位置"选项卡中设置文本框位置相对于"栏"水平居中对齐，绝对位置距离页边距 35 mm，并勾选"允许重叠""锁定标记"。

（2）发文排版设置

输入"重智慧职教集团〔2022〕X 号"，中文字体设置为"仿宋"、数字字体设置为"Times New Roman"，字号设置为"三号"；对齐方式为"居中对齐"、行距设为"1.5 倍行距"。

（3）线条排版设置

选中"重智慧职教集团〔2022〕X 号"，添加底边框，选择一粗一细，宽度选择 3 磅，应用于段落，颜色选择红色。

3. 录入通知的正文文字

每个自然段结束时，按 Enter 键。

4. 标题排版设置

标题字体设置为"方正小标宋_GBK""小二"；"居中对齐"；行距设为"30 磅"。

排版前原文

5. 正文排版设置

正文（包括抬头、正文、落款和日期）字体设置为"方正仿宋_GBK""16 号"；"两端对齐""首行缩进" 2 个字符（抬头除外）；行距设为"28.8 磅"。正文中的一级标题设置为"黑体""三号"，二级标题设置为"楷体""三号"，三级标题设置为"仿宋""三号"。

6. 落款和日期

插入文本框，填写落款，高度 4.11 厘米、宽度 9.12 厘米，放于右下处，设置"居中对齐"。

7. 文档保存

将文档分别保存为 .wps、.docx、.pdf 三种格式。

【项目自评】

评价要点	评价要求	自评分	备注
页面设置	共10分。纸张大小（2.5分）；页边距（2.5分）；文档网格（5分）		
红头的制作	共10分。红头文件排版设置（5分）；线条排版设置（5分）		
发文排版设置	共10分。一共5个设置，分别2分		
文字录入	共20分。正确录入文字（每少1个字扣2分，每错1个字扣2分，扣完为止）		
标题排版设置	共10分。共5个设置，每个2分		
正文排版设置	共20分。抬头（5分）；正文（5分）；落款（5分）；日期（5分）		
落款和日期	共4分。落款（2分）；日期（2分）		
文档保存	共6分。保存为多个文件格式，每个文件格式2分		
整体效果及职业素养	共10分。包含敬业精神与合作态度		

【素质拓展】

公文是各级党政机关（含企事业单位）实施领导、履行职能、处理公务的有效手段和重要工具，其背后是政府公信力，体现着治理能力与水平。公文写作和发布应该是严肃严谨的事。起草公文、把关审核、签发，每一道环节都应该认真仔细，相关人员必须具备应有的素质能力。

为适应党政机关工作需要，推进党政机关公文处理科学化、制度化、规范化，2012年4月16日中共中央办公厅和国务院办公厅联合发布了《党政机关公文处理工作条例》，并于2012年7月1日起正式实施。《党政机关公文处理工作条例》规定："公文的版式按照《党政机关公文格式》国家标准执行。"适应《党政机关公文处理工作条例》的规定要求，中共中央办公厅和国务院办公厅对国家标准《国家行政机关公文格式》（GB/T 9704—1999）进行了修订，形成了国家标准《党政机关公文格式》（GB/T 9704—2012），于2012年7月1日实施。

红头文件

案例说明：扫二维码观看，设置红头文件及页面设置。

【能力拓展】

1. 完成房屋租赁合同的制作，如二维码所示。

房屋租赁合同

2. 西部地区建筑协会拟召开专题讲座，请你草拟如二维码所示通知。

通知

任务二　格式排版——诗词排版设计

文档编辑和排版是 WPS 文字的入门基础部分，简单的文字排版工作不仅包括录入文字以及特殊字符、设置字符和段落格式，还包含特殊符号的设置、使用拼音指南、进行简繁转换、添加项目符号和尾注等。

【知识目标】
※ 熟悉项目符号与编号；
※ 掌握脚注和尾注的编辑技巧；
※ 掌握"拼音指南"的用法。
【技能目标（1＋X 考点）】
※ 掌握特殊符号的设置；
※ 熟练运用"拼音指南"为指定文本添加拼音；
※ 掌握使用段落布局按钮进行快捷排版的技巧。
【素质目标】
※ 通过诗词排版设计，加强对中国传统文化的学习和认识；
※ 了解"家国情怀"内涵，提升人文素养。

【任务描述】

某出版社李编辑正在编辑一本关于家风家书的书籍，其中一篇就是三国时期政治家诸葛亮的《诫子书》，这是诸葛亮临终前写给他儿子诸葛瞻的一封家书。李编辑设计了如图1.2.1 所示的《诫子书》的诗词鉴赏。

本任务需掌握设置字体、段落格式，能进行简繁转换、为文字添加拼音和尾注。

【相关知识】

1. 特殊符号的设置

（1）命令按钮

"开始"选项卡"字体组"中有如图 1.2.2 所示的命令按钮。

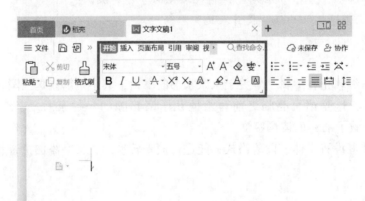

家书
家风

诫子书
jiè zǐ shū

三国　诸葛亮[1]
sān guó　zhū gě liàng

夫君子之行，静以修身，俭以养德。非淡泊无以明志，非宁静无以致远。夫学须静也，才须学也，非学无以广才，非志无以成学。淫慢则不能励精，险躁则不能治性。年与时驰，意与日去，遂成枯落，多不接世，悲守穷庐，将复何及！

【注释】

❖ 夫（fú）：段首或句首发语词，引出下文的议论，无实在的意义。君子：品德高尚的人。行：指操守、品德、品行。

❖ 淡泊：清静而不贪图功名利禄。内心恬淡，不慕名利。《艺文类聚》《太平御览》作"澹（dàn）泊"。明志：明确志向。明，明确，坚定。

❖ 宁静：这里指安静，集中精神，不分散精力。致远：实现远大目标。致，达到。

❖ 淫慢：放纵懈怠，过度享乐。《艺文类聚》作"慆（tāo）慢"，没有经心之意。淫，放纵。慢，懈怠，懒惰。励精：振奋精神，尽心、专心。励，振奋。

❖ 险躁：轻薄浮躁，与上文"宁静"相对而言。治性：修养性情。治，修养；一说通"冶"。

❖ 与：跟随。驰：疾行，指迅速逝去。

❖ 日：时间。去：消逝，逝去。

❖ 遂：最终。枯落：枯枝和落叶，此指像枯叶一样飘零，形容人韶华逝去。

❖ 多不接世：意思是大多对社会没有任何贡献。接世，接触社会，承担事务，对社会有益，有"用世"的意思。

❖ 穷庐：穷困潦倒之人住的陋室。

❖ 将复何及：又怎么来得及。

【译文】

君子约行为操中，从宁静来提高自身的修养，以节俭来培养自己的品德。不恬静寡欲无法明确志向，不排除外来干扰无法达到远大目标。学习必须静心专一，而才干来自学习。不学习就无法增长才干，没有志向就无法使学习有所成就。放纵懈怠就无法振奋精神，急躁冒险就不能陶冶性情。年华随时光而飞驰，意志随岁月而流逝。最终枯败零落，大多不接触世事、不为社会所用，只能悲哀地坐守着那穷困的居舍，其时悔恨又怎么来得及？

[1] 诸葛亮（181—234），字孔明，号卧龙（也作伏龙），汉族，徐州琅琊阳都（今山东临沂市沂南县）人，三国时期蜀汉丞相，杰出的政治家、军事家、散文家、书法家、发明家。在世时被封为武乡侯，死后追谥忠武侯，东晋政权因其军事才能特追封他为武兴王。诸葛亮为匡扶蜀汉政权，呕心沥血，鞠躬尽瘁，死而后已。其散文代表作有《出师表》、《诫子书》等。

图 1.2.1　李编辑设计的诗词鉴赏

图 1.2.2　WPS "字体" 组选项

"字体"组的命令功能见表1.2.1。

表1.2.1 "字体"组的命令功能

按钮	功能
B 加粗	将所选内容字体加粗
I 倾斜	将所选内容字体设置为倾斜
U· 下划线	给所选文字内容添加下划线（单击箭头可选择不同的下划线样式）
A· 删除线	在所选内容中间添加一条横线（单击箭头可选择着重号）
X₂ 下标	在文字基线下方创建小字符
X² 上标	在文本行上方创建小字符
A⁺ 增大字体	增大字号
A⁻ 减小字体	减小字号
◇ 清除格式	清除所选内容的所有格式，只留下无格式文本
鳖· 拼音指南	显示拼音字符以明确发音（单击箭头可选择"更改大小写""带圈字符""字符边框"选项）
A· 文字效果	让文字更加赏心悦目（单击箭头为文字添加视觉效果）
△· 突出显示文本	给文字加上颜色底纹，以凸显文字内容（单击箭头可选择不同的显示颜色）
A 字符底纹	给所选的内容添加灰色底纹

（2）上标和下标

上标和下标是指一行中位置比文字略高或略低的数字。例如，脚注或尾注编号的引用就是一个上标，而科学公式可能使用下标文本。

选中要设置为上标或下标的文字，执行下列操作之一：

方法1：在"开始"选项卡的"字体"组中，单击"上标"或者"下标"按钮。

方法2：使用快捷键，按 Ctrl + Shift + =组合键将选中内容设为上标，按 Ctrl + =组合键设置为下标。

方法3：单击右键，选择"字体"，在弹出的对话框中，在"效果"那一栏勾选"上标"或者"下标"。

（3）下划线

下划线线型：指定所选文字是否具有下划线以及下划线的线型。在"字体"对话框中下划线线型处选择"无"，可删除下划线。

下划线颜色：指定下划线的颜色。在应用下划线线型之前，该选项保持为不可用。

选择要设置下划线的文字，执行下列操作之一：

方法1：单击"开始"→"字体"组→"下划线"的下拉按钮，选择线型和颜色，如图1.2.3所示。

方法2：单击右键，选择"字体"，在"字体"对话框中选择线型和颜色，如图1.2.4所示。

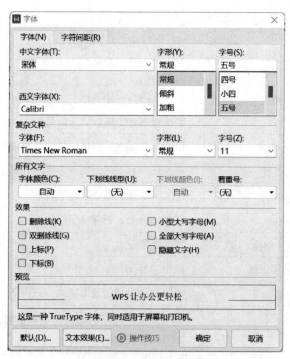

图 1.2.3　下划线菜单　　　　　　　　　图 1.2.4　"字体"对话框

（4）拼音指南

利用"拼音指南"功能，可自动将汉语拼音标注在选定的中文文字上。

①在文字上方添加拼音。

选定一段文字，单击"开始"→"字体"组→"拼音指南"按钮，弹出如图 1.2.5 所示的"拼音指南"对话框。汉语拼音会自动标记在选定的中文字符上。一次最多只能选定 30 个字符并自动标记拼音。

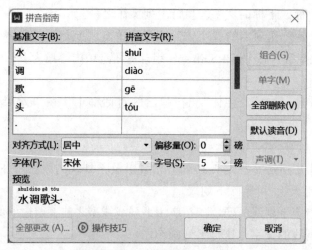

图 1.2.5　"拼音指南"对话框

其中，对齐方式是指拼音相对于文字的对齐方式，偏移量是指拼音和文字的间距。

②在文字后添加多个汉字的拼音。

如果想让多个汉字的拼音出现在随后的一个括号里，需要在"拼音指南"对话框中进行设置。单击"组合"按钮，原来单个的汉字即集中在一个文本框中，拼音集中在对应的另一个文本框中。可以在拼音框添加注解文字，还可以在各字音间添加空格，以避免将来拼音之间距离过近，一次最多能组合 10 个字符。

（5）带圈字符

带圈字符是指在字符周围放置圆圈或者边框加以强调。和 Office 不一样的是，带圈字符命令按钮在"拼音指南"的下拉框里。

选择要设置带圈的文字，单击"开始"→"字体"组→"拼音指南"的下拉按钮，如图 1.2.6 所示，选择"带圈字符"，在弹出的对话框（图 1.2.7）中进行设置。

在"样式"区可以选择圈的样式，在"圈号"区可以选择圆圈或者各种边框。

（6）菜单命令

单击"开始"选项卡"字体"组的"对话框启动器"，在弹出的如图 1.2.4 所示的"字体"对话框中还可以设置以下效果。

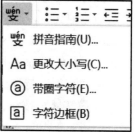

图 1.2.6 "拼音指南"的下拉框

小型大写字母：将所选小写字母文字的格式设置为大写字母，并减小其字号。小型大写字母格式不影响数字、标点符号、非字母字符或大写字母。

全部大写：将小写字母的格式设置为大写。全部大写格式不影响数字、标点符号、非字母字符或大写字母。

单击"字体"对话框中的"文字效果"按钮，弹出如图 1.2.8 所示的对话框，还可以对文本设置以下效果。

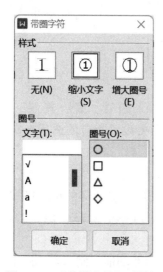

图 1.2.7 "带圈字符"对话框

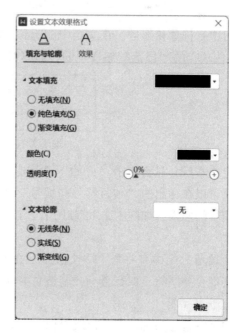

图 1.2.8 "文字效果"对话框

轮廓：设置所选文字的轮廓的样式及颜色。

阴影：向所选文字的下方和右侧添加阴影。

倒影：使所选文字呈现出倒影效果。

发光：使所选文字显示不同颜色强度的发光效果。

三维格式：使所选文字显示出不同的三维效果。

（7）简繁互换

有些时候需要将简体中文转换成繁体中文，或者将繁体中文转换成简体中文，转换的方法分以下两种。

图 1.2.9　文字简繁转换

①转换选取的文字。

选取需要转换的文字，例如句子、标题、段落等。

单击"审阅"选项卡，然后依照要转换的需求，单击"繁转简"或"简转繁"按钮，如图 1.2.9 所示。

> **注意：**
> 中文简繁转换不支持转换智能图形或其他插入对象内的文字。

②转换整个文件。

按 Ctrl + A 组合键选取整个文件的内容。

单击"审阅"选项卡，然后依照要转换的需求，单击"繁转简"或"简转繁"按钮。

案例说明： 扫二维码观看字体设置、操作"拼音指南"对话框和"带圈字符"对话框。

拼音指南

2. 项目符号与编号

使用项目符号和编号，在文档中能起到使段落清晰和层次分明的作用。这个操作是在"开始"选项卡的"段落"组实现的，如图 1.2.10 所示。

图 1.2.10　"段落"组

选定文本后，只要单击"开始"选项卡"段落"组的项目符号、编号 的下拉按钮，就可以在弹出的"项目符号与编号"对话框中根据需要设置相应的选项来实现项目符号和编号的插入，如图 1.2.11 和图 1.2.12 所示。

3. 中文版式

在"段落"组中有一个"中文版式"命令 ，可以完成一些特殊的排版格式。该命令可以实现合并字符、双行合一、调整文本宽度和字体缩放，如图 1.2.13 所示。

（1）合并字符

合并字符就是将一行字符折成两行，并显示在一行中。这个功能在制作名片、出版书籍或发表文章等地方可以发挥其作用。

图 1.2.11 项目符号库

图 1.2.12 编号库和多级编号库

方法：选中需要合并的字符，单击"段落"→"中文版式"→"合并字符"，打开"合并字符"对话框，在该对话框下面的"字体"列表框中，用户可以选择合并字符的字体，在"字号"列表框里可以选择合并字符字体的大小，并可以预览合并后的效果，最后单击"确定"按钮，如图 1.2.14 所示。

图 1.2.13 "中文版式"下拉命令

图 1.2.14 合并字符效果

（2）双行合一

有时候用户需要在一行里显示两行文字，这样可以使用双行合一的功能来达到目的。

选择要双行显示的文本（注意：只能选择同一段落内且相连的文本），单击"段落"→"中文版式"→"双行合一"，弹出双行合一的设置窗口，预览双行合一的效果，选中"带括号"复选框对双行合一的文字加括号，单击"确定"按钮使用双行合一。使用双行合一后，为了适应文档，双行合一的文本的字号会自动缩小，如图 1.2.15 所示。

图 1.2.15 双行合一效果

中文版式

23

删除"双行合一"效果：把光标定位到已经双行合一的文本中，单击"段落"→"中文版式"→"双行合一"，弹出双行合一的设置窗口，单击左下角的"删除"按钮，可以删除双行合一，恢复一行显示。

案例说明：扫二维码观看如何设置中文版式。

4. 字符缩放

在一些特殊的排版中需要设置字符的宽与高有一定的缩放比例。

选中需要缩放的字符，单击"段落"→"中文版式"→"字符缩放"，在其下拉列表框中选择需要缩放的比例，也可以在"其他"选项中直接输入百分比的数值，如图1.2.16所示。

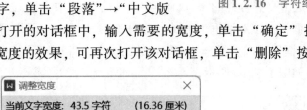

图 1.2.16 字符缩放

5. 文字宽度调整

WPS文字还提供了利用设置文字的宽度来调整字符间距的办法。

选择需要调整宽度的文字，单击"段落"→"中文版式"→"调整宽度"命令，在打开的对话框中，输入需要的宽度，单击"确定"按钮，如图1.2.17所示。如要取消调整宽度的效果，可再次打开该对话框，单击"删除"按钮。

图 1.2.17 调整字符宽度

字符缩放和
文字宽度

案例说明：扫二维码观看操作字体缩放和文字宽度调整。

6. 脚注和尾注

脚注和尾注用于在打印文档时为文档中的文本提供解释、批注以及相关的参考资料。可用脚注对文档内容进行注释说明，而用尾注说明引用的文献。在默认情况下，Word将脚注放在每页的结尾处，将尾注放在文档的结尾处。

（1）插入脚注和尾注

在页面视图中，单击要插入注释引用标记的位置。单击"引用"→"脚注"组→"插入脚注"或"插入尾注"，如图1.2.18所示，键入注释文本。

图 1.2.18 "脚注"和"尾注"组

（2）更改脚注和尾注

将插入点置于文档中的任意位置，单击"引用"选项卡"脚注"组的"对话框启动器"，选择"脚注"或"尾注"，选择"编号格式"，单击"应用"按钮，如图 1.2.19 所示。

图 1.2.19 "脚注和尾注"对话框

（3）删除脚注和尾注

删除注释是删除文档窗口中的注释引用标记，而非注释中的文字。

在文档中选定要删除的脚注或尾注的引用标记，然后按 Delete 键。如果删除了一个自动编号的注释引用标记，WPS 会自动对注释进行重新编号。

案例说明：扫二维码观看如何设置脚注和尾注。

脚注和尾注

【任务实施】

1. 文字录入

新建一个空白文档，在其中录入如图 1.2.20 所示内容。

其中，""是使用符号组的按钮实现的。

2. 段落对齐

诗词的题目和作者为居中对齐。

3. 设置段落间距：

设置诗词内容的段间距为单倍间距。

4. 设置文本格式

①引文"家属家风"设置为"一号""宋体""红色"；中文版式设置为"合并字符"。

②标题设置为"二号""华文楷体""黑色"，正文和作者设置为"小三""华文楷体""黑色"，标题还要设置为"加粗"。

③注释和译文的内容设置为"五号""华文楷体"，其中，"注释"和"译文"四个字需设置为"小四""加粗"。

5. 设置字符间距

由于要添加拼音，需要将字符间距加宽为 1 磅。

诚子书

三国诸葛亮

夫君子之行，静以修身，俭以养德。非淡泊无以明志，非宁静无以致远。夫学须静也，才须学也，非学无以广才，非志无以成学。淫慢则不能励精，险躁则不能治性。年与时驰，意与日去，遂成枯落，多不接世，悲守穷庐，将复何及！

【注释】

夫（fú）：段首或句首发语词，引出下文的议论，无实在的意义。君子：品德高尚的人。行：指操守、品德、品行。

淡泊：清静而不贪图功名利禄。内心恬淡，不慕名利《艺文类聚》《太平御览》作"澹（dàn）泊"。明志：明确志向。明，明确，坚定。

宁静：这里指安静，集中精神，不分散精力。致远：实现远大目标。致，达到。

淫慢：放纵懈怠，过度享乐。《艺文类聚》作"慆（tāo）慢"，漫不经心之意。淫，放纵。慢，懈怠，懒惰。励精：振奋精神，尽心，专心。励，振奋。

险躁：轻薄浮躁，与上文"宁静"相对而言。治性：修养性情。治，修养；一说通"冶"。

与：跟随。驰：疾行，指迅速逝去。

日：时间。去：消逝，逝去。

遂：最终。枯落：枯枝和落叶。此指像枯叶一样飘零，形容人韶华逝去。

多不接世：意思是大多对社会没有任何贡献。接世，接触社会，承担事务，对社会有益。有"用世"的意思。

穷庐：穷困潦倒之人住的陋室。

将复何及：又怎么来得及。

【译文】

君子的行为操守，从宁静来提高自身的修养，以节俭来培养自己的品德。不恬静寡欲无法明确志向，不排除外来干扰无法达到远大目标。学习必须静心专一，而才干来自学习。不学习就无法增长才干，没有志向就无法使学习有所成就。放纵懒散就无法振奋精神，急躁冒险就不能陶冶性情。年华随时光而飞驰，意志随岁月而流逝。最终枯败零落，大多不接触世事、不为社会所用，只能悲哀地坐守着那穷困的居舍，其时悔恨又怎么来得及？

图 1. 2. 20　文字录入

6. 添加拼音

给标题、作者和正文部分添加拼音，并且拼音的字体设置为"等线"，标题的拼音字号为"11"磅，其余的字号都设为"7"磅。

7. 设置引文

将引文"家书家风"转换为繁体字，并且底纹填充为浅红色。

8. 设置项目符号

给注释部分添加项目符号，选择第一行最后一列的 ❖ 。

9. 添加尾注

在作者诸葛亮的后面加一个脚注。在文档尾部录入作者的介绍内容："诸葛亮（181—234），字孔明，号卧龙（也作伏龙），汉族，徐州琅琊阳都（今山东临沂市沂南县）人，三国时期蜀汉丞相，杰出的政治家、军事家、散文家、书法家、发明家。在世时被封为武乡侯，死后追谥忠武侯，东晋政权因其军事才能特追封他为武兴王。诸葛亮为匡扶蜀汉政权，呕心沥血，鞠躬尽瘁，死而后已。其代表作有《出师表》《诫子书》等。"

10. 设置页面背景和页面边框

在"页面布局"选项卡中，将整个文档背景色设为"浅绿，着色6，浅色60%"，设置页面边框与图 1.2.1 的外框一样的。

11. 保存文档

将文档保存为"诫子书.wps"及"诫子书.docx"。

【项目自评】

评价要点	评价要求	自评分	备注
文字录入	共20分。正确录入文字（20分，每少1个字扣2分，每错1个字扣2分，扣完为止）		
段落对齐	共4分。题目（2分）；作者（2分）		
设置段落间距	共2分		
设置文本格式	共30分。引文内容设置（6分）；中文版式设置（4分）；标题内容设置（10分）；注释和译文内容设置（10分）		
字符间距设置	共2分		
拼音设置	共10分。添加拼音（标题1分、作者1分、正文2分）；拼音字体设置（3分）；字号设置（标题（1分）；正文（1分）；作者（1分））		
引文设置	共4分。繁体字设置（2分）；底纹填充（2分）		
项目符号设置	共2分		
添加尾注	共10分。正确录入文字（每少10个字扣3分，每错10个字扣2分）		
背景和页面边框设置	共4分。背景色（2分）；边框（2分）		
保存文档	共2分。每个格式1分		
职业素养	共10分。包含敬业精神与合作态度		

【素质拓展】

　　家庭是社会的基本细胞，是人生的第一所学校。不论时代发生多大变化，不论生活格局发生多大变化，我们都要重视家庭建设，注重家庭、注重家教、注重家风，紧密结合培育和弘扬社会主义核心价值观，发扬光大中华民族传统家庭美德，促进家庭和睦，促进亲人相亲相爱，促进下一代健康成长，促进老年人老有所养，使千千万万个家庭成为国家发展、民族进步、社会和谐的重要基点。

　　　　　　　　　　　　——2015年2月17日，习近平在2015年春节团拜会上的讲话

【能力拓展】

1. 毛泽东在黄洋界保卫战的胜利后，于1928年秋写下了《西江月　井冈山》，请查阅

文献资料，领会这首词的意境，并根据所学 WPS 技巧为这首词进行排版设计，并以"西江月井冈山 . wps"保存在指定位置。

2. 正确录入以下文字，完成后面的任务要求。

中国文化所展现的和合之美让人感动

本报记者　刘仲华（摘自《人民日报》（2023 年 5 月 6 日　第 03 版）片段）

5 月 2 日至 5 日，以"尼山传千载　岱海连世界——全球文明倡议的生动故事"为主题的 2023 年维也纳联合国中文日系列活动在奥地利首都维也纳联合国城举行。

"友，同志为友，从二又，相交友也。"在系列活动的汉字展上，工作人员指着墙上的挂幅，为几名年轻的联合国职员讲解汉字的构造及其表意特征。"汉字不仅具有独特的形态美，其表意特征更使其具有深刻的内涵和意蕴，是中国传统文化的重要载体。"工作人员说。

本次活动由中国常驻维也纳联合国代表团和山东省人民政府联合主办。在联合国城一楼的圆形大厅内，"字、景、史、画"汉字展、"文源海岱"文化主题展、"好客山东　好品山东"主题展和"翰墨齐鲁"书画展等四大板块综合展览，吸引了众多联合国机构高级外交官及国际职员等前来参观体验。

"由于疫情的缘故，圆形大厅里好久没这么热闹，中文日太受欢迎了。"联合国维也纳办事处新闻部主任马丁·内西尔基对本报记者表示，"中文日为来自不同文化背景的人搭建了沟通和交流的平台，也增进了人们对丰富多彩的中国文化的了解"。

中国常驻维也纳联合国和其他国际组织代表李松在活动开幕式上表示，中文作为联合国 6 种正式语言文字之一和世界上使用人数最多的语言之一，在积极传递联合国声音和主张、保障联合国有效运转、促进各国沟通交流、推动多边主义方面发挥了积极作用。他呼吁高举真正的多边主义旗帜，坚守联合国宪章宗旨和原则，共同做维护文明多样性的行动派、人文交流合作的推动者、全球开放发展的实干家。

（本报维也纳 5 月 5 日电）

（1）标题设置为小三、雅黑、加粗、黑色。

（2）正文设置为小四、宋体、黑色、字符间距 2 磅、单倍行距。

（3）将文中开头至"等前来参观体验。"分成 3 栏，剩下的部分分为两栏。

（4）将整个文档背景色设为"矢车菊蓝，着色 1，浅色 40%"，加页面边框，艺术型选一种觉得适合当前文章的。

（5）分别以 WPS 文字格式（. wps）和 Word 文档格式（. docx）保存在指定文件夹中，文件名为"文化交流"。

任务三　图文混排——电子板报设计

图文混排是 WPS 文字的特色功能之一，能在文档中插入图片、剪贴画、文本框、公式等内容，通过适当的图像与文字有效地排列组合在一起，使文档内容更丰富，与单纯的文字相比，图文混排可以大大丰富版面，在很大程度上提高版面的可视性。

【知识目标】

※ 熟悉在文档中插入和编辑艺术字、剪贴画、图片、文本框等技巧；

※ 掌握图形对象处理技巧。

【技能目标（1＋X 考点）】

※ 能够使用页面布局按钮进行页面设置；

※ 能够使用公式编辑器插入公式，正确率达 90% 以上。

【素质目标】

※ 掌握电子板报的设计方法，提升个人审美素养；

※ 坚持原创设计，增强版权意识。

【任务描述】

某企业开展科学道德与学风建设宣讲教育活动的活动，活动中有一项"电子板报设计"比赛，员工李某完成了图 1.3.1 所示的电子板报。

图 1.3.1　张某的电子板报设计

本任务需在文本中插入图形、形状、文本框、公式等，并对图文进行混排。

【相关知识】

1. 特殊格式设置

1）首字下沉

为了强调段首或章节的开头，可以将第一个字母放大，以引起注意，这种字符效果叫作首字下沉。单击"插入"→"文本"→"首字下沉"，则会弹出"首字下沉"任务窗格。

"首字下沉"任务窗格预设了三种版式：选择"无"，则不进行首字下沉，如果已进行过首字下沉，选择此项可以删除首字下沉；当段落中有多行文本时，若首字符选择"下沉"，文本可以围绕在首字符的下面；选择"悬挂"，首字符下面不排文字。

选择"首字下沉"选项，会弹出"首字下沉"对话框，可以设置字体、下沉行数和距正文的距离，如图1.3.2所示。

2）分栏

在进行页面排版时，可以对文档进行分栏设置。

选定文本，单击"页面布局"→"页面设置"→"分栏"→"更多分栏"，弹出"分栏"窗口。分栏任务窗格预设了五种分栏版式："一栏""两栏""三栏""偏左"和"偏右"。选择"更多分栏"选项，弹出"分栏"对话框，如图1.3.3所示。在"栏数"框中，键入所需栏数。在"宽度和间距"栏中，设置各栏的栏宽和间距。要使栏宽相等，可选中"栏宽相等"复选框。若栏间距较小，容易造成阅读时串栏，这时可在栏间加一条分隔线，选中"分隔线"复选框即可。

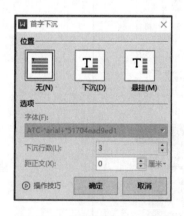

图1.3.2 "首字下沉"对话框

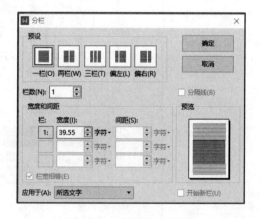

图1.3.3 "分栏"对话框

案例说明：扫二维码观看如何打开"首字下沉"和"分栏"对话框。

2. 段落边框和底纹

在文本中为段落添加各种边框，使用不同的底纹填充背景，可以修饰和突出文档中的内容，使添加边框和底纹的段落产生非常醒目的显示效果。

首字下沉和分栏

把边框加到页面、文本、表格和表格的单元格、图形对象、图片中，也可以添加底纹。

1）添加边框

（1）添加文字或段落的边框

选择需要添加边框的文字或段落，单击"页面布局"→"页面边框"选项，打开"边框和底纹"对话框，选择"边框"选项卡，如图1.3.4所示。

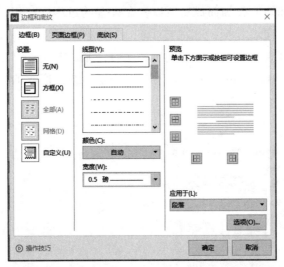

图 1.3.4 "边框和底纹"对话框的"边框"选项卡

在对话框中可以设置所需的边框样式、线型样式、线型颜色、线型宽度。在"应用于"下拉列表中可选择边框线的应用范围，单击"确定"按钮完成设置。

（2）添加页面边框

将光标定位于需要添加页面边框的文档。在"边框和底纹"对话框中选择"页面边框"选项卡，如图1.3.5所示。

图 1.3.5 "页面边框"选项卡

在此选项卡中，用户可以设置边框的类型、线型和颜色，在"艺术型"下拉列表中还可以为页面设置艺术型的边框。在"应用于"下拉列表框中选择应用的范围。单击"确定"按钮后，即可看到所设置的页面边框效果。

2）添加底纹

底纹由填充底色和图案叠加而成。所以，在设置的过程中，用户既可以随意地调整底色，又可以修改图案的样式。

选中文本，打开"边框和底纹"对话框，选择"底纹"选项卡，如图1.3.6所示。在"填充"列表框中选择填充颜色，在"图案"选项组中选择底纹的样式和颜色，单击"确定"按钮即可。

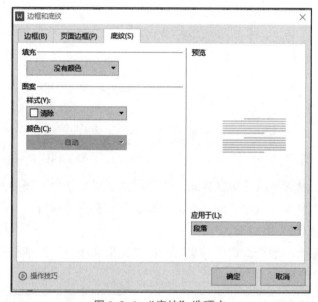

图1.3.6　"底纹"选项卡

案例说明：扫二维码观看如何设置"边框""页面边框"和"底纹"。

页面边框和边框

3. 页面背景

页面背景主要用于Web浏览器，可为联机创建更有趣的背景。可以在除普通视图和大纲视图以外的Web版式视图和大多数其他视图中显示背景。

1）页面颜色

用户可根据需要将各种颜色、填充效果作为页面颜色。

单击"页面布局"→"页面背景"组→"背景"▨下拉按钮→"其他背景"→"渐变"，弹出如图1.3.7所示对话框，可将渐变、图案、图片、纯色、纹理或水印等作为背景，渐变、图案、图片和纹理将以平铺方式或重复的方式填充页面。

2）水印

水印是显示在文档文本后面的文字或图片，以此增加趣味或标识文档的状态。

单击"页面布局"→"页面背景"组→"背景"▨下拉按钮→"水印"，单击选中类型即可。

如果内设类型均不满意，可以选择"水印"菜单的"插入水印"选项，弹出"水印"对话框，如图 1.3.8 所示，可以选择用图片或者文字作为水印。

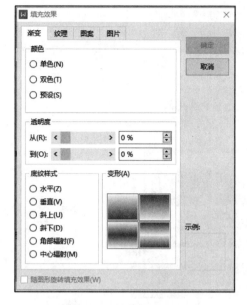

图 1.3.7　"填充效果"对话框

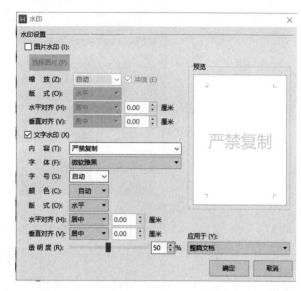

图 1.3.8　"水印"对话框

案例说明：扫二维码观看如何设置"页面背景"。

页面背景

4. 图形对象的处理

WPS 提供了强大的图片处理功能，可以使文档更加生动。

1）插入和编辑图片

在文档中插入图片的方式有 5 种：插入稻壳图片、插入本地图片、插入来自扫描仪的图片、插入来自手机传图、插入资源夹图片。

（1）稻壳图片

单击"插入"→"图片"向下箭头，打开下拉框，如图 1.3.9 所示。可以在搜索框内搜索想要的图片关键词，插入稻壳图片。

（2）本地图片

单击"本地图片"，弹出"插入图片"对话框，在"位置"处或者在左侧选择合适的文件夹，选中文件夹中的图片，单击"打开"按钮就可以将选中的图片插入文档光标所在位置。

（3）扫描仪的图片

单击"来自扫描仪"，选择接入的扫描仪，然后弹出扫描仪设置，单击"扫描"按钮可以在扫描仪上开始扫描图片，如图 1.3.10 所示。

（4）手机传图

单击"手机传图"，弹出"插入手机图片"的对话框，单击获取二维码，可以让手机上的资源上传插入文档中，如图 1.3.11 所示。

图 1. 3. 9　插入图片窗口

图 1. 3. 10　扫描仪设置窗口

（5）资源夹图片

编辑文档的时候，为了方便使用，会将图片添加到资源夹中，可以在插入图片时候，选择资源夹里面的图片。

2）编辑图片

当图片插入文档中时，系统会自动开启"图片工具"的"格式"上下文选项卡，如图1. 3. 12 所示。

图 1.3.11 插入手机图片窗口

图 1.3.12 "图片工具"选项卡

在"图片工具"选项卡中有 6 部分内容，每部分内容以灰色的竖线隔开。

（1）第一组

第一组的内容是对图片本身的样式进行修改，见表 1.3.1。

表 1.3.1 图片工具第一组组命令释义

按钮	功能
添加图片	插入图片按钮，提供丰富的正版图片
替换图片	将选中的图片换成其他的图片
插入形状	插入现成的形状，如线条、矩形、流程图、标注等

（2）第二组

第二组的按钮内容是对图片进行压缩、清晰化和文字增强，见表 1.3.2。

表 1.3.2 图片工具第二组组命令释义

按钮	功能
压缩图片	压缩图片
清晰化	调整图片的清晰度和对图片进行文字增强

（3）第三组

第三组的按钮是对图片进行裁剪、调整纵横比和重设大小，见表1.3.3。

表 1.3.3　图片工具第三组组命令释义

按钮	功能
✄ 裁剪	裁剪所选的部分，删除不需要的部分
〗 高度	更改图片或者形状的高度
〓 宽度	更改图片或者形状的宽度
〓 重设大小	取消对选中的图片所做的所有大小写更改

选中图片，单击"裁剪"按钮，并将鼠标指针指向图片的控点，按住鼠标左键沿裁剪方向拖动，鼠标会变成"T"形，拖动进行裁剪。

被裁剪的图片部分并没有真正地被消除，只是被隐藏起来了。如果要使被裁剪的图片部分重新显示出来，可以单击"裁剪"按钮，反向拖动尺寸控点。还可以单击"裁剪"按钮的下拉按钮，选择按"形状裁剪"或者按比例裁剪。

鼠标拖动裁剪后，图片显示与原图片大小不一样，如果要精确调整图片大小，可以选中图片，单击第三组右下角的 ﹃ 按钮，弹出"布局"对话框，在"大小"选项卡中调整图片大小，单击"确定"按钮，如图1.3.13所示。

图 1.3.13　"布局"对话框

（4）第四组

第四组可以对图片进行快速作图，抠除背景，调整图片的色彩、效果和色彩。图片工具第四组组命令释义见表1.3.4。

表1.3.4　图片工具第四组组命令释义

按钮	功能
图片设计	裁剪所选的部分，删除不需要的部分
扣除背景	对选中的图片进行手动抠图和自动抠图
设置透明色	选择这个选项后，单击图片的地方会变透明
色彩	更改所选的图片的色彩，如黑白、冲蚀或透明色
增加对比度	增加选中图片的对比度
降级对比度	降低选中图片的对比度
增加亮度	增加选中图片的亮度
降低亮度	降低选中图片的亮度
效果	对图片应用某种视觉效果，如阴影、发光、倒影或三维旋转
边框	对所选对象设置边框的颜色、粗细和线型
重设样式	取消对所选图片做出的所有样式更改

单击"图片工具"选项卡中的"图片设计"按钮，弹出"图片设计"列表框，如图1.3.14所示，可以设置图片的各种样式。

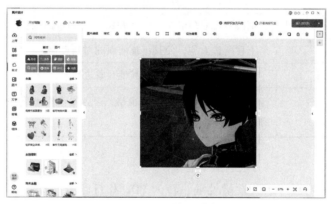

图1.3.14　图片设计窗口

（5）第五组

第五组可以选择图片在文档中的位置。通过设置图片的环绕方式能达到图文混排的目的，可以使图片与文字的排列恰到好处，从而使版面看起来既紧凑又美观。选中图片，选择"图片工具"选项中的左数第五组，单击"环绕"下拉按钮，如图1.3.15所示，可选择"四周型环绕""紧密型环绕""穿越型环绕""浮于文字上方""衬于文字下方"或"上下型环绕"。

图 1.3.15 "环绕"命令菜单

图片工具第五组组命令释义见表 1.3.5。

表 1.3.5 图片工具第五组组命令释义

按钮	功能
旋转	将所选对象按照不同的方向进行旋转或反转
组合	将选中的多个对象组合起来，以便作为单个对象处理
对齐	设置所选对象的对齐方式
环绕	更改所选对象的文字环绕方式，如四周型、衬于文字下方
上移一层	上移所选对象，使其不被前面的对象遮挡
下移一层	下移所选对象，使其在其他对象之后
选择窗格	弹出"选择窗格"任务窗格，可方便查找选择单个对象或设置其顺序和可见性

（6）第六组

在第六组中可以对图片进行批量处理、转为 PDF 和打印等操作。图片工具第六组组命令释义见表 1.3.6。

表 1.3.6 图片工具第六组组命令释义

按钮	功能
批量处理	支持对文档内所有图片进行批量删除、裁剪、改格式、重命名、加水印、导出等操作
图片转 PDF	图片格式的文件批量转换成 PDF
图片转文字	将图片中的文字转为文本格式

续表

按钮	功能
译 图片翻译	将图片内的文字进行中英互译
图片打印	自定义图片排版，预览并进行打印

3）艺术字

艺术字是一个文字样式库，可以美化文档。WPS 2019 通过艺术字编辑器来完成对艺术字的处理。在文档中，艺术字被当作图形对象，因此，可以将其作为一般的图形对象来对待。

（1）插入艺术字

确定要插入艺术字的位置，单击"插入"→"艺术字"，随即会弹出"艺术字库"下拉菜单，其中预设了多种艺术字版式，如图 1.3.16 所示。

图 1.3.16　艺术字版式

在"艺术字库"中选择一种艺术字样式，单击鼠标左键，文档光标位置处将显示出"请在此放置您的文字"对话框。在"文本"框中输入文字，艺术字就会被插入光标所在的位置。

（2）编辑与修改艺术字

对创建完成的艺术字进行编辑与修改工作。选定艺术字后，系统会自动开启"文本工具"选项卡，如图 1.3.17 所示。

图 1.3.17 "文本工具"选项卡

① "文本"组。

选中要修改的艺术字，单击"文本工具"选项卡左边几组中的相应工具按钮，见表 1.3.7，可以对艺术字进行相应的一些特殊文字设置。

表 1.3.7 文本工具特殊的按钮

按钮	功能
↕ 文字方向	对当前节、整篇文档或所选文本框及表格设置横向或竖向的文字方向
⌗ 文本框链接	将所选文本框链接到另一个空的文本框，使当前文本框的文本传递到链接的空文本框中

② "艺术字样式"组。

选中要修改的艺术字，单击"艺术字样式"组中的下拉按钮 ⩲，弹出"艺术字库"菜单，可以重新选择艺术字字库中的形状。单击"艺术字样式"中的相应工具按钮（见表 1.3.8），可以对艺术字样式进行设置。

表 1.3.8 艺术字样式修改的按钮

按钮	功能
A 文字填充	使用纯色、渐变、图片或纹理填充文本
A 文本轮廓	选择颜色、宽度和线条样式，来自定义文本轮廓
A 文本效果	为文字添加视觉效果（如底纹、发光和反射）

文本填充是填充艺术字字母的内部颜色。也可以向该填充添加纹理、图片或渐变。若要选择无颜色，则单击"无填充颜色"。

文本轮廓是艺术字的每个字符周围的外部边框。在更改文字的轮廓时，可同时调整线条的颜色、粗细和样式。

文本效果是指艺术字的整体形状，内设了如图 1.3.18 所示的六大类型，需要把艺术字更改为哪一种形状，只需单击相应图形即可。要添加或更改阴影，选中要修改的艺术字，只需单击图 1.3.18 中的阴影选项，然后在内设的效果中单击所需的阴影。

三维效果可增加形状的深度。用户可以向形状添加内置的三维效果组合，也可以添加单个效果。要添加或更改三维效果，选中要修改的艺术字，单击"三维旋转"选项，然后在内设的效果中单击所需的阴影。

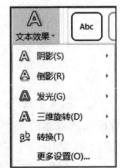

图 1.3.18 艺术字
形状

4）添加和编辑绘图

如果要插入文档中的不是现有的图片，而是需要自己绘制的图形，可利用 WPS 提供的绘图应用程序实现这一目的。

WPS 中的"形状"命令提供了多种自选图形，利用这些自选图形可以绘制出常用的线段、箭头、规则和不规则的几何图形等基本形状，再根据需要对绘制的图形加以组合、重叠和旋转等，便可得到较为复杂的图形。

（1）插入形状

单击"插入"→"形状"按钮 ，从"形状"库中选择所需的图形，将鼠标指针移到文档中适当的位置。当鼠标指针变为"十"字形时，再按下鼠标左键并拖动，一个所选的基本图形便出现了，当拖动到合适的大小时松开鼠标即可。

艺术字

注意：

向 Word 文档中插入图形对象时，可以将图形对象放置在绘图画布中。绘图画布在绘图和文档的其他部分之间提供了一条框架式的边界。在默认情况下，绘图画布没有背景或边框，但是如同处理图形对象一样，可以对绘图画布应用格式。绘图画布还能帮助用户将绘图的各个部分进行组合，这在图形由若干个形状组成的情况下尤其有用。

（2）编辑绘图

将形状插入文档中时，系统会自动开启"绘图工具"的"格式"上下文选项卡，如图 1.3.19 所示。

图 1.3.19 "绘图工具 – 格式"选项卡

① "插入形状"组。

在菜单选项第一组中选择"编辑形状"命令，可以更改此绘图的形状，将其转换为任意多边形，或者编辑环绕点以确定文字环绕绘图的方式。

在绘制的图形中可以添加文字，或编辑已有的文字。选中形状，单击鼠标右键，在弹出的快捷菜单中选择"编辑文字"，在图形中输入文字，完成后在形状以外任意位置单击鼠标。

② "形状样式"组。

在菜单选项第二组中，将指针停留在某一样式上以查看应用该样式时形状的外观，单击样式以应用；或单击"填充"或"轮廓"并选择所需的选项。该组"形状效果"选项可以对图形设置阴影、三维等效果。

如果要应用"形状样式"组中未提供的颜色和渐变效果，请先选择颜色，然后再应用渐变效果。

（3）添加智能图形

使用智能图形时，可以使用图表显示各种类型的关系。

在功能区的"插入"选项卡中单击"智能图形"按钮，弹出"选择智能图形"对话框，如图1.3.20所示。该对话框由三窗格视图组成。

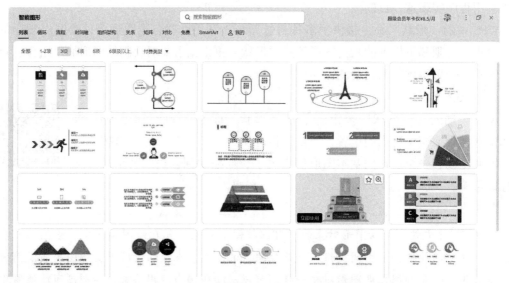

图1.3.20 "选择智能图形"对话框

菜单栏是智能图形类别，分别为"列表""流程""循环""层次结构""关系""矩阵""对比"和"时间轴"等。

菜单栏下方窗格显示的是特定类别下所有可用的变体。稻壳智能图形还提供了丰富、精美的图形模板可供选择。选好后，可以在"设计"选项卡下对图形做进一步调整，比如更改颜色、样式、大小等。

5）文本框

文本框实际上是一种图形对象，可以像图片那样被自由移动和缩放，也可以使用绘图工具栏对其内容进行修饰。文本框中除文字之外，还可以插入图片。合理地使用文本框，可以使某些文字的编辑更加灵活。

（1）插入文本框

方法1：单击"插入"→"文本框"，弹出预设的文本框版式。选择一种版式，在插入点会自动插入选定样式的文本框。

方法2：单击"插入"→"文本框"，在弹出的菜单中选择"绘制文本框"或者"绘制竖排文本框"。将鼠标移到要绘制文本框的地方，当鼠标指针变为"十"字形时，移动鼠标，绘制大小合适的矩形后，松开鼠标，就在所需的位置插入了文本框。

（2）调整文本框

对于设置后的文本框，用户还可以对其进行格式上的调整。方法如下：

方法1：选定要调整格式的文本框，在"绘图工具"和"文本工具"选项卡中可以设置相应格式。

方法2：选定要调整格式的文本框，右边出现文本框设置选项栏，单击黄色的灯泡按钮，如图1.3.21所示。

其中， 设置的是文本框内填充的颜色，如果选择"无颜色"，文本框内为透明色；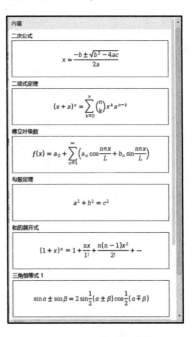 设置的是文本框边框的颜色和线型，如果设置线条颜色为"无颜色"，则表示文本框没有边框线。

6）插入公式

（1）插入常用的或预先设好格式的公式

单击"插入"→"符号"组→"公式"菜单，然后单击所需的公式，如图 1.3.22 所示。

图 1.3.21　文本框设置选项栏　　　　图 1.3.22　"公式"菜单

（2）插入常用数学结构

单击"插入"→"公式"→"插入新公式"，在"公式工具"选项卡的"结构"组中，单击所需的结构类型（如分数或根式），如图 1.3.23 所示。如果结构包含占位符，则在占位符内单击，然后键入所需的数字或符号。

图 1.3.23　"公式工具"选项卡

（3）公式工具

第一组：单击"公式"按钮，可以插入常见数学公式。

第二组：列出了各种常用符号。单击"符号"组的下拉按钮，在"符号"组的标题栏中可以切换各种不同的符号，如图 1.3.24 所示。

第三组：包含各种类型结构，如图 1.3.25 所示。单击"分数"按钮，弹出"分数"库，列出了各种分数的结构，单击相应的结构，就可以直接嵌入公式编辑区。

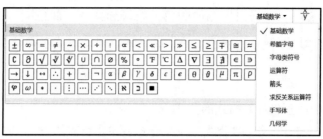

图 1.3.24　第二组的标题栏菜单

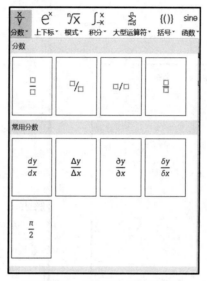

图 1.3.25　"结构"组分数菜单

（4）公式编辑区

在"插入"选项卡上单击"公式"按钮，在文档的插入点位置会出现一个公式编辑区，可以在其中编辑公式，如图 1.3.26 所示。公式编辑完成以后，单击文档空白处退出公式编辑。

$$(x+a)^n = \sum_{k=0}^{n} \binom{n}{k} x^k a^{n-k}$$

图 1.3.26　公式编辑区

【项目实施】

要完成图 1.3.1 所示的"电子板报"的制作，可分为四个步骤：一是报头，二是诗词文本框，三是智能图形，四是数学家的介绍。

1. 设计报头

①插入"形状"，选择"星型旗帜"中的"上凸弯带形"，形状高为 2.92 厘米，宽为 7.49 厘米。设置效果为发光，矢车菊蓝，18 pt 发光，着色 5，设置填充为无填充，线条颜色选择钢蓝，着色 1。

②插入艺术字文字"学习""园地"，字体为华文行楷，字号大小为 50，颜色为"巧克力黄，着色 6"。将艺术字和"上凸弯带形"组合在一起，并将组合后的对象环绕方式设置为"四周环绕"。

2. 设置文本框

①插入竖排文本框，在其中录入《观书有感》诗词和诗词释义的内容。其中，诗词内

容设置为"楷体""小二""加粗",诗词释义的内容设置为"楷体""12 号",并将文本框的环绕方式设置为"四周环绕"。

②在文本框下方录入《观书有感》作者的介绍和诗词评论,设置字体为"楷体""小四",将这部分内容设置为"两栏"。

3. 插入智能图形

插入智能图形,选择流程类型中的第一个图形。录入"数学家""——""科学家",并且环绕方式选择"四周环绕"。

4. 编辑"数学家介绍"部分

录入华罗庚的生平介绍,文字设置为"宋体""小四";设置首字下沉 3 行;插入华罗庚引理公式,并设置为居中;插入并编辑图片,将图片更改颜色,设置透明度,然后调整位置居右,并且设置环绕方式为"衬于文字下方",如图 1.3.27 所示。

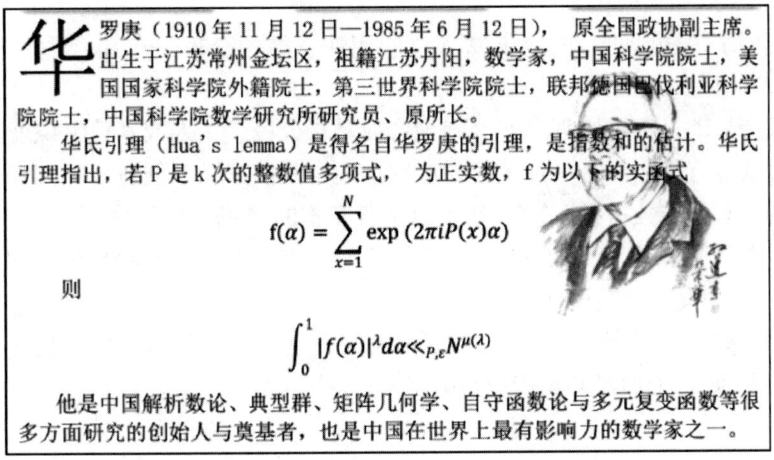

华罗庚(1910 年 11 月 12 日—1985 年 6 月 12 日),原全国政协副主席。出生于江苏常州金坛区,祖籍江苏丹阳,数学家,中国科学院院士,美国国家科学院外籍院士,第三世界科学院院士,联邦德国巴伐利亚科学院院士,中国科学院数学研究所研究员、原所长。

华氏引理(Hua's lemma)是得名自华罗庚的引理,是指数和的估计。华氏引理指出,若 P 是 k 次的整数值多项式, 为正实数,f 为以下的实函式

$$f(\alpha) = \sum_{x=1}^{N} \exp\left(2\pi i P(x)\alpha\right)$$

则

$$\int_0^1 |f(\alpha)|^\lambda d\alpha \ll_{P,\varepsilon} N^{\mu(\lambda)}$$

他是中国解析数论、典型群、矩阵几何学、自守函数论与多元复变函数等很多方面研究的创始人与奠基者,也是中国在世界上最有影响力的数学家之一。

图 1.3.27 华罗庚的生平介绍和华氏引理介绍

【项目自评】

评价要点	评价要求	自评分	备注
设计报头	共 10 分。形状插入正确(2 分);艺术字插入正确(2 分);形状组合(3 分);环绕方式(3 分)		
文本框设置	共 35 分。插入竖向文本框(5 分);正确录入文字(10 分,每少 1 个字扣 2 分,每错 1 个字扣 2 分,扣完为止);诗词内容设置(6 分);诗词释义内容设置(4 分);环绕方式设置(3 分);字体设置(5 分);分栏(5 分)		
智能图形设置	共 8 分。图形插入正确(3 分);录入文字(2 分);环绕方式(3 分)		

评价要点	评价要求	自评分	备注
数学家内容设置	共35分。正确录入文字（10分，每少1个字扣2分，每错1个字扣2分，扣完为止）；字体设置（2分）；首字下沉设置（6分）；公式插入正确（10分）；设置位置正确（2分）；插入图片正确（2分）；设置位置和透明度（3分）；环绕方式（2分）		
保存文档	共2分		
职业素养	共10分。包含敬业精神与合作态度		

【素质拓展】

电子板报要求主题鲜明、内容丰富、色彩明快、结构合理、布局合理，页面自然、美观，知识点表现清楚，不牵强，原创。

保护知识产权即是尊重原创果实，知识产权是指公民、法人或其他组织就其智力劳动成果所依法享有的专有权利，是一种无形财产权。通常是国家赋予创造者对其智力成果在一定时期内享有的专有权或独占权。2021年1月1日实施的《民法典》中第一百二十三条规定："民事主体依法享有知识产权。知识产权是权利人依法就下列客体享有的专有的权利：（一）作品；（二）发明、实用新型、外观设计；（三）商标；（四）地理标志；（五）商业秘密；（六）集成电路布图设计；（七）植物新品种；（八）法律规定的其他客体。"

每年的4月26日为世界知识产权日。

【能力拓展】

1. 录入以下公式。

（1）$\sin\alpha + \sin\beta = 2\sin\dfrac{\alpha+\beta}{2}\cos\dfrac{\alpha-\beta}{2}$

（2）$\cos 2x = \cos^2 x - \sin^2 x = 2\cos^2 x - 1 = 1 - 2\sin^2 x$

（3）$(\arccos x)' = \dfrac{1}{\sqrt{1-x^2}}$

（4）$\displaystyle\int x^\mu dx = \dfrac{x^{\mu+1}}{\mu+1} + C(\mu \neq 1)$

（5）$\displaystyle\int \dfrac{1}{\sqrt{x^2+a^2}}dx = \ln\left| x + \sqrt{x^2+a^2}\right| + C$

（6）$\displaystyle\lim_{x\to 0}\dfrac{\sin x}{x} = 1 \xrightarrow{\text{推广}} \lim_{g(x)\to 0}\dfrac{\sin g(x)}{g(x)} = 1$

（7）$\displaystyle\lim\dfrac{a_0 x^n + a_1 x^{n-1} + \cdots + a_{n-1}x + a_n}{b_0 x^m + b_1 x^{m-1} + \cdots + b_{m-1}x + b_m} = \begin{cases} \dfrac{a_0}{b_0}, & n=m \\ 0, & n<m \\ \infty, & n>m \end{cases}$

2. 自主设计并完成一份主题为"网络安全"的电子板报。

3. 做一个采购管理流程图（图 1.3.28）。

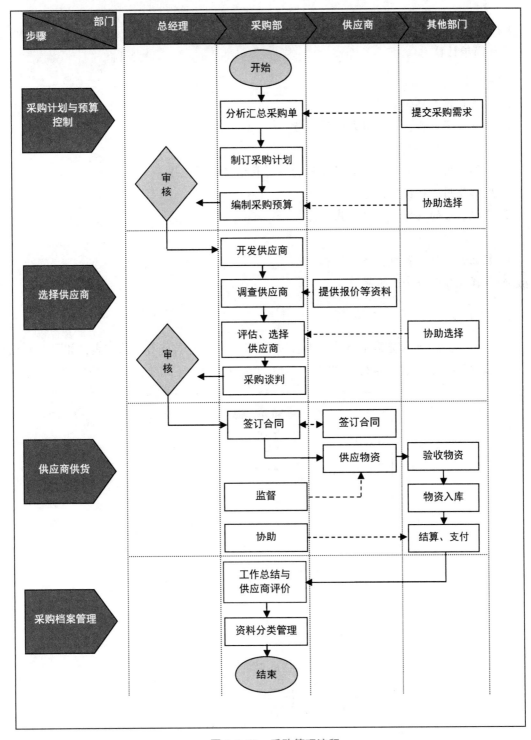

图 1.3.28　采购管理流程

任务四 表格制作——职业技能等级认定申报表

WPS文字可以非常方便地插入和和制作表格，特别是比较复杂的表，并且对表格进行格式化和简单计算。

【知识目标】

※ 熟悉创建表格的多种方法；

※ 熟悉设置表格、表格格式化的技巧。

【技能目标（1+X考点）】

※ 能够使用“表格样式”选项卡进行各类表格格式化操作；

※ 能够使用表格协助排版；

※ 掌握表格的制作和简单计算。

【素质目标】

※ 掌握各类申请表的表格制作方法；

※ 掌握提炼表格要素的能力。

【任务描述】

某市人力资源想要拟定职业技能等级通知，需要制作职业技能等级认定表，如图1.4.1所示。完成表格制作，调整表格行、列间距，合并单元格；添加下划线；设置外边框线。

职业技能等级认定申报表

编号：

姓 名		性别		出生日期		贴照片处（一寸免冠照片）
身份证号		民族		政治面貌		
文化程度		参加工作时间		年 月		
工作单位		本人联系电话				
工作单位详细地址						
何时、何校、何专业毕业						
申报职业（工种）		申报等级		职称或专业技术职务		
现从事职业（工种）				本职业(工种）工作年限		
前序证书	职业（工种）		等级		证书编号	
	发证日期	年 月 日	发证机构			
个人承诺	本人自愿参加考试，知晓职业技能等级证书内容及效力，同意报名时获取身份证等个人信息，承诺符合申报条件，保证本次填报信息真实、完整、准确。如提供虚假失实材料，愿意接受被取消考试资格和成绩的处理，愿意接受证书被收回且作无效处理，并记入职业技能等级认定诚信档案。 考生本人签字（手写）： 承诺日期：					
个人工作简历						
认定结果	理论		证书信息	职业（工种）		
	实操			等级		
	综合评审			证书编号		
审核意见	职业技能等级认定分支机构 （盖章） 年 月 日			北京新奥时代科技有限责任公司 （盖章） 年 月 日		

说明：一、本表需用蓝黑墨水填写，字迹清楚、端正，亦可用A4纸打印。

二、个人承诺一栏，要求申报人本人手写签名。

三、本表一式三份。

图1.4.1 职业等级认定申报表

本任务需插入表格，调整表格行、列间距，合并单元格；添加下划线；设置外边框线。

【相关知识】

1. 创建表格

(1) 使用"快速表格"插入表格

表格模板包含示例数据，可以帮助用户预览添加数据时表格的外观。将光标移动到要插入表格的位置，单击"插入"选项卡→"表格"下拉菜单→"稻壳内容型表格"，单击需要的模板，如图 1.4.2 所示，再直接替换模板中的数据。

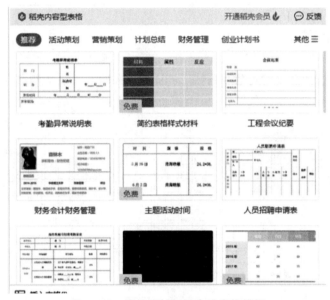

图 1.4.2　表格下拉框的在线表格模板

"字体"组的命令功能见表 1.4.1。

表 1.4.1　"字体"组的命令功能

按钮	功能
B　加粗	将所选内容字体加粗
I　倾斜	将所选内容字体设置为倾斜
U·　下划线	给所选文字内容添加下划线（单击箭头可选择不同的下划线样式）
A·　删除线	在所选内容中间添加一条横线（单击箭头可选择着重号）
X₂　下标	所选文字添加右下角字符
X²　上标	所选文字添加右上角字符
A⁺　增大字体	增大字号
A⁻　减小字体	减小字号
◇　清除格式	清除所选内容的所有格式，只留下无格式文本

按钮	功能
攣ͮ 拼音指南	显示拼音字符以明确发音（单击箭头可选择"更改大小写""带圈字符""字符边框"选项）
A▾ 文字效果	让文件更加赏心悦目（单击箭头为文字添加视觉效果）
ᨀ▾ 突出显示文本	给文字加上颜色底纹以凸显文字内容（单击箭头可选择不同的显示颜色）
A 字符底纹	给所选的内容添加灰色底纹

（2）使用"表格菜单"

将光标移动到要插入表格的位置，单击"插入"选项卡→"表格"，然后在"插入表格"下拖动鼠标以选择需要的行数和列数。如图 1.4.3 所示，在文档中会出现一个 3 行 6 列的表格。

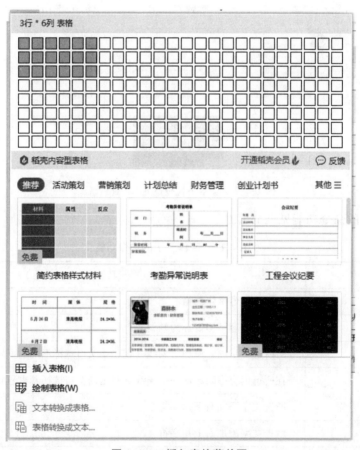

图 1.4.3　插入表格菜单图

用这种方法插入表格十分简单，但美中不足的是，表格的格式一成不变，尤其是较长的表格会受到屏幕大小的限制。

（3）使用"插入表格"命令

"插入表格"命令可以在将表格插入文档之前，选择表格尺寸和格式。

将光标移动到要插入表格的位置，单击"插入"选项卡→"表格"→"插入表格"，弹出"插入表格"对话框，如图 1.4.4 所示。在"表格尺寸"区域下输入列数和行数，在"列宽选择"区域下选择选项以调整表格尺寸。

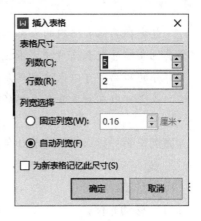

图 1.4.4 "插入表格"对话框

（4）绘制表格

用户可以绘制包含不同高度的单元格的表格或每行列数不同的表格。绘制时，将光标移动到要插入表格的位置，单击"插入"选项卡→"表格"→"绘制表格"，此时指针会变为铅笔状。绘制一个矩形定义表格的外边界，在该矩形内绘制行列线。

绘制完表格以后，在单元格内单击，键入或插入图形。要擦除一条线或多条线，可在"表格工具"选项卡中单击"擦除"按钮，再单击要擦除的线条。

（5）文本与表格互换

①在文本中插入分隔符（例如逗号或制表符），以指示将文本分成列的位置。使用段落标记指示要开始新行的位置。

选择要转换的文本，单击"插入"选项卡→"表格"→"文本转换成表格"，在"将文字转换成表格"对话框的"文字分隔位置"下，单击要在文本中使用的分隔符对应的选项。在"列数"框中选择列数，如图 1.4.5 所示。

②将表格转换成文本。

选择要转换成段落的行或表格，单击"表格工具"→最后一组选项卡→"转换为文本"。在弹出的对话框中，在"文字分隔符"下单击要用于代替列边界的分隔符对应的选项，如图 1.4.6 所示。

图 1.4.5 "将文字转换成表格"对话框

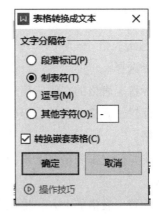

图 1.4.6 "表格转换成文本"对话框

> **注意：**
>
> 包含在其他表格内的表格称作嵌套表格，常用于设计网页。如果将网页看作一个包含其他表格的大表格（文本和图形包含在不同的表格单元格内），用户可以设计页面不同部分的布局。可以通过在单元格内单击，然后使用任何插入表格的方法来插入嵌套表格，或者可以在需要嵌套表格的位置绘制表格。

案例说明：扫二维码观看如何设置实现文字和表格的转换。

文字转为表格

2. 设置表格

1）定位表格

（1）移动光标

用鼠标在表格中移动光标十分简单，将光标移动到所选定的单元格内单击即可。也可以使用快捷键在表格中移动光标，见表1.4.2。

表1.4.2　表格快捷键

按钮	功能
Tab	可以从一个单元格移至后一单元格
Shift + Tab	可将光标从后一单元格移至前一单元格
↑	将光标移至上一行
↓	将光标移至下一行
Alt + Home	将光标移至本行第一个单元格
Alt + End	将光标移至本行最后一个单元格
Alt + PageUp	将光标移至本列第一个单元格
Alt + PageDown	将光标移至本列最后一个单元格

（2）选定表格

①鼠标选择。

将光标置于表格的左侧，出现斜向箭头，单击鼠标，可选定光标箭头所指向的一行；

将光标置于表格的顶端边界处，使光标变成一个向右上斜指的箭头形状，单击鼠标，可选该单元格；

如果将光标置于表格左上角，光标的形状变为一个带箭头的十字状，单击鼠标则可选定整个表格；

将光标置于表格的上方，出现向下箭头，单击鼠标，可选定光标箭头所指向的一列。

②菜单选择。

在表格内单击，单击"表格工具"选项卡→"选择"下拉菜单→"单元格""列""行"

或"表格"命令，可以分别选择一个单元格或一列、一行、整个表格，如图1.4.7所示。

2）插入行、列和单元格

在表格制作过程中，常常会遇到计算不够精确，以至于所制表格行、列或单元格的数目不准确的情况，这时可以在表格中插入或删除行、列或单元格。

（1）在上方或下方添加一行

在要添加行处的上方或下方的单元格内单击，在"表格工具"选项卡（图1.4.8）上执行下列操作之一：

- 要在单元格上方添加一行，单击"在上方插入行"按钮。
- 要在单元格下方添加一行，单击"在下方插入行"按钮。

图1.4.7　选择表格菜单

图1.4.8　"行和列"组命令

（2）在左侧或右侧添加一列

在要添加列处的左侧或右侧的单元格内单击，在"表格工具 – 布局"选项卡上执行下列操作之一：

- 要在单元格左侧添加一列，单击"在左侧插入列"按钮。
- 要在单元格右侧添加一列，单击"在右侧插入列"按钮。

（3）添加单元格

在要插入单元格处的右侧或上方的单元格内单击。

在"表格工具"选项卡中，单击图1.4.6右下角的"对话框启动器"，弹出"插入单元格"对话框，单击下列选项之一。各选项释义见表1.4.3。

表1.4.3　"插入单元格"对话框命令释义

命令	功能
活动单元格右移	插入单元格，并将该行中所有其他的单元格右移
活动单元格下移	插入单元格，并将现有单元格下移一行，表格底部会添加一新行
整行插入	在用户单击的单元格上方插入一行
整列插入	在用户单击的单元格左侧插入一列

3）删除行、列和单元格

（1）删除行

单击要删除的行的左边缘选择该行，单击"表格工具"选项卡→"删除"→"行"，如图1.4.9所示。

（2）删除列

单击要删除的列的上网格线或上边框选择该列，单击"表格工具"→"删除"→"列"。

（3）删除单元格

单击要删除的单元格的左边缘选择该单元格，单击"表格工具"→"删除"→"单元格"，会弹出如图1.4.10所示的对话框，单击选择相应选项。

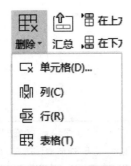

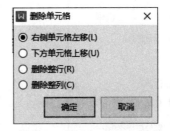

图1.4.9　删除菜单　　　　图1.4.10　"删除单元格"对话框

4）删除表格

（1）删除表格及其内容

单击选中整个表格，单击"表格工具"选项卡→"删除"→"表格"。

（2）清除表格内容

在"开始"选项卡上的"段落"组中单击"显示/隐藏" ↩，选择要清的项，按Delete键，即清除了表格中的内容，而保留表格本身。

5）合并和拆分单元格

（1）合并单元格

用户可以将同一行或同一列中的两个或多个表格单元格合并为一个单元格。

通过单击单元格的左边缘，然后将鼠标拖过所需的其他单元格，可以选择要合并的单元格。单击"表格工具"选项卡→"合并"组→"合并单元格"，如图1.4.11所示。

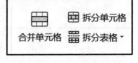

图1.4.11　"合并"组

（2）拆分单元格

用户可以将同一行或同一列中的一个单元格拆分为两个或多个表格单元格。

在单个单元格内单击，或选择多个要拆分的单元格。单击"表格工具"选项卡→"拆分单元格"，输入列数或行数，如图1.4.12所示。

6）拆分表格

在WPS中不但可以拆分单元格，还可以拆分整个表格。拆分表格就是将一个表拆分成两个独立的表格，各部分之间均可插入文字和图形。

插入点移到要作为新表格的第一行的位置，单击"表格工具"选项卡→"拆分表格"，选择"按列拆分"或者"按行拆分"。

图 1.4.12 "拆分单元格"
对话框

7）绘制斜线表头

在使用表格时，经常需要在表头（第一行的第一个单元格）绘制斜线，这时用户可以在"表格样式"选项卡中单击"绘制斜线表头"按钮。

8）调整表格的列宽和行高

在使用表格的过程中，随时需要调整行高和列宽，以适应不同表格的内容。调整表格行高和列宽的方法有以下 3 种。

（1）利用"单元格大小"组调整列宽和行高

在"表格工具"选项卡中可调整单元格大小，如图 1.4.13 所示。

图 1.4.13 "单元格大小"组

- 自动调整：根据窗口或者内容自动调整单元格大小。

单击"自动调整"下拉按钮，会弹出下拉菜单，有 5 个功能选项，各项功能见表 1.4.4。

表 1.4.4　自动调整表格菜单项的功能

菜单项	功能
适应窗口大小	根据单元格内容的比例和窗口的长度调整单元格的大小
根据内容调整表格	根据单元格内容的多少调整单元格的大小
行列互换	整个单元格的内容行、列互换
平均分布各行	让内容按照各行的高度都一样
平均分布各列	让每一列的单元格宽度都一样

- 高度：设置所选单元格的高度。
- 宽度：设置所选单元格的宽度。
- 行高：在所选行之间平均分布高度。
- 列宽：在所选列之间平均分布宽度。

案例说明： 扫二维码观看如何实现表格列宽和行高的设置。

表格的行高和列宽

（2）"表格属性"对话框

单击"表格工具"选项卡中的"单元格大小"对话框启动器，打开"表格属性"对话框。在"表格属性"对话框中可以分别设置表格、行、列和单元格的尺寸与对齐方式，如图 1.4.14 所示。

（3）使用鼠标调整列宽和行高

将鼠标指针指向表格中要调整列宽的表格边框线上，使鼠标指针变成 ┨┠ 形状，此时按下鼠标左键拖动边框至所需的位置即可。

使用鼠标调整行高时，同样应先将指针指向需要调整行的下边框，然后拖动至所需的位置即可。

9）复制和删除表格

复制表格：对表格可以全部或者部分地复制。选中要复制的单元格，单击"复制"按钮。把光标定位到要复制表格的地方，最后单击"粘贴"按钮即可。

删除表格：选中要删除的表格或单元格，按Backspace键。若删除的是单元格，则会弹出一个"删除单元格"对话框，选择合适的选项，然后单击"确定"按钮即可。

图1.4.14 "表格属性"对话框

3. 表格格式化

表格格式化与段落的设置很相似，也有对齐、底纹和边框等的修饰。

1）设置表格的边框和底纹

（1）添加表格边框

方法1：选中要设置边框的表格或者单元格，单击"表格样式"选项卡→"线型""线型粗细""边框颜色"命令，设置表格边框线型的样式、粗细和颜色，如图1.4.15所示。

图1.4.15 "绘图边框"组

方法2：单击"表格样式"选项卡→"边框"下拉菜单→"边框和底纹"，在"边框和底纹"对话框中单击"边框"选项卡，如图1.4.16和图1.4.17所示。

图1.4.16 "边框"组

图1.4.17 "边框和底纹"对话框

在"设置"区内选中所需的边框形式，在"预览"区内将显示表格边框线的效果。如果需要的话，可以单击预览区周围的按钮来增加或减少表格的边框线。

在"线型"列表框中选择表格边框线的类型，在"宽度"列表框中改变线的宽度，在"颜色"列表框中可以选择边框线的颜色。

在"应用范围"列表框中选择"表格"，设置完成后，单击"确定"按钮。

（2）添加表格底纹

如果要给表格添加底纹，方法如下：

方法1：选定要设置底纹的单元格，单击"表格样式"选项卡→"底纹"下拉按钮，选择相应颜色作为底纹。

方法2：如图1.4.17所示，选择"边框和底纹"对话框中的"底纹"选项卡。

在"填充"区中选定要填充单元格的样式；在"图案"区选定需要的图案。

在"应用范围"内选定应用区域。选择"单元格"，则底纹将应用于选定的单元格上。选择"表格"，则底纹将应用于整个表格上；选择"段落"，则底纹将应用于插入点所在的段落。最后单击"确定"按钮。

（3）表格自动套用格式

WPS为用户提供了"表格自动套用格式"功能。

将光标定位在需要插入表格的位置。选择"表格样式"选项卡，把鼠标移动到预设表样式，查看表格的样式，从而选择满意的表格样式。

若要修改表格自动套用格式，在"表格工具"选项卡"表格样式选项"组中，如图1.4.18所示，可以选择或者取消各种格式。

2）单元格的排列方式

在WPS中不仅可以对单元格进行对齐方式的调整，而且可以对表格进行对齐方式的设置。方法如下：

方法1：将光标定位在需要调整对齐方式的表格中，单击"表格工具"选项卡中"对齐方式"下拉按钮，在下拉菜单中显示文字的各种对齐方式和文字方向，如图1.4.19所示。

图1.4.18 "表格样式选项"　　　　图1.4.19 "对齐方式"组

方法2：将光标定位在需要调整对齐方式的表格中，单击右键，选择"表格属性"，弹出"表格属性"对话框，单击"表格"选项卡。

在"尺寸"选项组中，用户可以调整整个表格的宽度。"对齐方式"选项组中，用户可以根据需要选择合适的对齐方式。若用户需要调整文字的环绕方式，则可在"文字环绕"选项组中选择环绕方式，如图 1.4.20 所示。

在"表格属性"对话框"单元格"选项卡中可以设置文字字号和文字在单元格中的垂直对齐方式，如图 1.4.21 所示。

图 1.4.20 "表格属性"对话框
"表格"选项卡

图 1.4.21 "表格属性"对话框
"单元格"选项卡

> **注意：**
>
> Microsoft Word 能够依据分页符自动在新的一页上重复表格标题。如果在表格中插入了手动分页符，则 Word 无法重复表格标题。

3）在表格前插入文本

在位于文档第一页第一行的表格前插入空行。

在表格第一行左上角的单元格中单击。如果该单元格内包含文本，将插入点置于文本前，按 Enter 键后，就可以在表格前键入所需的文本。

4）标题行重复

当处理大型表格时，它将被分割成几页。可以对表格进行调整，以便确认表格标题显示在每页上。在页面视图中或打印文档时可以看到重复的表格标题。

选择一行或多行标题行。选定内容必须包括表格的第一行。单击"表格属性"→"行"选项卡→"选项"，勾选"在各页顶端以标题行形式重复出现"。

案例说明：扫二维码观看表格样式的设置。

表格样式

4. 表格计算

在日常的工作或生活中，经常要将表格中的内容按照一定的规律进行排序和计算。WPS 提供了这样的功能，使用户可以很方便地在文档中完成计算功能。

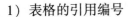

1）表格的引用编号

同 Excel 一样，Word 表格中的每个单元格都对应着唯一的引用编号。编号的方法是以 1、2、3、…代表单元格所在的行，以字母 A、B、C、…代表单元格所在列。例如，第 1 行为 1，第 2 行为 2，依此类推；第 1 列为 A，第 2 列为 B，依此类推，如图 1.4.22 所示。

	A	B	C	D
1	a1	b1	c1	d1
2	a2	b2	c2	d2

图 1.4.22　表格的引用编号示例

2）表格中单元格的引用

图 1.4.23 列出了几种不同的单元格的引用方法。

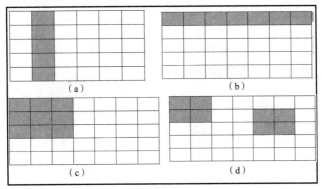

图 1.4.23　几种不同的单元格的引用方法

在图 1.4.23（a）中，对整列引用的方法是 B:B 或 B1:B5。

在图 1.4.23（b）中，对整行引用的方法是 1:1 或 A1:G1。

在图 1.4.23（c）中，对连续单元格引用的方法是 A1:C3 或 1:1、3:3。

在图 1.4.23（d）中，对分散的连续单元格引用的方法是 A1:B2、E2:F3。

3）表格数据计算

了解了表格中对单元格的引用方式后，就可以计算表格中的数据。

在表格中利用数学公式计算数值的方法如下：

将插入点放在保存结果的单元格中，单击"表格工具"选项卡→"公式"命令 fx，弹出"公式"对话框，如图 1.4.24 所示。

在"公式"对话框中输入所需的公式。公式的开始应输入" = "，例如，" = SUM(b2: e3)"表示求第 2 列的第 2 个单元格到第 5 列的第 3 个单元格的总和。AVERAGE 函数可以对单元格求算术平均值，例如，" = AVERAGE(above)"表示对上方所有单元格求平均值。

也可以在"粘贴函数"下拉列表中选择所需的函数，如图 1.4.25 所示。然后单击"确定"按钮就可以求出结果，并将结果放入插入点所在的单元格中。

5. 表格数据的排序

WPS 提供了强大的排序功能，使用户可以方便地对选定的表格进行数据排序。

图1.4.24 "公式"对话框

图1.4.25 "粘贴函数"列表

将插入点置于要进行排序的表格中，单击"表格工具"选项卡→"排序"命令 ，弹出"排序"对话框，如图1.4.26所示。

图1.4.26 "排序"对话框

在"主要关键字"下拉列表框中选择第一个排序的依据。在"类型"列表框中选定排序的方法。选定排序顺序，选择"升序"选项进行升序排序，选择"降序"选项进行降序排序。

如果需要设置其他的排序依据，则可在"次要关键字"下拉列表框中选择用于排序的其他依据，并确定排序类型和顺序。当排序的关键字为多个时，在排序的时候首先考虑"主要关键字"的值。当"主要关键字"的值相同时，按照"次要关键字"的值确定排序的顺序。

在"列表"区可以选择所选表格是否有标题行，如果选择"有标题行"，则表格第一行不参与排序。

单击"选项…"按钮会弹出"排序选项"对话框。在此对话框中，用户可以根据自己的需要设置"分隔符""排序选项"及"排序语言"，如图1.4.27所示。设置完成后，

图1.4.27 "排序选项"对话框

依次单击"确定"按钮就可以看到排序的效果。

案例说明：扫二维码观看如何实现表格数据的计算和排序。

表格计算和排序

【任务实施】

1. 页面设置

设置页边距，将页面上、下边距设定为 1.27 厘米，左、右设定为 1.27 厘米。

2. 标题

输入"职业技能等级认定表"，字体为"方正小标宋简体"，字号为"小二"。

3. 插入表格

插入一个 8 列 16 行的表格。

4. 设置单元格

①调整单元格列、行间距，前 10 行的行高设为 1 厘米，第 11、12、16 行行高设为 3.5 厘米，第 13、14、15 行高设为 0.8 厘米。

②合并单元格，每一行按照表格样式进行设置合并。

5. 边框设置

边框设置"线型粗细"为 0.5 磅。

6. 保存文档

将文档保存为"职业技能等级认定申报表 . docx"。

【项目自评】

评价要点	评价要求	自评分	备注
页面设置	共 10 分。页边距上下距（5 分）；左右距（5 分）。		
标题及文字录入、设置	共 24 分。标题及文本录入正确（每错、漏 1 个字扣 2 分，扣完为止）；格式设置（4 分）		
表格设置	共 10 分		
单元格设置	共 40 分。表格调整，前 10 行行高（10 分）；11、12、16 行行高（10 分）；13 ~ 15 行行高（10 分）；正确合并单元格（10 分）		
边框设置	共 4 分		
文档保存	共 2 分		
职业素养	共 10 分。包含敬业精神与合作态度		

【素质拓展】

根据国务院推进简政放权、放管结合、优化服务改革要求，人力资源社会保障部会同国务院有关部门对《国家职业资格目录》进行优化调整，形成了《国家职业资格目录（2021年版)》。分为专业技术人员职业资格和技能人员职业资格，其中，专业技术人员职业资格有59项，包括准入类33项、水平评价类26项。

【能力拓展】

1. 制作员工入职体检表（图1.4.28）。

入职体检表

姓名		性别		出生日期		近期二寸免冠正面半身彩色照片
出生地		民族		婚否		
眼	视力	左		右		
	眼疾					
耳鼻喉	听力					
	耳疾					
	鼻及鼻窦					
内科	呼吸	次/分	脉搏	次/分	血压 / mmHg	医师意见：
	发育及营养					
	心肺功能					
	肝、脾					
	腹部					签名：
外科	甲状腺		脊椎			医师意见：
	淋巴		四肢			
	肛门		关节			
	泌尿生殖器					
	其它					签名：
辅助检查结果	胸透					医师签名：
	肝肾功能					检验师签名：
	血常规		血型			
结论						
主检医师		送检单位				

检查日期： 年 月 日

图1.4.28 入职体检表模板

2. 制作如下班级成绩表（表1.4.5），计算总分及平均分，按总分进行排序。

表1.4.5　班级成绩表

期末成绩表							
班级：	高（2）班	人数（人）：	11	班主任		张晋	
成绩　　科目　姓名	数学	语文	英语	物理	化学	总分	平均分
王小东	96	95	94	98	79		
陈碧佳	87	87	59	89	96		
刘超一	98	96	86	56	78		
徐亮	78	75	73	84	85		
李锴	83	84	78	68	79		
张子非	75	74	72	76	87		
李洋洋	76	87	72	43	86		
李岩	76	74	54	62	53		
王一娜	19	48	59	78	79		
总分	822	885	770	810	805		
平均分	74.73	80.45	70	73.64	73.18		

任务五　长文档编辑——用户使用指南制作

长文档通常是指那些文字内容较多，篇幅相对较长，文档层次结构相对比较复杂的文档，如教材、商业报告、软件使用说明书、论文等。正确使用长文档编辑中的技能，组织和维护长文档就会变得得心应手，提高工作效率。

【知识目标】

※ 熟悉长文档的分页、分栏、页眉和页脚等编辑技巧；

※ 熟悉长文档目录编辑方法；

※ 熟悉文档的查找和替换、保护等操作。

【技能目标（1+X考点）】

※ 掌握创建文档大纲级别、目录等设置方法；

※ 能够应用修订和审阅功能实现修订、显示修订、保护修订、接收或拒绝修订。

【素质目标】

※ 掌握规范制作长文档的方法；

※ 具备办公室文员基本素养。

【任务描述】

刘某某为天翼云软件撰写了《天翼云 3.0·弹性文件服务用户使用指南》，请组长张某帮他看看是否规范，如图 1.5.1 所示。张某在查看该文档时，使用了审阅工具对文稿进行了修改。

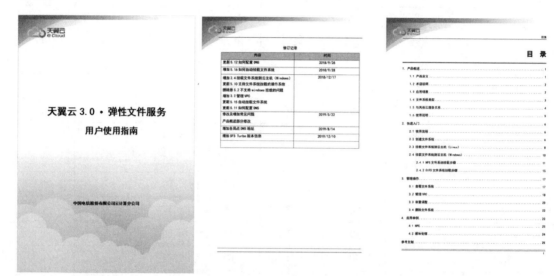

图 1.5.1 "用户使用指南"样本

在该任务中，长文档编辑应该注意以下几个方面的内容：图片和表格应该添加题注；查找和替换；各级标题应该设置标题级别；要设置页眉页脚；插入目录；保护文档。

【相关知识】

1. 创建文档大纲级别

给标题设置大纲等级，以表示它们在整个文档结构即层次结构中的级别，也是给长文档正确添加目录的前提。下面介绍几种创建文档大纲的方法。

（1）段落设置法

在 WPS 文字中打开一篇文档，选择"视图"→"导航窗格"，如果这篇文档已经设置好各级大纲级别，可以在左边的文档结构图中看见很多分好级别的目录，如图 1.5.2 所示。这时如果在左侧的文档结构图中单击一个条目，那么在右侧的文档中，光标就会自动定位到相应的位置。利用文档结构图的这一功能查阅文档（特别是长文档）时会非常方便。这种排列有从属关系，也就是说，大纲级别为 2 级的段落从属于 1 级，3 级的段落从属于 2 级……9 级的段落从属于 8 级。在导航窗格中，单击条目前面的" ∨ "号，可以把有从属关系的条目折叠或展开，这种方法与 Windows 资源管理器左窗格中的目录和子目录的操作方法有点相似。

选中需要设置大纲级别的标题，单击"段落"组的"对话框启动器"按钮，打开"段落"对话框，在"大纲级别"处可以设置大纲级别，如图 1.5.3 所示。设置完成后，导航窗格会同步显示。

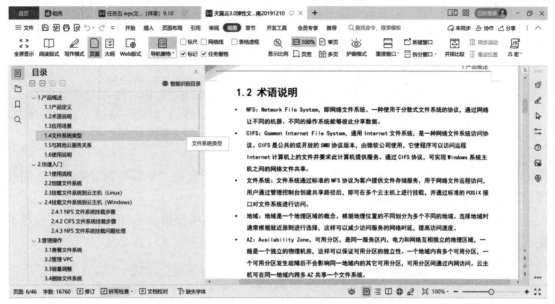

图 1.5.2 长文档导航窗格

图 1.5.3 "段落"对话框中设置大纲级别

（2）大纲视图法

大纲视图通过清晰的大纲格式构建和显示内容，所有的标题和正文文本均采用缩进显示，在大纲视图创建的环境中，用户可以快速操纵大纲标题和标题中的文本。

建立一个空白文档，单击"视图"选项卡的"文档视图组"，切换到大纲视图。此时在文档的左上角出现一个减号和一个不断闪烁的插入点。这是输入第一个顶级大纲标题的位置。折叠□表示标题尚未包含任何子标题或从属文本。将文档切换到大纲视图时，出现"大纲工具"组，可以用来工作时操纵大纲，如图 1.5.4 所示。

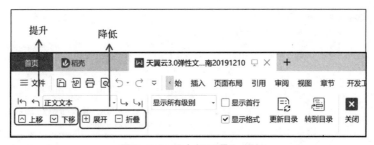

图 1.5.4 "大纲工具"组

依次输入其他的标题。用"提升"按钮和"降低"按钮在"1级"到"9级"之间选择标题样式，然后在每个标题的后面按 Enter 键即可。

创建了更低级别的项后，WPS 文字将在高级别的大纲项旁边显示加号，表示这些项下还有从属项。最多可以添加9级从属项，如图 1.5.5 所示。

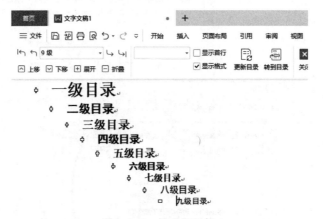

图 1.5.5 级目录示例

用户可在相应的大纲下面输入文档正文。在要输入正文的大纲后面按 Enter 键，此时插入点将开始新的一行。单击"大纲工具"组中的"降级为正文"按钮 ↴，或者在"大纲级别"下拉列表中选择"正文文本"选项即可输入正文。

（3）样式设置法

样式是指一组已经命名的字符和段落格式，可同时应用很多属性。它规定了文档中标题、题注以及正文等各个文本元素的格式。使用样式还可以构筑大纲，使文档更有条理，编辑和修改更简单，使用样式还可以用来生成目录。

WPS 提供有许多内置样式。当用户需要应用的某些格式组合与内置的样式相符时，就可以直接应用该样式而不用再新建了。

选中需要应用样式的文本，然后选择"开始"选项卡的"样式"组，单击所需的样式，如图 1.5.6 所示。如果没看到所需的样式，则单击箭头展开"快速样式"库。

图 1.5.6 "样式"组命令

样式出现在列表中，就可以随时将其应用于文档。

2. 题注

题注是一种可添加到图表、表格、公式或其他对象中的编号标签，包括两个方面的内容：为选择的内容贴上标签和为插入的内容编号。

1）添加题注

用户可以为图表、公式或其他对象添加题注。也可以使用这些题注创建带题注项目的目录，例如图表目录或公式目录。

（1）添加题注

选择要添加题注的对象（表格、公式、图表或其他对象），单击"引用"选项卡→"题注"。"题注"组命令如图 1.5.7 所示。

在"标签"列表中，选择最能恰当地描述该对象的标签，例如图片或公式。如果列表中未提供正确的标签，则单击"新建标签"，在"标签"框中键入新的标签，然后单击"确定"按钮，如图 1.5.8 所示。最后在标签后输入题注的文本内容（包括标点）。

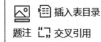

图 1.5.7　"题注"组命令

（2）向浮动对象添加题注

如果希望能让文本环绕在对象和题注周围，或者希望能够一起移动对象和题注，则需要将对象和题注都插入文本框中。

单击"插入"选项卡→"文本框"→"绘制文本框"，在文档中，通过拖动鼠标在对象上绘制一个文本框。

选中文本框，会出现"绘图工具"选项卡，选中"绘图工具"选项卡→"填充"→"无填充颜色"→"环绕"→"四周型环绕"。

选择该对象，单击"引用"选项卡→"题注"。选择最恰当地描述该对象的标签，并输入要显示在标签之后的任意文本。剪切该对象和题注并粘贴在文本框内。

图 1.5.8　"题注"对话框

2）在题注中包括章节号

要在题注中包括章节号，必须向章节标题应用唯一的标题样式。

选择要添加题注的项目，单击"引用"选项卡→"题注"→"编号"，弹出"题注编号"对话框，如图 1.5.9 所示。

选中"包含章节编号"复选框，在"章节起始样式"列表中，选择应用于章节标题的标题样式，在"使用分隔符"列表中，选择一种将章节号和题注编号分隔开来的标点符号。

3）删除题注

从文档中选择要删除的题注，按 Delete 键。

4）更改题注

用户可以更改编号格式、更改题注上的标签或更改文档中的所有题注标签，并可以在更改了一个或多个标签后

图 1.5.9　"题注编号"对话框

更新文档中的所有标签。

（1）更改单个题注的标签或者选择要更改的题注

按 Delete 键删除现有题注，然后按 Enter 键。插入新题注内容。

（2）更改属于同一类型的所有题注中的标签

选择要更改其标签的题注编号。选择"引用"选项卡→"题注"→"标签"框，选择需要的标签或单击"新建标签"按钮。

（3）更改题注的编号格式

选择要更改其编号格式的题注编号。选择"引用"选项卡→"题注"→"编号"→"格式"框，单击所需的编号格式。

选定的题注编号将更新为新的编号格式，并且与该标签关联的其他题注编号也将随之更新，而使用不同标签的题注则不会得到更新。

5）更新题注编号

如果插入新的题注，WPS 将自动更新题注编号。但是，如果删除或移动了题注，则必须手动更新题注。

要更新特定的题注，则选择该题注；若要更新所有题注，则单击文档中的任意位置，然后按 Ctrl + A 组合键选择整个文档。单击鼠标右键，然后单击快捷菜单上的"更新域"。

案例说明：扫二维码观看如何设置题注。

3. 目录

题注

WPS 文字提供了一个样式库，其中有多种目录样式可供选择。标记目录项，然后从选项库中单击需要的目录样式。WPS 文字会自动根据所标记的标题创建目录。

1）标记目录项

创建目录最简单的方法是使用内置的标题样式。用户还可以创建基于已应用的自定义样式的目录，或者可以将目录级别指定给各个文本项。

（1）使用内置标题样式标记项

选择要应用标题样式的标题，在"开始"选项卡上的"样式"组中单击所需的样式。

（2）标记各个文本项

选择要在目录中包括的文本。单击"引用"选项卡→"目录"组→"目录级别"，将所选的内容标记为指定的级别，再使用"目录"命令生成目录，这样希望显示的文本都出现在目录中了。"目录"组命令如图 1.5.10 所示。

2）创建目录

标记了目录项之后，就可以生成目录了。

（1）用内置标题样式创建目录

单击要插入目录的位置，在"引用"选项卡上的"目录"组中单击"目录"，然后单击所需的目录样式。

图 1.5.10 "目录"组命令

（2）用自定义样式创建目录

单击要插入目录的位置，单击"引用"选项卡→"目录"→"插入目录"，弹出"目录"

对话框，单击"选项"按钮，如图 1.5.11 所示。在弹出的"目录选项"对话框的"有效样式"下查找应用于文档中的标题的样式，如图 1.5.12 所示。

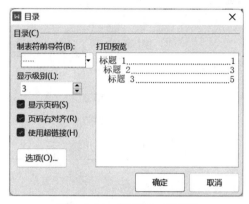
图 1.5.11　"目录"对话框

图 1.5.12　"目录选项"对话框

在样式名旁边的"目录级别"下，键入 1~9 中的一个数字，指示希望标题样式代表的级别。

3）选择适合文档类型的目录

打印文档：如果创建需要在打印页上阅读的文档，那么在创建目录时，应使每个目录项列出标题和标题所在页面的页码。

联机文档：对于读者要在 WPS 中联机阅读的文档，可以在图 1.5.11 所示的对话框中勾选"使用超链接"，将目录中各项的格式设置为超链接，以便可以通过按住 Alt 键并单击目录中的某项转到对应的标题。

4）更新目录

单击"引用"选项卡→"更新目录"→"只更新页码"或"更新整个目录"。

5）删除目录

单击"引用"选项卡→"目录"→"删除目录"。

6）基于题注创建目录

在文档中，将光标放在要插入图表目录的位置，单击"引用"选项卡→"题注"组→"插入表目录"→"题注标签"列表，选择要使用的标签。

如果文档包含的题注具有不同的标签，而用户希望将所有题注都包括在一个图表目录中，可单击"选项"，选中"样式"复选框，然后选择列表中的"题注"。

> 提示：
>
> 　　如果用户文档中的题注进行了更改，则可以通过选择图表目录并按 F9 键来更新图表目录。

案例说明： 扫二维码观看目录设置。

4. 插入分隔符

WPS 有多种分隔符，这里主要介绍两种：一种是分页符，另一种是分节符。

目录生成

分页符是文档中上一页的结束及下一页开始的位置，表示一页的结尾或者另一页的开始。节是文档的一部分，可在其中设置某些页面格式选项。若要更改例如行编号、列数或页眉和页脚等属性，可插入一个新的分节符。

图 1.5.13　"分隔符"菜单

（1）插入分页符

单击"页面布局"选项卡"分隔符"按钮，在下拉菜单中选择"分页符"，如图1.5.13所示。

（2）插入分节符

要创建分节符，单击文档中需要设置节的位置，单击"页面布局"选项卡→"分隔符"按钮，在下拉菜单中选择"分节符"。

5. 页眉和页脚

页眉和页脚通常用于显示文档的附加信息，例如页码、日期、作者名称或单位名称等。可以在文档中插入预设的页眉或页脚并轻松地更改页眉和页脚设计。

（1）在整个文档中插入相同的页眉和页脚

单击"插入"选项卡→"页眉页脚"，选择所需的页眉或页脚设计。要更改页眉或页脚，只需重新选择样式即可。

（2）删除首页中的页眉或页脚

单击"页面布局"选项卡→"页面设置"对话框启动器→"版式"选项卡→"页眉和页脚"，勾选"首页不同"复选框，页眉和页脚即被从文档的首页中删除，如图1.5.14所示。

（3）对奇偶页使用不同的页眉或页脚

单击"页面布局"选项卡→"页面设置"对话框启动器→"版式"选项卡，勾选"奇偶页不同"复选框，在偶数页上插入用于偶数页的页眉或页脚，在奇数页上插入用于奇数页的页眉或页脚。

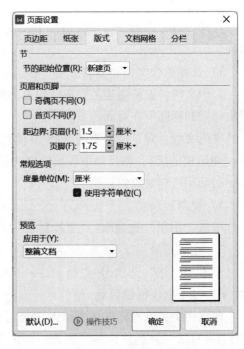

图 1.5.14　"页面设置"对话框
"版式"选项卡

（4）更改页眉或页脚的内容

单击"插入"选项卡→"页眉页脚"→"页眉页脚"选项卡，选择文本并进行修订。

（5）删除页眉或页脚

单击文档中的任何位置，单击"插入"选项卡→"页眉页脚"→"页眉页脚"选项卡→"页眉"或"页脚"→"删除页眉"或"删除页脚"，页眉或页脚即被从整个文档中删除。

6. 审阅工具

审阅工具可以帮助用户校对、修订、更改和保护文档。"审阅"选项卡如图1.5.15所示。

图 1.5.15 "审阅"选项卡

1)"校对"组和"语言"组

单击"审阅"选项卡,就会出现"审阅"窗格,其中,"校对"组和"语言"组的命令释义见表 1.5.1 和表 1.5.2。

表 1.5.1 "校对"组命令释义

菜单项	功能
拼写检查	检查当前文档中的拼写错误
文档校对	快速对文档内容进行专业纠错,精准解决错词、敏感词等易错词语
批改服务	提供格式批改服务,确保文档质量
字数统计	统计文档中的页数、字数、字符数以及段落数

表 1.5.2 "语言"组命令释义

菜单项	功能
翻译	鼠标选中文本,将其翻译成不同语言
朗读	将文本用人声朗读出来,每天均可免费体验
繁转简	将繁体中文转换为简体中文
简转繁	将简体中文转换为繁体中文

(1)拼写检查和文档校对

在编写文档时更快、更轻松地找出文档中的拼写错误并对其进行修正。

①自动拼写检查的工作方式。

WPS 可以在用户工作时标记拼写错误的单词(默认为红色波浪线),用户可以右键单击拼写错误的单词,以查看建议的更正,如图 1.5.16 所示。

②自动文档校对的工作方式。

当用户启用文档校对后,WPS 会标记潜在的语法和风格错误(默认为蓝色直线),如图 1.5.17 所示。用户可以右键单击错误,以查看其他选项。

③打开或关闭自动拼写和语法检查功能。

单击"文档"→"选项",弹出如图 1.5.18 所示的"选项"对话框。在"拼写检查"下选中或清除"在文档中显示忽略的拼写错误"。

④自动更正。

在"选项"对话框中选择"编辑"命令,弹出如图 1.5.19 所示对话框。其中,在"自动更正"下可以勾选或取消勾选想要的自动更正选项

图 1.5.16　拼写错误及更正的示例

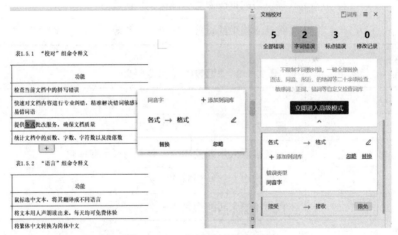

图 1.5.17　文档校对检查示例

图 1.5.18　"Word 选项"对话框

图 1.5.19 "编辑"选项内容

（2）字数统计

WPS 在用户键入时会自动统计文档中的字数、页数、段落数、行数及包含或不包含空格的字符数。

①在键入时统计字数。

在文档中键入时，WPS 自动统计文档中的页数和字数，并将其显示在工作区底部的状态栏上，如图 1.5.20 所示。

②统计一个或多个选择区域（文本框）中的字数。

选择要统计字数的文本，状态栏将显示选择区域（文本框）中的字数。

③查看页数、字符数、段落数和行数。

单击"审阅"选项卡→"校对"组→"字数统计"，弹出如图 1.5.21 所示对话框。

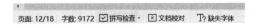

图 1.5.20 状态栏中自动统计页数和字数　　　　图 1.5.21 "字数统计"对话框

2）"批注"组

"批注"组中的命令释义见表1.5.3。

表1.5.3 "批注"组中的命令释义

菜单项	功能
插入批注	在文档中添加有关所选内容的批注
删除	可删除当前选中的批注
上一条	定位到文档中的前一条批注
下一条	定位到文档中的后一条批注

用户可将批注插入文档的页边距处出现的批注框中，也可从视图中隐藏批注。

（1）键入批注

选择要对其进行批注的文本或项目，或单击文本的末尾处。单击"审阅"选项卡→"插入批注"，在批注框中键入批注文本即可。

（2）删除批注

右键单击该批注，然后单击"删除"选项。

要快速删除文档中的所有批注，可单击文档中的一个批注，单击"审阅"选项卡→"删除"下拉菜单→"删除文档中的所有批注"。

3）"修订"组和"更改"组

在WPS中，可以跟踪每个插入、删除、移动、格式更改或批注操作，以便在以后审阅所有这些更改。"修订"组和"更改"组命令释义见表1.5.4和表1.5.5。

表1.5.4 "修订"组命令释义

菜单项	功能
修订	记录对文档的所有改动，如对文字内容的插入、删除和格式更改
显示标记的最终状态	选择查看文档修订建议的方式
显示标记 ▾	选择要在文档中显示的标记的类型
审阅	在单独窗口中显示修订

表1.5.5 "更改"组命令释义

菜单项	功能
接受	接受修订并移动到下一条
拒绝	拒绝修订并移动到下一条
上一条	定位到文档中的上一条修订，以便接受或拒绝该修订
下一条	定位到文档中的下一条修订，以便接受或拒绝该修订

（1）打开修订

单击"审阅"选项卡→"修订"命令。"修订"按钮的背景色发生变化，显示它已打开。

若要在页面下方状态栏添加修订指示器，右击状态栏，如图1.5.22所示，然后单击"修订"。

单击状态栏上的"修订"指示器可以打开或关闭修订。"修订"指示器如图1.5.23所示。

打开"修订"之后，当插入或删除文本时，或者移动文本或图片时，将通过标记（即显示每处修订所在位置以及内容的颜色和线条等）显示每处更改。

（2）关闭修订

要取消修订，则再次单击"修订"组中的"修订"命令，或者关闭状态栏上的"修订"指示器。

（3）一次接受（拒绝）所有更改

单击"审阅"选项卡→"更改"组→"接受"/"拒绝"下拉菜单→"接受对文档的所有修订"/"拒绝对文档的所有修订"。

图1.5.22　打开修订命令示例

图1.5.23　"修订"指示器

4）"比较"组

"比较"组用于比较两个文档以及查看它们之间的差异。单击"比较"命令的下拉按钮，有2个选项，如图1.5.24所示。

"比较"选项对两个文档进行比较，并且只显示两个文档的不同部分。被比较的文档本身不变。默认情况下，比较结果显示在新建的第三篇文档中。

图1.5.24　"比较"命令菜单

案例说明： 扫二维码观看审阅工具操作。

7. 使用书签

书签又称标签，是加了标识和命名的位置或文本，用于在文档中跳转到特定的位置。

审阅模式

（1）插入书签

选择要为其指定书签的文本或项目，或者单击要插入书签的位置。单击"插入"选项卡→"链接"组→"书签"，在弹出的"书签"对话框中，在"书签名"下键入或选择书签名，如图1.5.25所示。

图 1.5.25 "书签"对话框

> **注意:**
>
> 　　书签名必须以文字或者字母开头，可包含数字，但不能有空格。可以用下划线字符来分隔文字，例如，"标题_1"，单击"添加"按钮即可。

　　（2）定位到特定书签

　　单击"插入"选项卡→"链接"组→"书签"，选择要定位的书签的名称，单击"定位"按钮。

　　（3）删除书签

　　单击"插入"选项卡→"链接"组→"书签"→"书签的名称"→"删除"。

　　案例说明：扫二维码观看如何设置书签。

　　8. 查找和替换

　　查找和替换功能可用于查找和替换文本、格式、段落标记、分页符等项目。

书签设置

　　（1）查找文本

　　单击"开始"选项卡→"编辑"组→"查找替换"下拉按钮→"查找"命令，在"查找内容"文本框中键入要搜索的文本，如图 1.5.26 所示。

　　要查找单词或短语的每个实例，则单击"查找下一处"按钮；要一次性查找特定单词或短语的所有实例，则单击"在以下范围中查找"按钮，在下拉选项中选择"主文档"。

　　要使单词或短语在文档中突出显示，单击"突出显示查找内容"，再单击"全部突出显示"；要关闭荧幕上的突出显示，单击"阅读突出显示"，再单击"清除突出显示"。

　　（2）查找和替换文本

　　单击"开始"选项卡→"编辑"组→"替换"，弹出"查找和替换"对话框的"替换"选项卡，如图 1.5.27 所示。在"查找内容"文本框中键入要搜索的文本，在"替换为"文本框中键入替换文本。单击"替换"按钮后，WPS 将移至该文本下一个出现的位置。

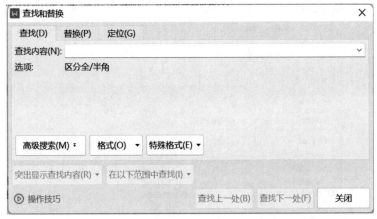

图 1.5.26 "查找和替换"对话框的"查找"选项卡

图 1.5.27 "查找和替换"对话框的"替换"选项卡

要替换文本的所有出现位置，则单击"全部替换"按钮。

（3）查找和替换特定格式

单击"开始"选项卡→"编辑"组→"查找替换"，在弹出的"查找和替换"对话框中单击"替换"选项卡，选择单击"高级搜索"按钮，展开"替换"选项卡，如图1.5.28 所示。

要搜索带有特定格式的文本，则在"查找内容"框中键入文本。要仅查找格式，则将此框保留空白。单击"替换为"文本框，单击"格式"按钮，选择需要查找和替换的格式。

若还要替换文本，可在"替换为"文本框中键入替换文本。

9. 保护文档

用户可以控制他人查看和处理自己的 WPS 文档的方式，也可以很好地确保在用户分发文档时，文档能够传达用户想要表达的所有内容，而不会传达不想表达的内容。

（1）"限制编辑"任务窗格

使用"限制编辑"任务窗格，可以保护文档免受意外或未经授权的更改，包括修订（显示文档中被修订的地方的可视标记）和批注。

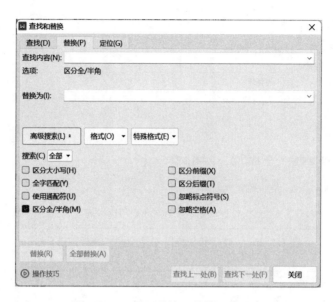

图 1.5.28　展开后的"替换"选项卡

在"审阅"选项卡的"保护"组中，单击"限制编辑"，"限制编辑"任务窗格即在文档窗口的右侧打开，如图 1.5.29 所示。勾选复选框"设置文档的保护方式"时，可以选择要设置的编辑限制的类型，具体由用户保护文档的方式决定。

选择了编辑限制后，可以通过单击"启动保护"来强制文档保护。在弹出的对话框中，指定一个密码以开始保护，如图 1.5.30 所示。

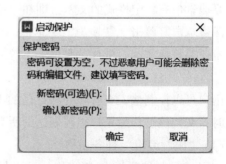

图 1.5.29　"限制编辑"窗格　　　　　图 1.5.30　"启动保护"对话框

任何时候如果需要停止保护文档，可在"限制编辑"窗格上单击"停止保护"按钮，然后输入密码即可。

（2）文档权限管理

文档权限管理（即 IRM）有助于防止敏感的信息被未经授权的人员打印、转发或复制。用户可以将访问权限仅限于自己所选的人员，并可以设置打开、读取和更改文档的权限。

案例说明：扫二维码观看如何实现文档保护。

【任务实施】

文档保护

1. 打开"修订模式"

打开《天翼云 3.0·弹性文件服务用户使用指南》，进入"修订模式"，单击"修订"下拉按钮。

2. 文本格式

①正文文字内容设置为黑体，五号，行距为 1.5 倍行距，段前段后设为 0 磅，首行缩进 2 字符。

②一级标题设为"二号""黑体""加粗"，二级标题为"小二号""黑体""加粗"，三级标题为"三号""黑体"。

3. 给图片添加题注

给《天翼云 3.0·弹性文件服务用户使用指南》的图片添加题注，例如图 1。

4. 在指定位置添加书签，并能迅速定位

在第 3 节处插入一个标签，标签名为"read_1"。

5. 给标题设置样式

将每一节标题的标题样式设为"1 级"，如"产品概述""快速入门"等，将"1.1 产品定义"等设为二级标题，标题样式设为"2 级"，将"2.4.1 NFS 文件系统挂在步骤"等三级标题的标题样式设为"3 级"。

6. 分奇偶页为文稿添加页眉页脚

为《天翼云 3.0·弹性文件服务用户使用指南》增加页眉页脚，首页无页眉页脚，每一章节的页眉都为章节名称，并且右对齐，页码在页脚上，并且右对齐。页眉页脚都加上横线，字体都为"宋体"，字号为"10"。

7. 为文稿生成目录

在封面和摘要中间插入目录，并且将目录字体设置为"黑体""五号""加粗"。

8. 插入分节符和标题下的横线

①选中每一章的标题，通过页面边框在标题下方加上一条横线。

②在封面结尾加"分页符"，修订记录和目录都要使用一个"分节符"，每一章节的结尾都加一个"分节符"。

9. 接受修订，统计字数

①接受张某的全部修订。

②对整个文档的字数进行一次统计。

10. 保护文档

①为了避免修改的文档被他人再次修改，对文档设置"限制编辑"，将"设置文档的保护方式"设为"只读"。

②对文档启动保护，录入密码。

11. 保存文档

将文档保存为"标题.wps"。

【项目自评】

评价要点	评价要求	自评分	备注
修订模式	共 2 分		
文本格式	共 21 分。正文文字设置（每个样式 1 分，共 5 分）；一级标题（6 分）；二级标题（6 分）；三级标题（4 分）		
题注设置	共 10 分。题注设置（每错、漏 1 个题注扣 5 分，扣完为止）		
添加书签	共 2 分		
标题样式	共 15 分。每级标题占 5 分		
页眉页脚设置	共 10 分。章节名称设置（2 分）；页码设置（2 分）；页码和样式位置（2 分）；字体和字号（4 分）		
目录设置	共 10 分。插入目录（4 分）；字体设置（6 分）		
分节符和标题下的横线	共 10 分。标题下加横线（5 分）；分节符（5 分）		
接受修订、统计字数	共 5 分。接受修订（2 分）；统计字数（3 分）		
保护文档	共 5 分。设为只读（2 分）；启动保护（2 分）；保存文档（1 分）		
职业素养	共 10 分。包含敬业精神与合作态度		

【素质拓展】

参考文献是指，为撰写或编辑论文和著作而引用的有关文献信息资源，即文章或著作等写作过程中参考过的文献。

2015 年 5 月 15 日，国家质量监督检验检疫总局和中国国家标准化管理委员会联合发布了国标《信息与文献 参考文献著录规则》（GB/T 7714—2015）。此标准已于 2015 年 12 月 1 日正式实施。

【能力拓展】

1. 打开素材文档"WPS 素材 1"，完成以下论文排版。

张三同学撰写了硕士毕业设计论文（论文已做脱密和结构简化处理），请帮其完善论文排版工作。

（1）设置文档属性摘要的标题为"工学硕士学位论文"，作者为"张三"。

（2）设置上、下页边距均为2.5厘米，左、右页边距均为3厘米；页眉、页脚距边界均为2厘米；设置"只指定行网格"，且每页33行。

（3）对文中使用的样式进行如下调整：

①将"正文"样式的中文字体设置为宋体，西文字体设置为Times New Roman。

②将"标题1"（章标题）、"标题2"（节标题）和"标题3"（条标题）样式的中文字体设置为黑体，西文字体设置为Times New Roman。

③将每章的标题均设置为自动另起一页，即始终位于下页首行。

（4）"章、节、条"三级标题均已预先应用了多级编号，请按下列要求做进一步处理（表1.5.4）。

表1.5.4 编号格式

菜单项	编号	编码数字样式	标题编号示例
1（章标题）	第①章		第1章、第2章、…、第n章
2（节标题）	①.②	1，2，3，…	1.1、1.2、…、n.1、n.2
3（条标题）	①.②.③		1.1.1、1.1.2、…、n.1.1、n.1.2

①按素材图1要求修改编号格式，编号末尾不加点号"."，编号数字样式均设置为半角阿拉伯数字（1，2，3，…）。

②各级编号后以空格代替制表符与标题文本隔开。

③节标题在章标题之后重新编号，条标题在节标题之后重新编号，例如：第2章的第1节应编号为"2.1"而非"2.2"等。

（5）对参考文献列表应用自定义的自动编号来代替原先的手动编号，编号用半角阿拉伯数字置于一对半角方括号"[ ]"中（如 [1]），编号位置设为顶格左对齐（对齐位置为0厘米）。然后将论文第1章正文中的所有引注与对应的参考文献列表编号建立交叉引用关系，以代替原先的手动标示（保持字样不变），并将正文引注设为上角标。

（6）请使用题注功能，按下列要求对第4章中的3张图片分别应用按章连续自动编号，以代替原先的手动编号。

①图片编号应形如"图4-1"等，其中，连字符"-"前面的数字代表章号、后面的数字代表图片在本章中出现的次序。

②图片题注中，标签"图"与编号"4-1"之间要求无空格（该空格需生成题注后再手动删除），编号之后以一个空格与图片名称字符间隔开。

③修改"图片"样式的段落格式，使正文中的图片始终自动与其题注所在段落位于同一页面中。

④在正文中通过交叉引用为图片设置自动引用其图片编号，替代原先的手动编号（保持字样不变）。

（7）参照素材图2"三线表"样式美化论文第2章中的"表2-1"，见表1.5.5。

表1.5.5　素材表格

材料 CBC - PA	体积密度	孔隙度/%	CBC 体积分数/%	PA 体积分数/%
CBC - PA1	0.247	81.9	7.40	10.70
	0.288	79.4	12.00	10.40
CBC - PA3	0.312	78.0	12.00	10.00
	0.314	77.8	12.00	10.20
CBC - PA5	0.319	77.4	12.00	10.60
	0.346	75.9	14.20	9.90

①根据内容调整表格列宽，并使表格适应窗口大小，即表格左右恰好充满版心。

②按图示样式合并表格第一列中的相关单元格。

③按图示样式设置表格边框，上、下边框线为1.5磅粗黑线，内部横框线为0.5磅细黑线。

④设置表格标题行（第1行）在表格跨页时能够自动在下页顶端重复出现。

（8）为论文添加目录，具体要求如下：

①在论文封面页之后、正文之前引用自动目录，包含1~3级标题。

②使用格式刷将"参考文献"标题段落的字体和段落格式完整应用到"目录"标题段落，并设置"目录"标题段落的大纲级别为"正文文本"。

③将目录中的1级标题段落设置为黑体小四号字，2级和3级标题段落设置为宋体小四号字，英文字体全部设置为 Times New Roman，并且要求这些格式在更新目录时保持不变。

（9）将论文分为封面页、目录页、正文章节、参考文献页共4个独立的节，每节都从新的一页开始（必要时删除空白页使文档不超过8页），并按要求对各节的页眉页脚分别独立编排。

①封面页不设页眉横线，文档的其余部分应用任意"上粗下细双横线"样式的预设页眉横线。

②封面页不设页眉文字，目录页和参考文献页的页眉处添加"工学硕士学位论文"字样，正文章节页的页眉处设置"自动"获取对应章标题（含章编号和标题文本，并以半角空格间隔。例如：正文第1章的页眉字样应为"第1章绪论"），且页眉字样居中对齐。

③封面页不设页码，目录页应用大写罗马数字页码（Ⅰ，Ⅱ，…），正文章节页和参考文献页统一应用阿拉伯数字页码（1，2，3，…）且从数字1开始连续编码。页码数字在页脚处居中对齐。

（10）论文第3章中的公式段落已预先应用了样式"公式"，请修改该样式的制表位格式，实现将正文公式内容在20字符位置处居中对齐，公式编号在40.5字符位置处右对齐。

任务六　页面设置和邮件合并——准考证的制作

邮件合并是指创建的一组文档，每个信函或标签含有同一类信息，但内容各不相同，这可以大大减少用户的工作量。WPS 文字中还可以进行页面设置，即选择纸张的大小、纸张的方向、文字的方向以及打印等操作。

【知识目标】

※ 掌握使用 WPS 文字模板的相关技巧。

【技能目标（1 + X 考点）】

※ 掌握文档的页面设置与打印；

※ 熟悉文档"视图"选项卡的相关操作；

※ 能够使用邮件合并批量处理文档，实现统一模块的快速打印。

【素质目标】

※ 掌握邀请函标准格式的制作方法；

※ 具备办公室文员基本素养，了解提升工作效率的方法。

【任务描述】

重庆工程职业技术学院将进行计算机技术与软件专业资格考试，学校教务老师设计了如图 1.6.1 所示的准考证，通过邮件合并的方式，把保存在 Excel 中的学生信息导入文档中，并打印出来，分发给参加参加考试统一考试的同学。

重庆工程职业技术学院计算机技术与软件专业技术资格考试准考证

准考证				注意事项
姓名		性别		1. 考生必须带齐准考证、身份证方可进入考场。
学院		班级		2. 考生自备黑色字迹的钢笔、签字笔。
准考证号				3. 严禁将移动电话、电子记事本、计算器等电子设备带至座位。
考室		座位		
重庆工程职业技术学院				4. 考试前 20 分钟可以进入考场，考试开始 30 分钟后，不得入场；考试期间不得退场；考试结束后退场，须经监考人员许可。
考试安排				
考试日期	考试时间		考试科目	5. 严禁将答题卡、题本、试卷、草稿纸等带出考场。
2023 年 1 月 8 日	9:00—11:00			
	14:00—16:00			

图 1.6.1　准考证样式图

【相关知识】

1. 视图

在 WPS 的"视图"选项卡中，包含了视图与显示的各种命令。

1）"视图"组

WPS 视图选项卡的"视图"组提供了多种视图方式，包括全屏显示、阅读版式、写作模式、大纲和 Web 版式。在不同的视图下，屏幕上显示的情况可能不一样，但文档的内容是一样的，常用的是写作模式和页面视图，大纲视图主要用于长文章的编辑。各种视图的不同功能见表1.6.1。

表1.6.1　各种视图方式的功能

菜单项	功能
页面视图	查看文档的打印外观
阅读版式视图	查看文档时用最大空间来阅读和批注文档
Web 版式视图	查看网页形式的文档外观
大纲视图	查看大纲形式的文档外观，并显示大纲工具
写作模式	查看写作模式的文档，以便快速编辑文档

　　另外，在窗口底部状态栏中有视图切换按钮 ，可以在各视图间自由切换。

（1）页面视图

　　页面视图用于显示文档所有内容在整个页面的分布状况和整个文档在每一页的位置，并可对其进行编辑操作。这也是文档默认的视图方式，用户可从中看到各种对象（包括页眉、页脚、水印和图形等）在页面中的实际打印位置，这对于编辑页眉和页脚，调整页边距，以及处理边框、图形对象、分栏都是很有用的，具有真正的"所见即所得"的显示效果。在页面视图中，屏幕看到的页面内容就是实际打印的效果。

　　页面视图是使用最多的一种视图方式。在页面视图中，可进行编辑排版，处理文本框、图文框、版面样式或者检查文档的外观，并且可以对文本、格式以及版面进行最后的修改，也可以拖动鼠标来移动文本框及图文框项目。执行"视图"选项卡"文档视图"组中的"页面视图"命令或按 Alt + Ctrl + P 组合键即可切换到页面视图方式。

（2）阅读版式视图

　　WPS 阅读版式视图是进行了优化的视图，以便于在计算机屏幕上阅读文档。

　　在阅读版式视图左上角有一个工具栏，在阅读时可以简单地编辑文本，而不必从阅读版式视图切换出来，如图1.6.2所示。

图1.6.2　阅读版式视图工具栏

　　想要停止阅读文档时，单击"阅读版式"右上角工具栏上的"退出"按钮或者按 Esc 键，可以从阅读版式视图切换回来。

（3）Web 版式视图

　　Web 版式视图也叫联机版式视图，联机版式视图方式是 WPS 几种视图方式中唯一按照窗口大小进行折行显示的视图方式（其他几种视图方式均是按页面大小进行显示），这样就避免了文档窗口比文字宽度要窄，用户必须左右移动光标才能看到整排文字的尴尬局面，并且联机版式视图方式显示字体较大，方便了用户的联机阅读。在联机版式视图中，正文显示得更大，并且自动拆行显示，以适应窗口，而不是以实际打印效果进行显示。

（4）大纲视图

对于一个具有多重标题的文档而言，往往需要按照文档中标题的层次来查看文档（如只查看某个级别标题或查看所有文档等），此时采用前述几种视图方式就不太合适了，而大纲视图方式则正好可解决这一问题。大纲视图方式是按照文档中标题的层次来显示文档，用户可以折叠文档，只查看主标题，或者扩展文档，查看整个文档的内容，从而使用户查看文档的结构变得十分容易。在这种视图方式下，用户还可以通过拖动标题来移动、复制或重新组织正文，方便了用户对文档大纲的修改。采用大纲视图方式显示文档的办法为：执行"视图"选项卡"文档视图"组中的"大纲视图"命令，或按下 Alt + Ctrl + O 组合键。

（5）写作模式

如果在创作时想要更加简洁的版面及计算稿费等功能，开启 WPS 的"写作模式"。开启的方法很简单，打开 WPS 文档后，单击菜单栏"视图"→"写作模式"按钮（或单击右下方的"写作模式"图标按钮），即可进入 WPS 写作模式。

WPS 写作模式界面比较简洁，只有素材推荐、文档校对、导航窗格、统计、公文工具箱、文字工具箱、历史版本、设置、反馈和投票中心，以及文字相关格式按钮。

2）"显示"组

"显示"组中包含 1 个"导航窗格"按钮和 5 个复选项。单击任一选项，其前的方框中出现"√"，表示被选中，再次单击表示被取消。

导航窗格：打开文档结构图，以便通过文档的结构性视图进行导航。

标尺：显示或隐藏标尺，用于测量和对齐文档中的对象。

网格线：显示或隐藏网格线，以便对文档中所选对象或文字内容沿网格线进行对齐。

表格虚线：显示或隐藏文档中未设置边框线的表格虚框。

标记：显示或隐藏文档中的修订标记。

任务窗格：显示或隐藏文档中的任务窗格。

3）"显示比例"组

通过"显示比例"组中的各命令可以使用各种比例和方式查看文档。

①显示比例。单击"显示比例"按钮，在弹出的"显示比例"对话框（图 1.6.3）中可以指定文档的缩放比例。

多数情况下也可以使用窗口底部状态栏中的缩放控件（图 1.6.4），快速改变文档的显示比例。

图 1.6.3　"显示比例"对话框

图 1.6.4　状态栏中的缩放控件

②单页：更改文档的显示比例，使页面自动调整以适应窗口的大小。

③多页：更改文档的显示比例，以便在窗口中查看多个页面。

④页宽：更改文档的显示比例，使页面的宽度与窗口的宽度一致。

4）"窗口"组

通过"窗口"组中的各命令可以在各种窗口中查看文档，见表1.6.2。

表1.6.2 "窗口"组中各命令释义

菜单项	功能
⌷ 新建窗口	为当前文档另建一个新窗口
⊟ 重排窗口	将打开的多个文档在一个程序窗口下并排显示
⊟ 拆分窗口	将当前窗口拆分为上、下两部分，以便同时查看同一份文档的不同部分

另外，还有并排比较、同步滚动、重设位置等命令。

案例说明： 扫二维码观看视图操作。

视图

2. 使用模板

模板是一种文档类型，它已包含内容，如文本、样式和格式；页面布局，如页边距和行距；设计元素，如特殊颜色、边框和辅色。其是典型的文档主题。例如，如果用户每周都有工作会议，且必须重复创建相同的会议议程，但每次这些会议议程只有轻微的细节变化，那么从大量已有的信息着手就可显著提高用户的工作效率。另外，用户还可以根据自己的业务需求创建自己的模板。

（1）模板和文档的区别

在打开模板时，会打开基于所选模板的新文档。也就是说，打开了该模板的一个副本，而不是模板本身。它打开自身的副本，将自身所包含的一切都赋予给全新的文档。用户使用该新文档，可使用模板内置的所有内容，还可进行所需的添加或删除操作。因为新文档不是模板本身，所以用户所进行的更改会保存到文档中，而模板则保持其原始状态。因此，一个模板可以是无限多个文档的基础。所有文档都是基于某种类型模板的，模板只在后台工作。

（2）应用模板建立自己的文档

WPS预先安装了几十个各种文档类型的模板，文档类型如信函、传真、报告、简历和博客文章。方法如下：

单击"文件"→"新建"→"样本模板"，单击任一缩略图并在右侧查看其预览。找到所需的模板后，单击"创建"按钮，即会打开基于该模板的新文档，用户可以进行所需的更改，如图1.6.5所示。

（3）创建自己的模板

当WPS提供的模板不能满足需要时，用户还可以创建适合自己需要的模板。根据已有的文档创建模板。

当用户需要用到的文档设置包含在现有文档的基础上时，就可以把文档作为基础来创建模板。

图 1.6.5 "可用模板"窗口

首先打开需要作为模板的文档，基于该模板进行相应的更改。

然后单击"文件"→"另存为"→"WPS 文字模板文件（＊.wpt）"，选择保存该模板的位置，如图 1.6.6 所示。

图 1.6.6 "另存为"对话框

在"保存类型"下拉列表中选择"WPS 文字模板文件"选项，在"文件名"下拉列表框中输入新建模板的名称，最后单击"保存"按钮即可。模板类型的文件扩展名为".wpt"。

3. 页面布局

WPS 中不仅可以制作出版面要求较为严格的文档，而且可以对排版后的文档进行打印输出。

1）"主题"组

主题是指主题颜色、主题字体和主题效果三者的组合。主题可以作为一套独立的选择方案应用于文档中，简化了创建协调一致、具有专业外观的文档的过程。使用主题可以让文档呈现具有鲜明特色的外观。

所有内容都与主题发生关系。如果更改主题，则会将一套完整的新颜色、字体和效果应用于文档。"主题"组命令释义见表 1.6.3。

表 1.6.3 "主题"组命令释义

菜单项	功能
Aa 主题	更改整个文档的总体设计，包括颜色、字体和效果
颜色	更改当前主题的颜色
Aa 字体	更改当前主题的字体
效果	更改当前主题的效果

要尝试不同的主题，可选择"页面布局"选项卡的"主题"组，单击"主题"命令的下拉按钮，会弹出主题库，将指针停留在主题库中某个缩略图的上方，选择合适的主题。

2）"页面设置"组

在打印文档之前，用户必须对页面的页边距、纸张及版式等进行设置。"页面设置"组命令释义见表 1.6.4。

表 1.6.4 "页面设置"组命令释义

菜单项	功能
文字方向	自定义文档或者所选文本框中的文字方向
页边距	选择整个文档或者当前节的边距大小
纸张方向	切换页面的纵向布局和横向布局
纸张大小	选择当前节的页面大小
分栏	将文字拆分成两栏或多栏
分隔符	在文档中添加分页符、分节符或分栏符
行号	在文档中每一行旁边的边距中添加行号

（1）设置页边距

页边距是页面四周的空白区域。通常可以在页边距的可打印区域中插入文字和图形。也可以将某些项放在页边距中，例如，页眉、页脚和页码等。

方法1：单击"页面布局"选项卡→"页面设置"组→"页边距"，选择所需的页边距类型。单击所需的页边距类型时，整个文档会自动更改为用户所选择的页边距类型。

方法2：自定义页边距。单击"页边距"下的"自定义边距"，弹出"页面设置"对话框，然后在"页边距"选项卡的"上""下""左"和"右"框中输入新的页边距值，如图1.6.7所示。

案例说明：扫二维码观看如何实现设置页边距。

WPS 文字设置页边距

（2）文字方向

在"页面布局"选项卡上的"页面设置"组中单击"文字方向"，然后选择"垂直从左往右""垂直从右往左"或者"水平"等。

（3）改变纸张方向

方法1：单击"页面布局"选项卡→"页面设置"组→"纸张方向"→"横向"或"纵向"。

方法2：单击"页面布局"选项卡"页面设置"组的"对话框启动器"，在弹出的对话框中选择"页边距"选项卡，单击"纵向"或"横向"。

（4）纸张大小

方法1：单击"页面布局"选项卡→"页面设置"组→"纸张大小"，选择各种纸张。

方法2：单击"页面布局"选项卡"页面设置"组的"对话框启动器"，在弹出的对话框中选择"纸张"选项卡，单击选择纸张格式，如图1.6.8所示。

图1.6.7　"页面设置"对话框的"页边距"选项卡

图1.6.8　"页面设置"对话框的"纸张"选项卡

案例说明： 扫二维码观看如何实现设置纸张方向和板式。

纸张方向和版式

4．打印文档

编辑好一篇文档后，就可以将其打印出来了。WPS 提供了强大的打印功能，可以按照用户的要求将文档打印出来。

1）打印预览

在进行打印之前，如果用户想预览打印的效果，则可使用打印预览功能。利用该功能可以有效地查找出打印时的一些不足之处，以免在正式打印后出现不可挽回的错误。

单击"文件"选项卡下的"打印"选项，在 WPS 页面右边显示"打印预览"，如图 1.6.9 所示。

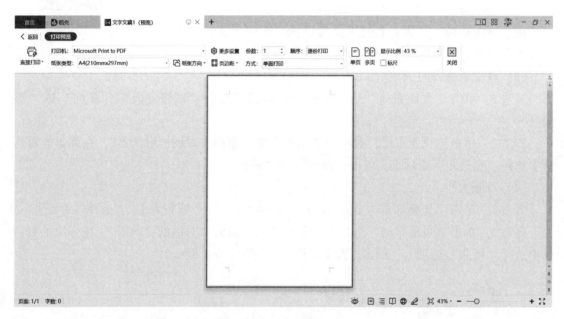

图1.6.9　打印预览窗口

单击上方菜单栏中的"页边距"，选择自定义页边距，在打印前更改页面布局，如图 1.6.8 所示。

2）文档的打印

如果对预览的文档效果感到满意，就可以对其进行正式打印了。

单击"文件"选项卡下的"打印"选项，弹出如图 1.6.10 所示的打印选项列表。

①在"打印机"选项组中可以查看打印机的状态并设置打印机的属性。

②在"页码范围"选项组中指定文档要打印的页数，如图 1.6.10 所示。选中"全部"单选项表示打印整个文档，选中"当前页"单选项表示打印插入点所在页，选中"所选内容"单选项表示打印文档中选定的文本，在"页码范围"文本框中可输入需要打印的具体页码。在这个选项下面可以选择"奇数页"和"偶数页"来设置双面打印。

③单击"打印机"选项组中的"属性"按钮，可以选择"纵向"或"横向"打印。

④单击"确定"按钮即可完成打印选项的设置。

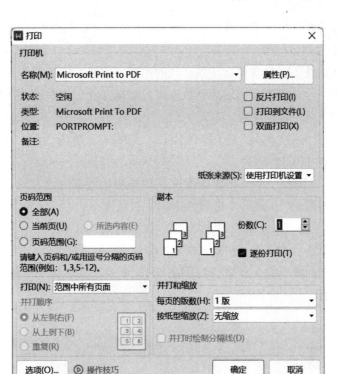

图 1.6.10　打印选项列表

3）手动设置双面打印

某些打印机提供了自动在一张纸的两面上打印的选项（自动双面打印）。其他一些打印机提供了相应的说明，解释如何手动重新插入纸张，以便在另一面上打印（手动双面打印）。还有一些打印机不支持双面打印。

要手动设置双面打印，用户有两种选择：使用手动双面打印，或分别打印奇数页面和偶数页面。

（1）手动双面打印

如果打印机不支持自动双面打印，用户可在"打印"对话框的"打印机"选项组中选中"双面打印"复选框，会出现一个下拉框，选择"手动翻页"。WPS 将打印出现在纸张一面上的所有页面，然后提示用户将纸叠翻过来，再重新装入打印机中。

（2）分别打印奇数页和偶数页

单击"文件"→"打印"下拉框→"奇数页"→"确定"。打印完奇数页后，将纸叠翻过来，然后在"打印"列表中选择"偶数页"，单击"确定"按钮。

5. 邮件合并

如果希望创建一组文档，如一份寄给多个客户的邀请函或通知书，可以使用"邮件合并"功能。每个信函或标签含有同一类信息，但内容各不相同。例如，在致多个客户的邀请函中，其中有的信息可以相同，而有的信息（如邮政编码、地址、姓名等）又各有不同，它支持将 Excel 或者 Access 等数据库中的一组信息导入，自动批量生成一组文档。

邮件合并过程需要执行以下步骤。

（1）将文档连接到数据源

数据源是一个文件，它包含要合并到文档的信息。例如，信函收件人的姓名和地址。要将信息合并到主文档，必须将文档连接到数据源或数据文件。如果还没有数据文件，则可在邮件合并过程中创建一个数据文件。

在"引用"选项卡→"邮件"→"邮件合并"选项卡，单击"打开数据源"，如图 1.6.11 所示。

如果已有 Excel 工作表、Access 数据库或其他类型的数据文件，单击"使用现有列表"，弹出"选取数据源"对话框。

对于 Excel，在"选取数据源"对话框中，找到需要的工作簿的路径，选定后单击"打开"按钮，如图 1.6.12 所示。同时在弹出的对话框中选择需要的工作表，如图 1.6.13 所示。可以从工作簿内的任何工作表或命名区域中选择数据。

图 1.6.11　打开数据源

图 1.6.12　"选取数据源"对话框

图 1.6.13　选择工作表

对于 Access，可以从数据库中定义的任何表或查询中选择数据。对于其他类型的数据文件，可在"选取数据源"对话框中选择文件。如果列表中未列出所需文件，可在"文件类型"框中选择适当的文件类型或选择"所有文件"。

（2）向文档添加占位符（又称邮件合并域）

执行邮件合并时，来自数据文件的信息会填充到邮件合并域中。

将主文档连接到数据文件之后，就可以键入文档文本并添加占位符（也叫邮件合并域，用于指示每个文档副本中显示唯一信息的位置）。方法如下：

在"邮件合并"选项卡中单击"插入合并域"，如图 1.6.14 所示，在其中选择相应的选项，并把该选项以占位符的方式插入主文档。

图 1.6.14　插入合并域

> 注意：
>
> 　　将邮件合并域插入主文档时，域名称总是由尖括号"《》"括住，这些尖括号不会显示在合并文档中。它们只是帮助将主文档中的域与普通文本区分开来。

（3）使用"邮件"选项卡上的命令来执行邮件合并

向主文档添加域之后，即可预览合并结果。如果对预览结果满意，则可以完成合并。

①预览。

在实际完成合并之前，可以预览和更改合并文档。要进行预览，在"邮件合并"选项卡中单击"查看合并数据"即可。

②合并文档。

在"邮件合并"选项卡上选择"合并到新文档""合并到不同新文档""合并到打印机""合并并发送"完成合并。

（4）保存主文档

保存的合并文档与主文档是分开的。如果要将主文档用于其他的邮件合并，最好保存主文档。

保存主文档时，还会保存与数据文件的连接。下次打开主文档时，将提示用户是否要将数据文件中的信息再次合并到主文档中。

如果单击"是"，则文档打开时将包含合并的第一条记录的信息。

如果单击"否"，则将断开主文档与数据文件之间的连接。主文档将变成标准 Word 文档。

（5）合并并发送

把合并好的文档发送出来，可以使用两种方式：邮件发送和微信发送。

邮件发送：通过电脑默认的邮箱软件发送给需要通知的人，如图 1.6.15 所示。在"收件人"框中填入 xls 文件中的电子邮箱那个合并域。"主题行"框中填写发送的电子邮件的主题。"邮件格式"可以选择以"附件""纯文本"和"HTML"格式发送。

图 1.6.15　合并发送电子邮件选项

微信发送：需要登录 WPS 账号，选择微信发送，进入核对信息的页面，如图 1.6.16 所示。设置和预览结束后，单击"立即发送"按钮。收件人只需扫描 WPS 的小程序码，用手机号登录，就能收到通知信息了。

图 1.6.16　微信发送的设置及预览

案例说明： 扫二维码观看如何实现设置邮件发送和微信发送。

邮件发送及
微信发送

【任务实施】

在本任务中，教务老师首先设计并保存主文档——学生期末考试准考证，然后使用"邮件合并"功能把保存在 Excel 中的数据"报名学生个人信息.xls"导入文档中，为每位统一考试的同学生成一张准考证，最后将准考证打印出来。

1. 设计主文档样式

设计准考证的样式，并填好每位同学都一致的信息，如考试时间和考试科目等。

新建一个 WPS 文字文档，如图 1.6.1 所示，设计出软件专业资格考试标题和"准考证"，"注意事项"及其内容字体设为楷体四号、字符间距加宽为 1 磅，其余正文字号小四。

2. 主文档页面设置

设置准考证的纸张大小、纸张方向、页边距。

①纸张大小设置为 A4，纸张方向为横向。

②设置上、下页边距为"3.18 厘米"，左、右页边距为"2.54 厘米"。

③设置文字水印，内容为"重庆工程职业技术学院"，字体为"微软雅黑"，字体大小为"自动"，颜色为"白色，背景 1，深色 15%"，透明度为 50%，水平垂直对齐都选择居中。

3. 将主文档保存为模板

由于学生准考证的其格式基本变化不大，所以可以将其保存为模板，以后再次使用时，不用再重新设计，只需在其基础上做一些修改即可。

①单击"文件"，选择"另存为"，在弹出的"另存为"对话框左侧选择 WPS 模板，文

件名为"学生准考证"，保存类型为".wpt"，单击"保存"按钮。

②若下次要使用该模板，只需单击"文件"，选择"新建"，选择本机上的模板，找到刚刚保存的模板，单击"打开"按钮即可。

4. 邮件合并

由于每位同学的个人信息各不相同，先将学生准考证信息保存在 Excel 电子表格中，然后通过"邮件合并"功能从 Excel 中将这些信息导出到 Word 文档中，为每位同学生成一份有个人信息的准考证。

①打开"学生准考证.wpt"文件。

②在成绩通知单主文档中，使用"邮件合并"功能，插入数据源"学生准考证.xls"。

> **注意：**
>
> 作为导入信息的 Excel 工作表，其中不能有标题行，若有列标题，如姓名、性别等，要选中"数据首行包含列标题"选项。

③将插入点依次置于主文档中需要导入 Excel 信息的地方，在姓名右边的单元格中对应地插入合并域，类似地，在后面的位置上放上相对应的合并域。

④插入完成后，选择合并到新文档。

5. 保存及打印准考证

①保存信函1，文件名为"学生准考证"。

②选择"打印"。

③设置打印的属性："单页""A4""横向"。

【项目自评】

评价要点	评价要求	自评分	备注
主文档样式	共20分。正确插入图片（5分）；正确录入内容（15分）		
正文设置	共10分。文本内容（5分）；格式设置（5分）		
主文档模板保存	共20分		
邮件合并	共25分。插入要合并的信息（10分）；合并成功（15分）		
保存邮件发送	共15分。保存（5分）；邮件发送（10分）		
职业素养	共10分。包含敬业精神与合作态度		

【素质拓展】

诚信是社会主义核心价值观的基本要素，诚信考试是我们每个大学生必须遵循的做人原则，关于作弊问题，《刑法》第二百八十四条规定：非法使用窃听、窃照专用器材，造成严重后果的，处二年以下有期徒刑、拘役或者管制。

第二百八十四条：

在法律规定的国家考试中，组织作弊的，处三年以下有期徒刑或者拘役，并处或者单处罚金；情节严重的，处三年以上七年以下有期徒刑，并处罚金。

为他人实施前款犯罪提供作弊器材或者其他帮助的，依照前款的规定处罚。

为实施考试作弊行为，向他人非法出售或者提供第一款规定的考试的试题、答案的，依照第一款的规定处罚。

代替他人或者让他人代替自己参加第一款规定的考试的，处拘役或者管制，并处或者单处罚金。

【能力拓展】

1. 为自己设计制作一张名片，设计自定（名片大小，长：9 cm，宽：5 cm）。

（1）可以加入水印、图片、表格、剪贴画、自选图形等；名片内容包括单位名称、姓名、职务、联系方式等。

（2）以 PDF 格式保存在指定文件夹，文件名：姓名＋名片。

2. 重庆工程职业技术学院邀请各大高校参加《关于重庆智慧物联职业教育集团 2021 年会暨成渝地区双城经济圈工业互联网产教融合大会》，通过邮件合并的方式，自定义一个 Excel，自拟几所高校和企业的信息，通过邮件发送到各大高校、企业官邮。邀请函如图 1.6.17 所示。

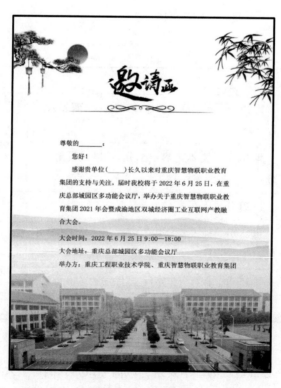

图 1.6.17　邀请函

任务七 宏的应用——长文档批量设置表格

宏就是能用高级程序语言编制出能组织到一起作为一个独立命令使用的一系列 WPS 命令，它能使日常工作变得更容易。在 WPS 办公软件中，集成了 JS 和 VBA 两种语言可供选择。

长文档通常会涉及较多的文字、表格和图片，文档层次结构较为复杂，正确使用 WPS 文字中宏的功能，可以方便整理和编辑长文档，提高排版效率。

【知识目标】

※ 了解宏的应用；

※ 掌握批量设置表格方法。

【技能目标（1+X 考点）】

※ 掌握录制宏功能；

※ 能够使用简单代码实现长文档表格和图片的设置。

【素质目标】

※ 掌握宏的基本方法；

※ 具备举一反三的能力。

【任务描述】

刘某某为天翼云软件撰写了《天翼云 3.0·弹性文件服务用户使用指南》的指南书，由于文档中涉及各类表格，刘某某在第 3 章管理操作中利用 WPS 文字中录制宏的方式批量新建表格，并运用 WPS 宏编辑器批量统一修改了长文档中表格和图片尺寸，如图1.7.1 所示。

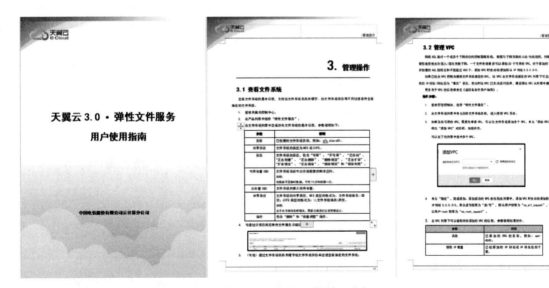

图 1.7.1　用户使用指南第 3 章部分

【相关知识】

1. 宏的创建

宏（Macro）是一种批量处理的称谓，可以使用自动化的方式极大提升数据处理的效率，或者实现普通表格处理无法实现的功能。

1）JS宏的创建

在WPS文字中打开一篇文档，选择"开发工具"→"JS宏"/"录制新宏"，可编辑已有的JS宏，或者录制新的JS宏文件，如图1.7.2和图1.7.3所示。

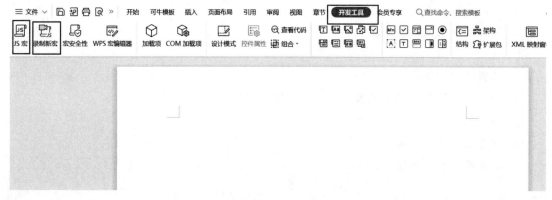

图1.7.2　JS宏的创建

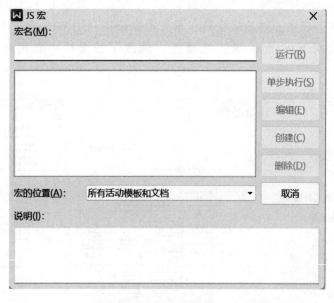

图1.7.3　JS宏选项

2）VBA宏的创建

如果需要使用VBA宏功能，则先单击"获取WPS Office VBA宏使用权限"购买商业标准版或者商业高级版。当没有VBA宏的使用权限时，可能会遇到以下的问题：

（1）无法使用文档里 VBA 宏

打开包含 VBA 宏的文档时，会提示当前无法运行文档中的宏，如图 1.7.4 所示。

图 1.7.4　VBA 宏无法运行提示

（2）解决方案

购买了 WPS 商业标准版或者商业高级版后可使用 VBA 宏功能。

2. 录制宏

由于 VBA 宏需要购买商业版，本项目用 JS 宏完成。

（1）打开录制新宏

单击"开发工具"→"录制新宏"，如图 1.7.5 所示。

图 1.7.5　录制新宏

（2）修改宏名

修改宏名为"创建表格"，以方便管理，如图 1.7.6 所示。

图 1.7.6　宏名修改前后

（3）开始宏录制

选择"插入"→"表格"，在"开发工具"中单击"停止录制"按钮，如图1.7.7所示。

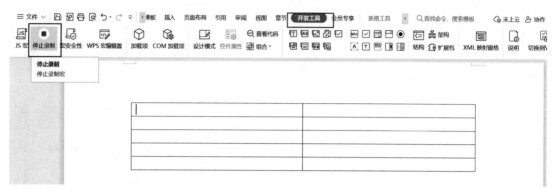

图 1.7.7　开始宏录制

（4）运行 JS 宏

选择"开发工具"→"JS宏"，选择"新建表格"的宏，单击"运行"按钮，如图1.7.8所示。

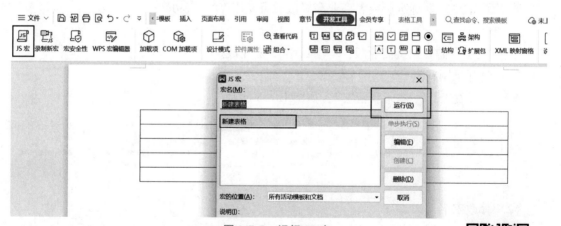

图 1.7.8　运行 JS 宏

案例说明：扫二维码观看使用宏录制创建表格。

宏录制创建表格

3. 用代码批量格式化表格

（1）输入代码

打开"开发工具"→"WPS宏编辑器"，在编辑器中编辑好"格式化表格"JS代码后，关闭宏编辑器界面，如图1.7.9和图1.7.10所示。

图 1.7.9　WPS 宏编辑器

图 1.7.10 "格式化表格"代码录入宏编辑器

（2）运行代码

选中第一个表格左上角十字游标一键选中表格，单击"开发工具"→"JS 宏"，选择"格式化表格"宏，单击"运行"按钮，文本表格即可按照宏代码内容进行修改，如图7.1.11 和图 7.1.12 所示。

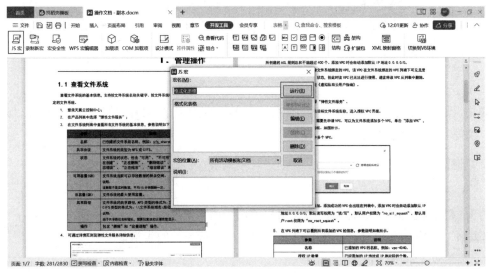

图 1.7.11 选中表格

图 1.7.12 运行"格式化表格"宏

案例说明： 扫二维码观看如何用宏代码格式化表格。

宏代码批量
格式化表格

4. 用代码批量修改图片尺寸

（1）输入代码

打开"开发工具"→"WPS宏编辑器"，在编辑器中编辑好"批量修改图片尺寸"JS代码后，关闭宏编辑器界面，如图1.7.13所示。

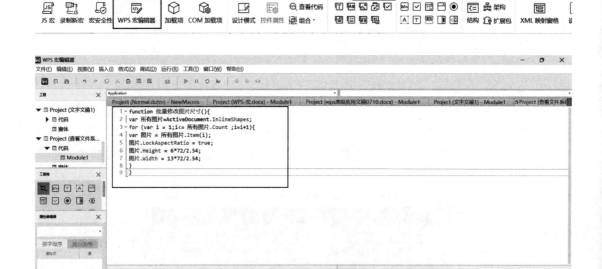

图1.7.13 "批量修改图片尺寸"代码录入宏编辑器

> **注意:**
>
> ■ 代码中Height的原始单位是磅，已知表格厘米单位长度，可以利用公式：厘米单位长度$/72 \times 2.54$换算。
>
> ■ 可运用代码"图片.LockAspectRatio = true;"来固定图片纵横比，若想取消锁定纵横比，则把这一行代码中的true改为false即可。

（2）运行代码

单击"开发工具"→"JS宏"，选择刚编辑的"批量修改图片尺寸"宏，单击"运行"按钮，文本图片即可按照宏编辑内容进行修改。

【任务实施】

1. 打开录制新宏

打开《天翼云3.0·弹性文件服务用户使用指南》第3章管理操作文档，新建一个名为"新建表格"的宏，开启录制，在空白处创建一个2行5列的表格。

2. 运行新建表格宏

在文档中用运行新建表格宏的方式，再新建一个2行5列的表格。

3. 批量格式化表格

用宏代码将文档中表格统一设置。

4. 批量修改图片尺寸

用宏代码将文档中图片统一设置为高 6 cm、宽 13 cm。

【项目自评】

评价要点	评价要求	自评分	备注
打开录制新宏	共 5 分		
修改宏名	共 5 分		
录制新建表格宏	共 10 分		
运行新建表格宏	共 10 分。新建表格（10 分，未形成 2 行 5 列的，少 1 行或 1 列扣 2 分）		
代码录入	共 30 分。编辑 JS 代码并录入宏编辑器。录入"格式化表格"宏（15 分）、录入"批量修改图片尺寸"宏（15 分）		
代码运行	共 30 分。成功运行"格式化表格"宏（15 分）、成功运行"批量修改图片尺寸"宏（15 分）		
职业素养	共 10 分。包含敬业精神与合作态度		

【新技术】

不坑盒子免费插件集成了办公文档和教学图表绘制处理等工具，在 WPS Office 文字中安装不坑盒子插件可以实现自动排版、插入任意页码、一键提取图片、一键删除等功能，提高办公效率，如图 1.7.14 所示。

图 1.7.14 不坑盒子插件功能区

案例说明： 扫二维码观看如何安装使用不坑盒子插件。

【能力拓展】

1. 批量设置表格格式

用 JS 宏代码将《劳务外包项目投标书》中的所有表格和文中第一个表格格式统一。

不坑盒子
操作视频

2. 批量修改图片尺寸

用 JS 宏代码将《炼钢项目施工组织设计》中的图片统一设置为高 15 cm、宽 23 cm，并锁定纵横比。

3. 使用插件批量修改图片尺寸

下载和安装不坑盒子插件，运用插件中的一键图片尺寸功能，将《炼钢项目施工组织设计》中的图片统一设置为高 16 cm、宽 25 cm。

项目二

WPS Office表格的应用

【项目导读】

本项目将介绍 WPS 2019 中的表格处理软件 WPS 表格的基本操作和使用技巧。主要内容包括工作表数据的录入、数据的格式化、行列操作、工作表相关操作、公式与函数的应用、数据管理、图表与数据透视表、工作表页面设置与打印等。

任务一 创建电子表格——简单数据表的制作

WPS 表格是 WPS Office 中的一个主要组件，具有强大的数据处理能力，主要用于制作电子表格等。WPS 表格提供了强大的数据分析和可视化功能，提供了大量的公式函数，使处理数据更高效、更灵活，因此被广泛应用于社会工作中的各个领域。

【知识目标】
※ 掌握 WPS 表格的启动、退出和工作界面等基本知识；
※ 熟悉工作表相关操作。

【技能目标（1＋X考点）】
※ 掌握 WPS 表格的数据录入、数据格式化等操作；
※ 掌握数据有效性验证、批注、保存工作簿等操作。

【素质目标】
※ 掌握简单数据表的制作，具备办公室文员基本素养；
※ 了解数据安全保护的政策，增强数据安全意识。

【任务描述】

××科技公司完成人事调整后，公司需要掌握一份调整后的员工档案信息表，内容和格式如图 2.1.1 所示。

本任务需录入各种数据，简单设置表格格式，给表格插入批注。

▲	A	B	C	D	E	F	G	H	I	J	K	L	M	N	O
1					xx科技公司员工档案信息									表格格式适用于其他部门员工信息表	
2											制表日期：2022-1-1				
3	序号	工号	姓名	性别	籍贯	政治面貌	分公司	部门	职务	职称	出生日期	第一学历	联系电话		
4	1	C001	张美英	女	山东	中共党员	华东分公司	行政部	经理	工程师	1977/7/6	本科	1230543889X		
5	2	B001	王振兴	男	山东	群众	西南分公司	销售部	职员	工程师	1976/5/7	本科	1237885112X		
6	3	B002	马东民	男	北京	群众	西南分公司	人事部	职员	工程师	1978/7/7	本科	1231955113X		
7	4	C002	王梅霞	女	山东	中共党员	华东分公司	销售部	职员	技师	1979/9/9	专科	1238711627X		
8	5	A001	王建梅	女	湖南	中共党员	华中分公司	研发部	职员	高工	1985/2/9	本科	1237311828X		
9	6	A002	王晓磊	男	湖北	群众	华中分公司	销售部	职员	技术员	1983/1/10	专科	1237733121X		
10	7	C003	艾小敦	女	北京	群众	华东分公司	行政部	职员	技师	1998/12/12	专科	1237485643X		
11	8	B003	刘芳明	男	湖南	共青团员	西南分公司	销售部	职员	技师	1981/9/12	专科	1238711163X		
12	9	B004	刘大历	男	江苏	群众	西南分公司	办公室	职员	工程师	1976/8/13	专科	1237585863X		
13	10	A003	刘军强	男	上海	中共党员	华中分公司	人事部	副经理	工程师	1980/2/14	研究生	1238755186X		
14	11	B005	刘喜凤	男	重庆	中共党员	西南分公司	研发部	副经理	高工	1978/12/16	专科	1234895567X		
15	12	C004	刘国鹏	男	四川	群众	华东分公司	研发部	职员	高工	1973/1/13	专科	1236789121X		
16	13	B006	孙海婷	男	湖南	中共党员	西南分公司	财务部	副经理	工程师	1980/9/8	本科	1235433090X		
17	14	A004	朱希雅	女	湖南	共青团员	华中分公司	销售部	职员	工程师	1996/12/9	专科	1230809099X		
18	15	B007	朱思花	女	湖南	中共党员	西南分公司	研发部	职员	工程师	1984/12/30	专科	1235431889X		

xx科技公司员工档案信息　　员工工资表　+

图 2.1.1　××科技公司员工档案信息表

【相关知识】

1. WPS 表格启动和退出

WPS 表格的启动和退出与 WPS 文字的相同，不再重复叙述。

WPS 表格界面介绍

2. WPS 表格工作界面

案例说明：扫二维码观看 WPS 表格工作界面介绍。

在 Windows 操作系统下，双击桌面上的 WPS 表格快捷方式，在左侧主导航栏中单击"新建"按钮，弹出 WPS 表格窗口，其工作界面及其主要说明如图 2.1.2 所示。

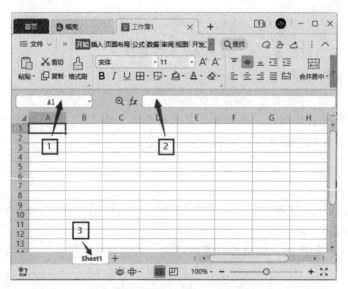

图 2.1.2　WPS 表格工作主界面

1—名称框；2—编辑栏；3—工作表标签

3. 工作簿和工作表基本概念

（1）工作簿

工作簿即常用的 WPS 表格文档，工作簿是用来处理工作数据并存储的文件，其扩展名为 .xlsx。一个工作簿可以拥有多个工作表，每个工作表可以存储不同的数据，每个工作表相互独立。因此，如要管理多种类型的信息，可以不必建立或打开多个工作簿，而直接在一个工作簿中通过切换对多个工作表进行操作。

（2）工作表

工作表就是电子表格，工作表只能存储在工作簿中。默认工作表标签名为 Sheet1，可以新建、删除、重命名工作表，新建工作表标签名依次为 Sheet2，Sheet3，…，其中，标签背景为白色的工作表表示活动工作表，即当前正在进行操作的工作表。各个工作表通过鼠标单击其对应的标签名可进行切换。

工作表左侧为行号，编号为 1～1 048 576，工作表上部为列标，编号为"A，B，C，D，…"，一共有 16 384 列，由行号和列标对应一个单元格，如 A3、B2 等。工作表由单元格组成，一个工作表含有 1 048 576×16 384 个单元格。

（3）单元格

单元格是 WPS 表格中进行数据输入和处理的基本单位，由工作表上部的列标和工作表左侧的行号确定其固定地址，固定地址列标在前，行号在后，如 D2 就是表示工作表中第 D 列和第 2 行交叉处的单元格，当选中单元格进行数据输入和编辑时，被选中的单元格称为活动单元格，其四周为绿色方框。

4. 数据录入

数据录入是处理 WPS 表格文档的基本操作，在输入不同类型的数据时，针对其采用不同的输入方法可以提高输入的效率和数据的准确性。数据录入中常用的数据类型有数值、文本、日期和时间等。数据录入时，首先选择单元格，然后录入数据。

1）数值录入

在 WPS 表格中输入数值时，常用的有 0、1、2、3、4、5、6、7、8、9、+、－ 等。因单元格格式默认为常规，输入的数据按照常规显示，如 －3.2、87、－5.83 等。

（1）保留小数点后数字末尾的 0

在 WPS 表格中输入数据时，小数点后数字末尾的 0 会自动省去，如 9.20，在 WPS 表格中显示为 9.2。如希望保留小数点后数字末尾的 0，如图 2.1.3 所示，则必须在"设置单元格格式"对话框中进行设置。方法为：输入数据后，选中需设置格式的单元格，单击鼠标右键，选择"设置单元格格式"，即弹出如图 2.1.4 所示对话框。在"单元格格式"对话框中的"数字"选项卡"分类"框中选择"数值"，再在右边的"小数位数"中选择需保留的小数位数。

	A	B	C	D	E
1	数据输入示例				
2	保留小数点数字后的0	保留数字前的0	输入分数	科学计算法	数据百分比
3	9.30	05111	1/2	1.25E+18	23.00%
4	10.00	05111	1/3	3.22E+10	64.34%
5	5.70	05111	3/7	5.12E+13	50.00%

图 2.1.3　数据输入示例

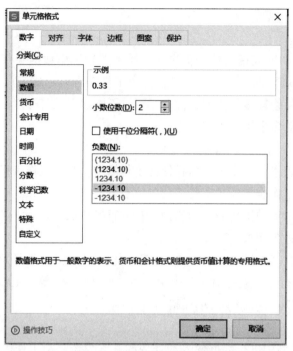

图 2.1.4 "单元格格式"对话框

（2）保留数字前的 0

在 WPS 表格中，输入的数据前的 0 会自动省去，如输入 0321，在 WPS 表格中显示为 321。如希望保留数字前的 0，则在数字前加上"'"，如输入'0321，即可保留数字前的 0。

（3）输入分数

在 WPS 表格中，以分数形式输入的数值，WPS 表格会当作日期处理，如输入 3/4，在 WPS 表格中显示为 3 月 4 日，如希望以分数形式显示，则在输入数值前加上 0 和空格，如输入 0 3/4 即可。

（4）科学记数法

在 WPS 表格中，如果希望输入的数据以科学记数法显示，则在"设置单元格格式"对话框的"数字"选项卡"分类"框中选择"科学记数"，在右边的"小数位数"中选择需保留的小数位数。

（5）数据百分比

在 WPS 表格中，如果希望输入的数据显示其百分比，如输入 0.72，显示为 72%，则输入 0.72 后，选择该单元格，在"设置单元格格式"对话框的"分类"框中选择"百分比"，在右边的"小数位数"中选择需保留的小数位数。

注意：

正数符号"＋"一般不显示。

数值数据默认右对齐，文本数据默认左对齐。

单元格显示"##"符号时，一般表示数值太长，单元格不能完整显示，可以通过调整单元格列宽来达到完整显示。

2）文本录入

在 WPS 表格中，文本有字母、汉字、数字和其他能从键盘输入的字符，有些数值型数据，如 123，可以通过在其前面加 "'" 将其转换为文本型数据，如输入 '123，同样显示为 123，但其为文本型数据。

如需再转换为数值型数据，操作方法为：选中数据所在的单元格，单击左边黄色感叹号，在弹出的下拉菜单中选择 "转换为数字"，如图 2.1.5 所示。

图 2.1.5　转换为数字

在 WPS 表格中，当输入的文本过长，超过单元格宽度时，如果其右边的单元格有内容，则显示部分数据；如果其右边的单元格无内容，则覆盖右边的单元格显示内容。如果想超出单元格的内容换行显示，则选中需设置格式的单元格，单击鼠标右键，在弹出的菜单中选择 "设置单元格格式"，在 "单元格格式" 对话框中选择 "对齐" 选项卡，如图 2.1.6 所示，在文本控制中选择 "自动换行"。如果希望整个过长的文本在单元格的一行中显示，则在图 2.1.6 中选择 "缩小字体填充"。

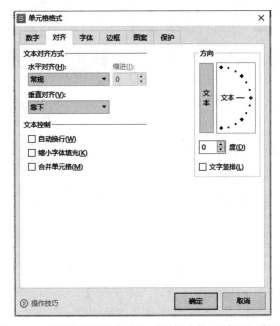

图 2.1.6　"设置单元格格式" 对话框中的 "对齐" 选项卡

3）日期和时间

在 WPS 表格中，日期数据默认显示为 "年/月/日" 的顺序，输入的数据用 "/" 或者 "-" 分隔，如输入 2022/1/3，显示为 2022/1/3。如果想显示为 2022 年 1 月 3 日，则输入数据后，选中需设置格式的单元格，单击鼠标右键，在弹出的菜单中选择 "设置单元格格式"，在 "单元格格式" 对话框 "数字" 选项卡的 "分类" 中选择 "日期"，在右边 "类型" 中选择正确的日期显示格式，如图 2.1.7 所示。

在 WPS 表格中，输入时间时，用冒号分隔小时、分、秒，如输入 8:26:30，表示 8 小时

26 分 30 秒，显示为 8:26:30，如果想显示为 8 时 26 分 30 秒，或者 8:26:30 AM，则在图 2.1.7 所示的"分类"中选择"时间"，在右边"类型"中选择正确的时间显示格式。

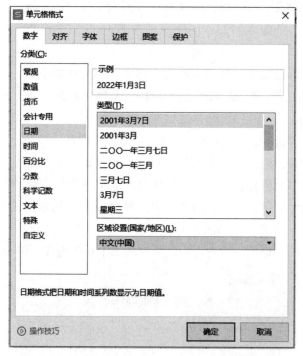

图 2.1.7 "设置单元格格式"对话框中设置"日期"

注意：
  按 Ctrl + ; 组合键输入系统当前日期；
  按 Ctrl + Shift + ; 组合键输入系统当前时间；
  选中单元格，在上方编辑栏中输入 = NOW( ) 来输入系统当前日期时间。

4）快速填充

在 WPS 表格中，当需要输入大量重复数据，如输入班上每个学生的班级名、专业、学校名等，或者输入的数据有一定的规律性，如学生的序号 5001，5002，5003，…，偶数 2，4，6，…，这时，可以使用以下介绍的快速填充方法来大大提高输入的效率。

（1）数据相同

输入大量的相同数据，如需要输入数据的单元格是不连续的，则首先按住 Ctrl 键选择不连续的多个单元格，如图 2.1.8 所示，然后输入数据，最后按 Ctrl + Enter 组合键确认，效果如图 2.1.9 所示。

输入大量的相同数据，如需要输入数据的单元格是连续的，则首先在一个单元格中输入数据，然后将鼠标指向该单元格的右下角，当鼠标指针变为黑色实心"十"字符号时，如图 2.1.10 所示，按住 Ctrl 键的同时拖动鼠标即可全部填充对应数据，效果如图 2.1.11 所示。

图 2.1.8　选择不连续的单元格　　　　　图 2.1.9　快速填充不连续的单元格

图 2.1.10　选择单元格右下角　　　　　图 2.1.11　快速填充连续的单元格

（2）有规律的数据

输入的数据有一定的规律性，如序号 5001，5003，5005，…，首先在要填充的区域的第一个单元格中输入数据，如 5001，然后在第二个单元格中输入数据 5003，用鼠标拖动选定这 2 个单元格，系统会自动将输入的 2 个数值相减，所得的差值作为数据序列的步长值。接着将鼠标指向这 2 个选定单元格的右下角，当鼠标指针变为黑色实心"十"字符号时，按住鼠标不放，向需要填充数据的连续单元格拖动即可全部填充对应数据。

如输入的数据是连续性的，如序号 5001，5002，5003，…，首先在要填充的区域的第一个单元格中输入数据，如 5001，再移动鼠标到该单元格右下角，当鼠标指针变为黑色实心"十"字符号时，按住鼠标不放，向需要填充数据的连续单元格拖动即可完成序号的自动填充。

案例说明：扫二维码观看快速填充的几种方法。

5）"序列"对话框

在 WPS 表格中输入有规律的数据时，除了使用上述介绍的方法外，还可以使用 WPS 表格中的"序列"对话框来实现。"序列"对话框中可以实现更多的功能。

快速填充

打开"序列"对话框的步骤为：

①单击 WPS 表格菜单栏上的"开始"选项卡→"填充"按钮，如图 2.1.12 所示。

图 2.1.12　单击"填充"按钮

②在弹出的下拉列表中选择"序列"，弹出"序列"对话框，如图 2.1.13 所示。

"序列"对话框中的各项功能介绍如下：

"序列产生在"中的"行""列"选项，用来规定数据的填充方向是按行的方向还是列的方向。

"类型"中的选项是规定数据填充的规律，即按等差、等比、日期填充等。

"步长值"规定序列增加（正数）或减少的数量（负数）。

"终止值"指定序列的最后一个值。

使用"序列"对话框填充数据时，首先在填充

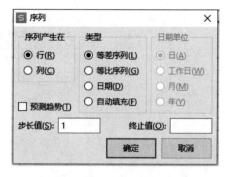

图 2.1.13　"序列"对话框

区域的第一个单元格中输入数据，然后用鼠标选定整个数据的填充区域，单击"填充"按钮，在弹出的"序列"对话框中设置各项选项，单击"确定"按钮。

5. 数据有效性验证

在日常工作中，常常要考虑用户输入数据的有效性、正确性，如年龄数据的输入不能超过100，性别数据除了男、女，不能输入其他数据等。在 WPS 表格中，可以对输入的数据类型进行指定。规定数据的有效范围，如规定年龄数据的有效范围为 0~100，方法如下：

①选择要规定数据的有效范围的单元格区域。

②单击菜单栏上的"数据"→"有效性"，如图 2.1.14 所示。

图 2.1.14　单击"数据"→"有效性"

③单击列表中的"有效性"命令，弹出"数据有效性"对话框，如图 2.1.15 所示。

图 2.1.15　"数据有效性"对话框

"允许"选项：指定输入数据的类型，有整数、小数、文本长度等。根据实际情况选择是否忽略空值。

"数据"选项：判断数据的条件，有介于、大于、小于等。

这里在"有效性条件"选项的"允许"中选择"整数"，在"数据"中选择"介于"，在"最小值"处选择"0"，在"最大值"处选择"100"，单击"确定"按钮即可。

④如果要求在输入数据时提示用户输入数据的范围，可以在"数据有效性"对话框中选择"输入信息"选项卡，勾选"选定单元格时显示输入信息"，在"标题"和"输入信息"文本框中输入相关提示信息，如图 2.1.16 所示。

图 2.1.16 "输入信息"选项卡

⑤如果要求用户输入数据，当数据不在指定的有效范围内时给出出错的提示信息，可以在"数据有效性"对话框中选择"出错警告"选项卡，勾选"输入无效数据时显示出错警告"，在"样式"中选择错误提示图标，在"标题"和"错误信息"中输入相关提示信息，如图 2.1.17 所示。

图 2.1.17 "出错警告"选项卡

通过设置，输入数据前的提示信息效果如图 2.1.18 所示，输入数据出错后的提示信息如图 2.1.19 所示。

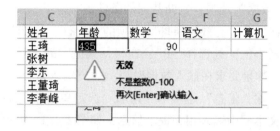

图 2.1.18　输入数据前的提示信息　　　图 2.1.19　输入数据出错后的提示信息

案例说明： 扫二维码观看如何设置数据有效性

数据有效性

6. 表格格式化

在 WPS 表格中，用户可以对表格进行合并单元格、删除单元格、清除单元格、设置单元格格式、改变行高或列宽等操作。

1）合并单元格

用鼠标选定需要合并的单元格，选择"开始"选项卡→"合并居中"，如图 2.1.20 所示。

图 2.1.20　"开始"选项卡中"合并居中"命令

或者，用鼠标选定需要合并的单元格，单击鼠标右键，在弹出的"设置单元格格式"对话框中选择"对齐"选项卡，在其中的"文本控制"中选择"合并单元格"，如图 2.1.21 所示。

2）设置单元格边框、背景色

用鼠标选定需要设置边框、背景色的单元格，单击鼠标右键，在弹出的快捷菜单中选择"设置单元格格式"。

在弹出的"单元格格式"对话框中选择"边框"选项卡，设置单元格边框，如图 2.1.22 所示。

线条：设置边框的样式，如虚线、实线、粗线等。

颜色：设置边框线条的颜色。

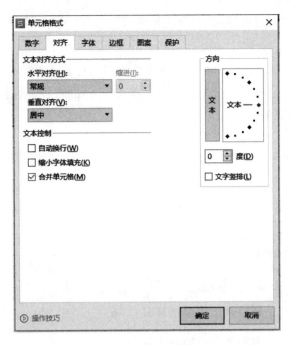

图 2. 1. 21　合并单元格

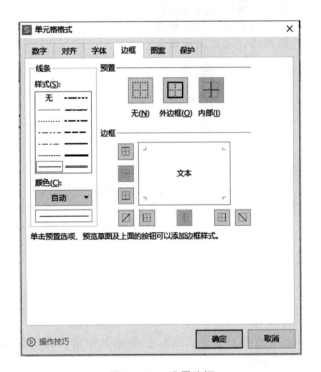

图 2. 1. 22　设置边框

　　预置：单击"无"，去掉边框样式；单击"外边框"，设置表格外边框样式（再次单击则删除边框）；单击"内部"，设置表格内边框样式（再次单击则删除边框）。选择后，在下方会有预览效果。

边框：通过单击"上边框样式""下边框样式""左边框样式"等自由定义边框样式。

> **注意：**
>
> 在定义单元格边框样式时，应先选择线条或颜色后再选择"外边框""内部"等，这样才能正确添加边框样式，如先选择"外边框""内部"，再选择线条或颜色后单击"确定"的做法是错误的。

在弹出的"设置单元格格式"对话框中选择"图案"选项卡，设置单元格背景颜色等，如图2.1.23所示。

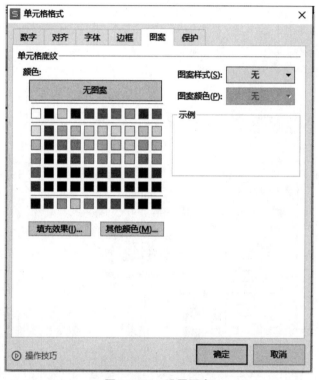

图 2.1.23　设置图案

颜色：设置单元格的背景颜色。

填充效果：设置单元格渐变色、底纹样式。

图案样式：设置单元格的图案样式。鼠标在图案上停留会显示其说明，如：逆对角线条纹、对角线条纹、垂直条纹等。

图案颜色：设置单元格的图案颜色。鼠标在颜色上停留会显示其说明，如：蓝色、紫色、培安紫，文本2，深色50%等。

3）设置字体大小、颜色

方法1：用鼠标选定需要设置字体的单元格，单击鼠标右键，在弹出的快捷菜单中选择"设置单元格格式"，在弹出的"单元格格式"对话框中选择"字体"选项卡，在其中可以设置单元格中字体的字形、字号、颜色等内容，如图2.1.24所示。

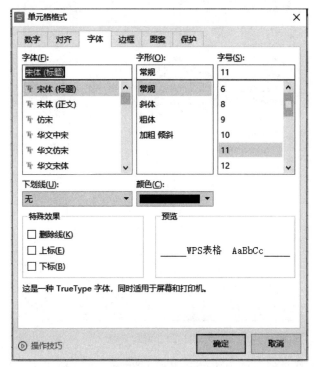

图 2.1.24　设置字体

方法 2：用鼠标选定需要设置字体的单元格，选择"开始"选项卡"字体"组中的各项选项，设置单元格中字体的字形、字号、颜色等内容，如图 2.1.25 所示。

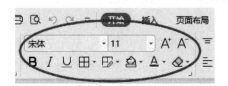

图 2.1.25　"开始"选项卡中的"字体"组

4）设置单元格对齐方式

方法 1：用鼠标选定需要设置的单元格，选择"开始"选项卡"对齐方式"组中的各项选项，设置单元格为顶端对齐、垂直居中、右对齐等对齐方式，如图 2.1.26 所示。

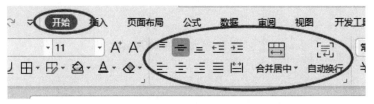

图 2.1.26　"开始"选项卡中的"对齐方式"组

方法 2：用鼠标选定需要设置字体的单元格，单击鼠标右键，在弹出的快捷菜单中选择"设置单元格格式"，在弹出的"单元格格式"对话框中选择"对齐"选项卡，如图 2.1.27 所示。

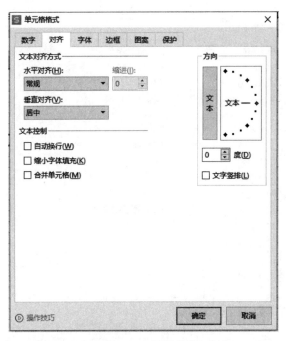

图 2.1.27　设置对齐

· 水平对齐：选择单元格中内容的水平对齐方式。默认情况下，单元格中的文本是左对齐，数字是右对齐，逻辑值和错误值是居中对齐。

· 垂直对齐：选择单元格中内容的垂直对齐方式。

· 缩进：水平对齐方式设置成"靠左缩进""靠右缩进"等时，在"缩进"中填写缩进值。

· 自动换行：勾选后，当单元格数据长度超过单元格宽度时，自动换行显示。

· 缩小字体填充：勾选后，当单元格数据长度超过单元格宽度时，自动缩小外观尺寸以适应单元格的宽度。

· 合并单元格：勾选后，将所选的多个单元格合并为一个单元格。

· 方向：选择单元格内文本的方向，多结合"度"选项使用，也可以手动旋转。

· 度：指定单元格内文本的旋转度数，如输入正数，则是逆时针旋转，反之，则是顺时针旋转。

注意：

选中单元格，按 Delete 键可以清除单元格中的内容。

5）调整行、列

（1）调整行高或列宽

方法 1：将鼠标移到需要调整的行的左侧边线处，当鼠标变为黑色的上下箭头符号时，单击鼠标左键不放拖动改变行高，如图 2.1.28 所示。将鼠标移到需要调整的列上侧边线处，当鼠标变为黑色的左右箭头符号时，单击鼠标左键不放拖动改变列宽，如图 2.1.29 所示。

图 2.1.28　调整行高　　　　　　　　图 2.1.29　调整列宽

方法 2：选择"开始"选项卡→"行和列"，如图 2.1.30 所示，在下拉菜单中选择"行高"或者"列宽"选项，输入对应数字即可。

图 2.1.30　"行和列"按钮

方法 3：用鼠标选择要改变行高的行号，单击鼠标右键，在弹出的快捷菜单中选择"行高"，如图 2.1.31 所示，输入对应数字即可。用鼠标选择要改变列宽的列标，单击鼠标右键，在弹出的快捷菜单中选择"列宽"，如图 2.1.32 所示，输入对应数字即可。

图 2.1.31　右键快捷菜单选择"行高"　　　　图 2.1.32　右键快捷菜单选择"列宽"

（2）插入、删除行或列

用鼠标选择要插入行的行号，单击鼠标右键，在弹出的快捷菜单中选择"插入"，如图 2.1.33 所示，在上方插入一行。用鼠标选择要插入列的列标，单击鼠标右键，在弹出的快捷菜单中选择"插入"，如图 2.1.34 所示，在左方插入一列。

图 2.1.33　右键快捷菜单中选择"插入"行　　　图 2.1.34　右键快捷菜单中选择"插入"列

用鼠标选择要删除行的行号，单击鼠标右键，在弹出的快捷菜单中选择"删除"，删除选中行。用鼠标选择要删除列的列标，单击鼠标右键，在弹出的快捷菜单中选择"删除"，删除选中列。

（3）隐藏行或列

用鼠标选择要隐藏行的行号，单击鼠标右键，在弹出的快捷菜单中选择"隐藏"，隐藏选中行，如图 2.1.35 所示。要取消隐藏行，选中被隐藏行的前后 2 行，单击鼠标右键，在弹出的快捷菜单中选择"取消隐藏"即可。

隐藏列的操作与隐藏行的操作类似，也可以用另一种方法：用鼠标选中要隐藏列中的任意一个单元格，单击"开始"选项卡→"行和列"按钮，在下列菜单中选择"隐藏和取消隐藏"，在列表中选择"隐藏列"，如图 2.1.36 所示。

7. 工作表相关操作

（1）插入工作表

WPS 表格中一个工作簿默认有 1 个工作表，在实际操作中，可以添加多个工作表。

方法 1：选择工作簿中工作表标签旁的"插入工作表（快捷键 Shift + F11）"按钮，如图 2.1.37 所示，在工作表标签最右方新建一个工作表。

图 2.1.35 "隐藏"行

图 2.1.36 隐藏列

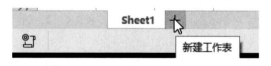

图 2.1.37 "插入工作表"按钮

　　方法 2：单击"开始"选项卡→"工作表"按钮→"插入工作表"，如图 2.1.38 所示。

　　方法 3：选择一个工作表标签，单击鼠标右键，选择"插入"，在弹出的对话框中选择"工作表"，单击"确定"按钮，快速新建一个工作表。

图 2.1.38 "开始"选项卡中的"插入工作表"按钮

（2）重命名工作表

工作表默认名称为 Sheet1、Sheet2、Sheet3、…，如需重命名工作表，方法如下。

方法 1：选择工作表标签，单击鼠标右键，选择"重命名"，如图 2.1.39 所示，输入新名称，按 Enter 键确定。

方法 2：选择工作表标签，双击鼠标左键，输入新名称，按 Enter 键确定。

（3）工作表的移动、复制

选择工作表标签，单击鼠标右键，选择"移动或复制工作表"，在如图 2.1.40 所示的"移动或复制工作表"对话框中，在工作簿中选择工作簿名称，在"下列选定工作表之前"选择工作表的位置，勾选"建立副本"复选框，即是将工作表复制粘贴到指定位置，否则，是工作表的移动操作。

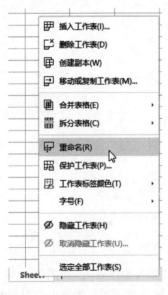

图 2.1.39 "重命名"工作表标签

图 2.1.40 移动或复制工作表

8. 批注

在 WPS 表格中对单元格添加批注可以让用户更容易了解该单元格的含义，添加批注的步骤如下。

选择对应的单元格，单击"审阅"选项卡→"新建批注"按钮，如图 2.1.41 所示。也可以选择对应的单元格，单击鼠标右键，在弹出的快捷菜单中选择"插入批注"，如图 2.1.42 所示。在批注框中输入内容即可。完成后，默认为当鼠标指向该单元格时，才显示批注内容，否则隐藏，如图 2.1.43 所示。

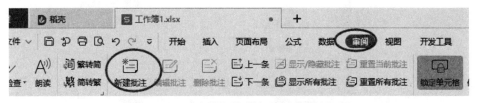

图 2.1.41 "审阅"选项卡"新建批注"组

图 2.1.42 快捷菜单中选择"插入批注"

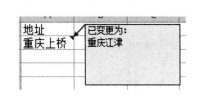

图 2.1.43 显示批注内容

可以通过单击"审阅"选项卡中的"显示所有批注"命令，显示所有批注。如果要删除批注，选中添加了批注的单元格，单击"审阅"选项卡中的"删除批注"命令，或者单击鼠标右键，在弹出的快捷菜单中选择"删除批注"，如图 2.1.44 所示。

案例说明：扫二维码观看如何新建和删除批注。

9. 保存工作簿

WPS 表格保存工作簿方法与 WPS 文字保存方法基本相同，不再重复叙述。

添加、删除批注

图 2.1.44　快捷菜单中选择"删除批注"

【任务实施】

要完成图2.1.1所示"××科技公司员工档案信息表"的创建和编辑，步骤如下：

①创建一个文件名为"××科技公司员工档案信息表"、扩展名为.xlsx的WPS表格工作簿。

②按图2.1.45所示输入表格标题"××科技公司员工档案信息表""制表日期：2022 – 1 – 1"，在A3:M3单元格区域分别输入各列标题。

	A	B	C	D	E	F	G	H	I	J	K	L	M
1	xx科技公司员工档案信息												
2	制表日期：2022-1-1												
3	序号	工号	姓名	性别	籍贯	政治面貌	分公司	部门	职务	职称	出生日期	第一学历	联系电话
4	1	C001	张美英	女	山东	中共党员	华东分公司	行政部	经理	工程师	1977/7/6	本科	1230543889X
5	2	B001	王振兴	男	山东	群众	西南分公司	销售部	职员	工程师	1976/5/7	本科	1237885112X
6	3	B002	马东民	男	北京	群众	西南分公司	人事部	职员	工程师	1978/7/7	本科	1231955113X
7	4	C002	王梅霞	女	山东	中共党员	华东分公司	销售部	职员	技师	1979/9/9	本科	1238711627X
8	5	A001	王建梅	女	湖南	群众	华中分公司	研发部	职员	高工	1985/2/9	本科	1237311828X
9	6	A002	王晓磊	男	湖北	群众	华中分公司	销售部	职员	技术员	1983/1/10	专科	1237733121X
10	7	C003	艾小敏	女	北京	群众	华东分公司	行政部	职员	技师	1998/12/12	本科	1237485643X
11	8	B003	刘芳明	男	湖南	共青团员	西南分公司	销售部	职员	技师	1981/9/12	专科	1238711163X
12	9	B004	刘大历	男	江苏	群众	西南分公司	办公室	职员	工程师	1976/8/13	专科	1237585863X
13	10	A003	刘军强	男	上海	中共党员	华中分公司	人事部	副经理	工程师	1980/2/14	研究生	1238755186X
14	11	B005	刘喜凤	男	重庆	中共党员	西南分公司	研发部	副经理	高工	1978/12/16	本科	1234895567X
15	12	C004	刘国鹏	男	四川	群众	华东分公司	研发部	职员	高工	1973/1/13	专科	1236789121X
16	13	B006	孙海婷	男	湖南	中共党员	西南分公司	财务部	副经理	工程师	1980/9/8	本科	1235433090X
17	14	A004	朱希雅	女	湖南	共青团员	华中分公司	销售部	职员	工程师	1996/12/9	本科	1230809099X
18	15	B007	朱思花	女	湖南	中共党员	西南分公司	研发部	职员	工程师	1984/12/30	专科	1235431889X
19	16	C005	陈晓敏	女	山东	中共党员	华东分公司	办公室	副经理	工程师	1982/8/13	本科	1235434099X
20	17	C006	陈思华	男	山东	群众	华东分公司	客服部	职员	工程师	1993/2/14	本科	1230807778X
21	18	A005	彭与华	男	山东	群众	华中分公司	研发部	职员	高工	1988/2/9	本科	1230806676X

图 2.1.45　基础录入工作

1. 输入表中数据

①采用数据自动填充的方式输入"序号"信息。

②"工号"列单元格格式设置为"文本"。

③在"性别"栏（D4：D21）和"政治面貌"栏（F4：F21）均设置下拉列表，"性别"栏要求下拉列表中包括"男"和"女"两个选项，"政治面貌"栏包括"中共党员""共青团员"和"群众"三个选项。

④录入"出生日期"时注意，统一调整成形如"1983/10/1"的数字格式。注意：年月日的分隔符号为斜线。

⑤在其余相应单元格中输入对应数据信息，完成基础录入工作。

2. 表格格式化

1）标题内容格式化

①根据表格列标题共占有的单元格长度，使标题位于整个表格上方居中位置。

②设置标题文字字体为黑体，加粗，字号为14，颜色为黑色。

③设置"制表日期"靠右对齐。字体为"宋体"，字号为11，颜色为黑色。

2）"出生日期"列格式化

设置"日期"类型。

3）"联系电话"列格式化

设置"文本"类型。

4）表格的美化设置

（1）设置边框

设置外边框为"粗实线"，颜色为"黑色"，预置区选择外边框；设置内边框为"细实线"，颜色为"蓝色"。

（2）设置底纹

将列标题 A3：M3 单元格区域设置为"浅绿色"；将 A4：M21 单元格区域设置为：图案样式"6.5%灰色"，图案颜色"暗板岩蓝，文本 2，浅色 80%"。

（3）设置表格内容文字字体

将表格中所有内容设置字体为"宋体"，字号为 11 号，颜色为黑色，所有内容居中对齐。

（4）设置行高列宽

设置行高值为"20"，并通过设置列宽，显示所有内容。

3. 插入批注框

在 A1 单元格上增加一个批注，内容为"表格格式适用于其他部门员工信息表"。

4. 工作表重命名及移动与复制

（1）工作表重命名

将工作表命名为"××科技公司员工档案信息"。

（2）工作表复制

复制工作表，并将复制的工作表移动到工作簿的最前面。

【项目自评】

评价要点	评价要求	自评分	备注
基础录入	共35分。文字、数据内容录入正确，有错、漏的，一处扣5分，扣完为止		
表格格式化	共40分。标题内容格式化（10分）；"出生日期"列格式化（10分）；"联系电话"列格式化（10分）；表格的美化设置（10分）		
插入批注框	共4分。插入批注框正确		
工作表重命名及移动与复制	共6分。工作表重命名、复制		
文件保存	共5分。文件名及保存路径正确		
职业素养	共10分。包含敬业精神与合作态度		

【素质拓展】

《中华人民共和国数据安全法》于2021年6月10日第十三届全国人民代表大会常务委员会第二十九次会议通过，于2021年9月1日起施行。《中华人民共和国数据安全法》的发布标志着我国将数据安全保护的政策要求通过法律文本的形式进行了明确和强化。

第三十二条　任何组织、个人收集数据，应当采取合法、正当的方式，不得窃取或者以其他非法方式获取数据。

法律、行政法规对收集、使用数据的目的、范围有规定的，应当在法律、行政法规规定的目的和范围内收集、使用数据。

【能力拓展】

1. 新建一个空白工作簿，将Sheet1工作表更名为"2022年度普通高等学校国家助学金获奖学生初审名单表"，按以下要求建立表格，保存到指定文件夹中。效果如图2.1.46所示。

（1）将标题设置为黑体，14号字，加粗，居中；

（2）其余文字设置为宋体，12号字，居中；

（3）表格边框设置为黑色实线；

（4）表格行高值设置为25；

（5）将工作簿另存，文件名为"2.1能力拓展题"，保存到F盘。

2022年度普通高等学校国家助学金获奖学生初审名单表											
学校名称（公章）：											
序号	学生姓名	学院	专业	班级	助学金等级			学号	性别	民族	入学年月
					一等	二等	三等				
1	陈林	大数据与物联网学院	计算机应用	计应201		√		2033206001	女	汉	2020年9月
2	李天璐		计算机应用	计应201			√	2033206125	男	汉	2020年9月
3	蔡晓明		计算机应用	计应201			√	2033206008	男	汉	2020年9月
4	李自成		计算机应用	计应201		√		2033206003	男	汉	2020年9月
5	王艳		计算机应用	计应201	√			2033206004	女	汉	2020年9月
6	罗一贵		计算机应用	计应201		√		2033206099	男	汉	2020年9月
7	李方		大数据技术与应用	大数据202		√		2033201064	男	汉	2020年9月
8	孙风顺		大数据技术与应用	大数据202	√			2033201006	男	汉	2020年9月
9	王贵才		大数据技术与应用	大数据202		√		2033201077	男	汉	2020年9月

图 2.1.46　2022 年度普通高等学校国家助学金获奖学生初审名单表

2. 新建一空白工作簿，制作如图 2.1.47 所示的公司报价单，并保存。

公司报价单					
您的满意，我的追求！					
公司地址				报价日期	
邮编				报价单号	
联系信息				报价有效期至	
特为下面客户报价					
客户姓名					
客户公司名称					
客户公司地址			**请注意：**		
客户联系信息			如需纳税，请在相应位置输入字母T，（本注为注释不会被打印）		
特别注意事项：<请输入特别注意事项>					

图 2.1.47　公司报价单

任务二　公式与函数的应用——企业员工工资数据分析与处理

WPS 表格作为重要办公组件之一，主要用于数据处理、统计分析等工作。这些方面的工作，自然离不开数值计算，例如统计全班学生的平均成绩、最高成绩，根据公司员工的出勤情况，业务提成情况计算员工每月实发工资等，同时，WPS 表格还提供了大量的公式函数，它们功能强大，为数字计算工作提供了很多便利。

【知识目标】

※ 了解运算符、单元格引用等基本操作；

※ 熟悉在状态栏上显示计算结果。

【技能目标（1+X 考点）】

※ 掌握 WPS 表格公式与函数的应用；

※ 能够使用常用函数的组合和函数的嵌套进行数据处理；

※ 掌握条件格式的操作方法。

【素质目标】

※ 了解数据清单中数据计算和数据分析相关操作；

※ 具备办公室文员基本素养；

※ 了解个人依法纳税的重要意义和个税计算方法。

【任务描述】

图 2.2.1 所示为××科技公司 2022 年 1 月职工工资表，其中详细罗列了工资的构成部分，包含基本工资、全勤奖金、代扣所得税，以及实发工资等，并可以做简单的查询和分析。其内容和格式如图 2.2.1 所示。

xx科技公司
2022年1月职工工资表

员工编号	姓名	分公司	职务	基本工资	全勤奖金	工资总额	请假扣款	代扣所得税	应扣合计	实发工资	病假天	迟到/分钟	备注
C001	张美英	华东分公司	经理	10,000	300	10,300	–	320	320	￥ 9,980			
B001	王振兴	西南分公司	职员	4,300	–	4,300	–	–	–	￥ 4,300	1		
B002	马东民	西南分公司	职员	3,800	–	3,800	200	–	200	￥ 3,600		50	
C002	王梅霞	华东分公司	职员	3,800	300	4,100	–	–	–	￥ 4,100			
A001	王建梅	华中分公司	职员	5,000	–	5,000	–	–	–	￥ 5,000		10	
A002	王晓磊	华中分公司	职员	4,700	300	5,000	–	–	–	￥ 5,000			
C003	艾小敏	华东分公司	职员	2,100	–	2,100	–	–	–	￥ 2,100		5	
B003	刘芳明	西南分公司	职员	4,500	300	4,800	–	–	–	￥ 4,800			
B004	刘大历	西南分公司	职员	5,000	–	6,800	150	54	204	￥ 6,596		35	
A003	刘军强	华中分公司	副经理	7,800	300	8,100	–	100	100	￥ 8,000			
B005	刘喜凤	西南分公司	副经理	8,500	300	8,800	–	170	170	￥ 8,630			
C004	刘国鹏	华东分公司	职员	4,100	–	4,100	300	–	300	￥ 3,800		70	
B006	孙海婷	西南分公司	副经理	7,900	300	8,200	–	110	110	￥ 8,090			
A004	朱希雅	华中分公司	职员	2,400	300	2,700	–	–	–	￥ 2,700			
B007	朱思花	西南分公司	职员	3,900	–	3,900	–	–	–	￥ 3,900	1		
C005	陈晓敏	华东分公司	副经理	8,500	–	8,500	–	140	140	￥ 8,360		5	
C006	陈思华	华东分公司	职员	3,200	–	3,200	250	–	250	￥ 2,950		60	
A005	彭与华	华中分公司	职员	4,300	300	4,600	–	–	–	￥ 4,600			

查询			分析	
职工编号：	B003		实发工资大于4000的人数：	12
员工姓名：	刘芳明		代扣所得税总额：	894
当月实发工资：	4800		员工平均工资：	5,361

图 2.2.1 ××科技公司 2022 年 1 月职工工资表

本任务需能根据数据选择对应公式和函数进行计算和统计。

【相关知识】

1. 使用公式

公式一般在编辑栏中输入，首先选中单元格，然后在编辑栏中输入等号（=），再输入相应的运算元素和运算符，最后按 Enter 键。

例如：=3 + 5 + 7 或者 = A1 + B2

2. 运算符

WPS 表格中有算术运算符、比较运算符、文本运算符和引用运算符四种。

1）算术运算符

算术运算符见表 2.2.1。

表 2.2.1　算术运算符

运算符	含义	示例
+	加法	3 + 2
−	减法	5 − 3
/	除法	7/2
*	乘法	2 * 3
^	乘方	2^5
%	百分号	10%

2）比较运算符

比较运算符见表 2.2.2，两个值的比较结果只可能是 TRUE 或 FALSE。

表 2.2.2　比较运算符

运算符	含义	示例	结果
=	等于	5 = 3	FALSE
>	大于	8 > 3	TRUE
<	小于	2 < 7	TRUE
>=	大于等于	9 >= 7	TRUE
<=	小于等于	11 <= 6	FALSE
<>	不等于	3 <> 9	TRUE

3）文本连接运算符

文本连接运算符 "&" 的作用是连接一个或多个文本，例如：="办公"&"自动化" 的结果是 "办公自动化"。

4）引用运算符

引用运算符主要用对单元格区域进行合并计算。

（1）冒号（:）

区域运算符，例如 " = A1:C3"，表示对冒号两侧两个单元格之间区域所有单元格的引用，其引用单元格区域（框住的区域）如图 2.2.2 所示。

（2）逗号（,）

联合运算符，将多个引用合为一个引用，例如：= SUM(A1:C3,D5)，则是计算 A1:C3 区域中所有单元格的数值和，再加上 D5 单元格的数值总和。

（3）空格

交集运算符，在两个引用中取共有的单元格的引用。例如：= SUM(A1:C3 B2:D3)，则是计算 A1:C3 和 B2:D3 两个区域的交叉区域的所有单元格数值之和，如图 2.2.3 所示。

	A	B	C	D
1	90	60	70	80
2	50	40	30	50
3	70	80	60	70
4	80	50	60	90
5	10	20	50	60
6	40	40	50	50

图 2.2.2　A1:C3 引用单元格区域

	A	B	C	D
1	90	60	70	80
2	50	40	30	50
3	70	80	60	70
4	80	50	60	90
5	10	20	50	60
6	40	40	50	50

图 2.2.3　空格使用示例

5）运算符优先级

如果一个公式中存在多个运算符，其运算符优先级为：引用运算符＞负号（ － ）＞百分比（％）＞乘方（^）＞乘和除（ * ，/ ）＞加和减（ + ，－ ）＞文本连接运算符（&）＞比较运算符。

如运算符优先级相同，则从左到右进行计算。

可以使用括号将公式中需要先计算的部分括起来优先计算，改变运算的顺序，如公式 ＝ 1 + 5 * 3，结果为 16，先计算 5 * 3，再加 1。但是，使用括号将公式中 1 + 5 括起来后，公式为 = （1 + 5） * 3，结果为 18，先计算 1 + 5，再乘以 3。

3. 单元格地址引用

在 WPS 表格中，单元格地址引用分为相对引用、绝对引用和混合引用三种。

（1）相对引用

单元格地址是由列标和行号确定的，如 B1、C1 等，例如，在 C1 单元格中输入 " ＝ B1"，表示 C1 单元格引用 B1 单元格的内容。

在 WPS 表格中，相对引用为默认的单元格引用，相对引用是指含有单元格地址引用的公式位置发生变化时，公式中的单元格地址会随之改变。

例如，在 C1 单元格中输入 " ＝ A1 + B1"，如图 2.2.4 所示。把 C1 单元格中的公式复制或拖动填充到 C2 单元格时，如图 2.2.5 所示。C2 单元格内的公式则自动调整为 " ＝ A2 + B2"，如图 2.2.6 所示。

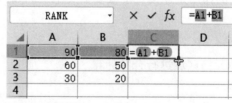

图 2.2.4　相对引用 C1 单元格

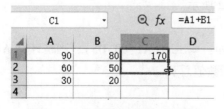

图 2.2.5　拖动填充到 C2 单元格

图 2.2.6　相对引用 C2 单元格

（2）绝对引用

绝对引用是在引用单元格中加符号 \$ ，绝对引用的含义是当含有单元格地址引用的公式位置发生变化时，公式中的单元格地址保持不变。

例如，在 C1 单元格中输入" = \$A \$1 + \$B \$1"，如图 2.2.7 所示。把 C1 单元格中的公式复制或拖动填充到 C2 单元格时，C2 单元格内的公式仍为" = \$A \$1 + \$B \$1"，如图 2.2.8 所示。

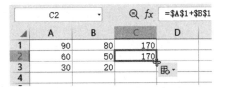

图 2.2.7　绝对引用 C1 单元格　　　　图 2.2.8　绝对引用 C2 单元格

（3）混合引用

混合引用指单元格的引用方式为" \$A1"（绝对列，相对行）、"A\$1"（相对列，绝对行）。混合引用的含义是当含有单元格地址引用的公式位置发生变化时，公式中的单元格相对引用自动调整，而绝对引用不变。

例如，在 C1 单元格中输入" = A\$1 + \$B1"，如图 2.2.9 所示。把 C1 单元格中的公式复制或拖动填充到 C2 单元格时，C2 单元格内的公式则自动调整为" = A\$1 + \$B2"，如图 2.2.10 所示。

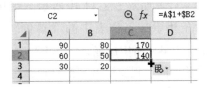

图 2.2.9　混合引用 C1 单元格　　　　图 2.2.10　混合引用 C2 单元格

案例说明：扫二维码观看，识别"相对引用""绝对引用"和"混合引用"。

相对绝对混合引用

4. 引用不同工作表中的内容

在 WPS 表格中，如果引用的单元格来自不同的工作表，引用为" = [工作表名]！单元格地址"。

例如，要计算如图 2.2.11 中所示的销售金额，需要引用"价格单"工作表中的"单价"，如图 2.2.12 所示。销售金额 = 销售数量 × 单价，则在 C2 单元格中应输入 = "B2 * 价格单！B5"，如图 2.2.13 所示。也可以选中"销售统计"工作表中的 C2 单元格，输入" = B2 * "，然后单击"价格单"工作表标签切换工作表，鼠标左键选择 B5 单元格，按 Enter 键。

F8		Q fx	
	A	B	C	D
1	电器	销售数量	销售金额（元）	
2	电冰箱	58		
3	手机	70		
4	笔记本	152		
5	洗衣机	73		
6	电视	63		
7				
8				

图 2.2.11　"销售统计"工作表

F8		Q fx	
	A	B	C	D
1	电器	单价（元）		
2	电冰箱	1500		
3	手机	1000		
4	笔记本	5000		
5	洗衣机	900		
6	电视	3500		
7				
8				

图 2.2.12　"价格单"工作表

C2		Q fx	=B2*价格单!B2	
	A	B	C	D	E
1	电器	销售数量	销售金额（元）		
2	电冰箱	58	87000		
3	手机	70			
4	笔记本	152			
5	洗衣机	73			
6	电视	63			

图 2.2.13　销售金额 C2 单元格

案例说明：扫二维码观看如何引用不同工作表中的内容。

在 WPS 表格中，如果引用的单元格来自不同工作簿中的工作表，引用为"=［工作簿名］［工作表名］! 单元格地址"。

例如，计算如图 2.2.11 中所示的销售金额，需要引用"商品目录"工作簿中"价格单"工作表中的"单价"，如果"商品目录"工作簿是打开的，则在 C2 单元格中应输入"= B2 * ［商品目录.xlsx］价格单! $B$5"。如果"商品目录"工作簿是关闭的，则要给出完整路径，在 C2 单元格中应输入"= B2 * 'D:\［商品目录.xlsx］价格单'! $B$5"。

引用不同工作表的内容

5. 在状态栏上显示计算结果

在 WPS 表格中，对数据处理中常用的求和、最大值、最小值、计数值、计数、平均值功能提供了快捷操作，操作步骤为：

首先选择单元格区域，然后将鼠标移到状态栏（图 2.2.14 中黑圈部分）上单击右键，如图 2.2.14 所示，在弹出的快捷菜单中选择相应的功能，单击"√"按钮，显示结果。

6. 函数的使用

在 WPS 表格中，对单元格中的数值进行计算的等式称为公式，如 = 3 + 5，= A1 + B1 等，函数就是一些预定义的公式，如 = SUM(A1:B1)，这里的 SUM( ) 即为计算总和的函数，WPS 表格中常用函数有工程函数、信息函数、日

图 2.2.14　状态栏

期和时间函数、统计函数、逻辑函数、查找与引用函数、文本函数等，函数界面如图 2.2.15 所示。下面对工作和生活中的常用函数进行介绍。

图 2.2.15　"公式"选项卡中的"函数库"

（1）SUM 函数

功能：计算指定单元格区域中所有数值的和。

语法：SUM(number1 , number2 , …)

参数 number1，number2，…是对应的数值参数。如果是文本，转换为数字，如果是逻辑值，TRUE 转换成数字 1，FALSE 转换成数字 0。示例如下：

SUM(A1 : A3) 表示将 A1、A2、A3 三个单元格中的数值相加。

SUM(60 , 70 , 80) 表示 60 + 70 + 80，结果为 210。

SUM(TRUE , 53 , "7") 表示 1 + 53 + 7，结果为 61。

实现求图 2.2.16 中的总成绩，步骤如下。

方法 1：用鼠标选中 E2 单元格，输入"= SUM( )，然后用鼠标选中 B2 : D2 单元格区域，如图 2.2.17 所示，按 Enter 键，完成。

	A	B	C	D	E
1	姓名	数学	语文	计算机	总成绩
2	王琦	90	86	93	
3	张树	87	75	84	
4	李东	77	52	67	
5	王董琦	67	90	75	
6	李春峰	90	69	88	

图 2.2.16　求学生总成绩

	A	B	C	D	E	F
1	姓名	数学	语文	计算机	总成绩	
2	王琦	90	86	93	=SUM（B2:D2）	
3	张树	87	75	84	SUM（数值1,…）	
4	李东	77	52	67		
5	王董琦	67	90	75		
6	李春峰	90	69	88		

SUM × ✓ fx =SUM(B2:D2)

图 2.2.17　选择计算区域

方法 2：用鼠标选中 E2 单元格，输入"="，在左边的名称框中单击 SUM，弹出如图 2.2.18 所示的"函数参数"对话框，输入要求值的单元格区域"B2 : D2"，单击"确定"

按钮。也可以用鼠标选择要求值的单元格区域，如图 2.2.19 所示，单击"确定"按钮。

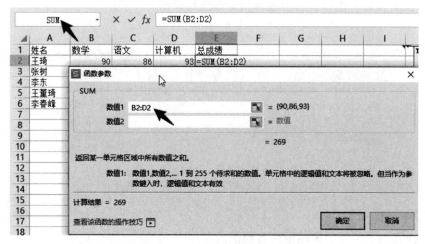

图 2.2.18 "函数参数"对话框

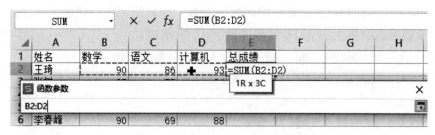

图 2.2.19 用鼠标选择单元格区域

用鼠标选择 E2 单元格，右下角出现黑色实心"十"字符号时，按住鼠标左键拖动到 E6 单元格，释放，实现自动填充，如图 2.2.20 所示。

图 2.2.20 实现求所有学生的总成绩

案例说明： 扫二维码观看 SUM 函数的使用方法。

（2）AVERAGE 函数

功能：计算指定区域中所有数值的算术平均值。

语法：AVERAGE(number1 , number2 , …)

参数 number1，number2，…是用于计算平均值的 1 ~ 255 个数值参数。

AVERAGE(A1 : A3) 表示求 A1、A2、A3 三个单元格中的数值的平均值。

AVERAGE(60 , 70 , 80) 表示求 60、70、80 的平均值，结果为 70。

SUM 函数的
使用方法

实现求图2.2.21中的平均成绩，步骤如下：

		F2		▼	Q fx	=AVERAGE(B2:D2)
	A	B	C	D	E	F
1	姓名	数学	语文	计算机	总成绩	平均成绩
2	王琦	90	86	93	269	89.66666667
3	张树	87	75	84	246	82
4	李东	77	52	67	196	65.33333333
5	王董琦	67	90	75	232	77.33333333
6	李春峰	90	69	88	247	82.33333333

图2.2.21 求学生平均成绩

①用鼠标选中F2单元格，输入"="，在左边的下拉列表中选择"AVERAGE"，如图2.2.22所示。

AVERAGE	▼	× √ fx	=	
AVERAGE		C	D	E	F
SUM		语文	计算机	总成绩	平均成绩
RANK	90	86	93	269	=
IF	87	75	84	246	
COUNT	77	52	67	196	
MAX	67	90	75	232	
SIN	90	69	88	247	
SUMIF					
VLOOKUP					
SUMPRODUCT					
其它函数...					

图2.2.22 选择"AVERAGE"函数

②在弹出的"函数参数"对话框中，输入要求值的单元格区域"B2:D2"，或是用鼠标选择要求值的单元格区域，单击"确定"按钮。

③用鼠标选择F2单元格，右下角出现黑色实心"十"字符号时，按住鼠标左键拖动实现自动填充。

案例说明： 扫二维码观看AVERAGE函数的使用方法。

（3）MAX函数

功能：计算指定区域中数值中的最大值，不计算逻辑值和文本。

语法：MAX(number1,number2,…)

参数number1，number2，…是用于计算最大值的1~255个数值参数。

MAX(A1:A3)表示求A1、A2、A3三个单元格中的最大值。

MAX(60,70,80)表示求60、70、80中的最大值，结果为80。

实现求图2.2.23中的最高分，步骤如下：

①用鼠标选中B7单元格，输入"="，在左边的下拉列表中选择"MAX"。

②在弹出的"函数参数"对话框中输入要求值的单元格区域"B2:B6"，或是用鼠标选择要求值的单元格区域，单击"确定"按钮。

③用鼠标选择B7单元格，右下角出现黑色实心"十"字符号时，按住鼠标左键拖动实现自动填充。

AVERAGE函数的
使用方法

图 2.2.23　求学生最高分

案例说明：扫二维码观看 MAX 函数的使用方法。

（4）MIN 函数

功能：计算指定区域中数值中的最小值，不计算逻辑值和文本。

语法：MIN(number1,number2,…)

参数 number1，number2，…是用于计算最小值的 1~255 个数值参数。

MIN(A1:A3)表示求 A1、A2、A3 三个单元格中的最小值。

MIN(60,70,80)表示求 60、70、80 中的最小值，结果为 60。

实现求图 2.2.24 中的最低分，步骤如下：

①用鼠标选中 B8 单元格，输入"=", 在左边的下拉列表中选择"MIN", 如未找到，则单击其他函数，如图 2.2.25 所示。

图 2.2.24　求学生最低分

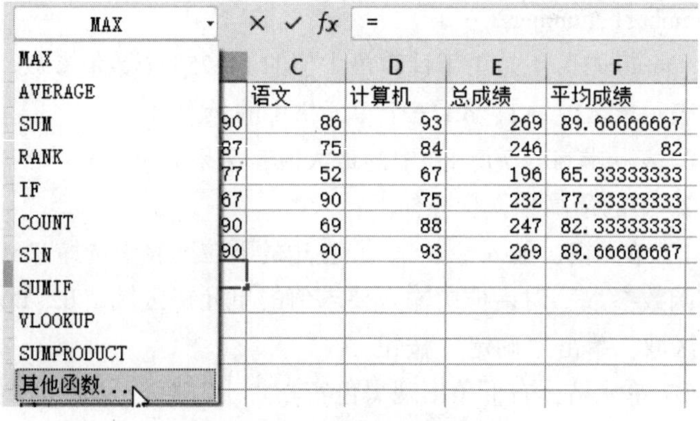

图 2.2.25　单击"其他函数"

MAX 函数的
使用方法

②弹出"插入函数"对话框，在"查找函数"文本框中输入函数名"min"，在选择函数中选择"MIN"，单击"确定"按钮，如图 2.2.26 所示。

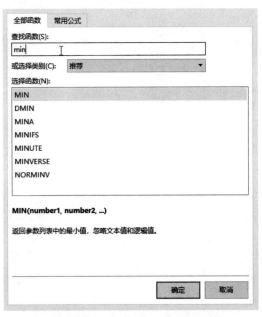

图 2.2.26 "插入函数"对话框

③在弹出的"函数参数"对话框中输入要求值的单元格区域"B2:B6"，或是用鼠标选择要求值的单元格区域，单击"确定"按钮。

④用鼠标选择 B8 单元格，右下角出现黑色实心"十"字符号时，按住鼠标左键拖动实现自动填充。

案例说明：扫二维码观看 MIN 函数的使用方法。

（5）SUMIF 函数

功能：对符合指定条件的单元格求和。

语法：SUMIF（range，criteria，sum_range）

参数：

MIN 函数的
使用方法

range 是必选项，是要进行条件判断的单元格区域。

criteria 是必选项，是用户指定的条件，条件可以是数字、表达式、文本。

sum_range 是指定的实际求和单元格区域，如省略，则使用 range 中的单元格区域。

如 range 中的单元格区域满足 criteria 中指定的条件，则对 sum_range 中的单元格区域求和。

实现求图 2.2.27 中的平均成绩大于 60 分的学生成绩总和，步骤如下：

①用鼠标选中 B7 单元格，输入" ="，在左边的下拉列表中选择"SUMIF"。

②在弹出的"函数参数"对话框中，在区域中输入要进行条件判断的单元格"F2:F6"，在条件中输入条件" >60"，在求和区域中输入实际求和单元格区域"E2:E6"，单击"确定"按钮，如图 2.2.28 所示。

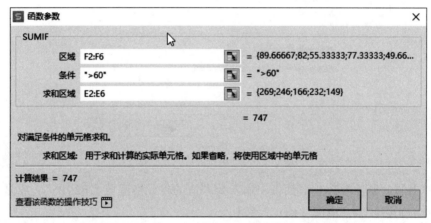

图 2.2.27　求平均成绩大于 60 分的学生成绩总和

图 2.2.28　SUMIF 函数"函数参数"对话框

案例说明：扫二维码观看 SUMIF 函数的使用方法。

（6）COUNTA 函数

功能：计算指定区域中非空单元格的数量。

语法：COUNTA（value1，value2，…）

参数 value1，value2，…是用于计算的 1 ~ 255 个参数。

实现求图 2.2.29 中的姓名列表中的人数，步骤如下：

SUMIF 函数的
使用方法

图 2.2.29　统计全班人数

①用鼠标选中 B8 单元格，输入"＝"，在左边的下拉列表中选择"COUNTA"，如未找到，则单击"其他函数"。

②在弹出的"插入函数"对话框的"查找函数"中输入函数名"COUNTA"，在"选择函数"中选择"COUNTA"，单击"确定"按钮。

③弹出"函数参数"对话框，在"值 1"中输入单元格区域"A2：A7"，或是用鼠标选择要求值的单元格区域，如图 2.2.30 所示，单击"确定"按钮。

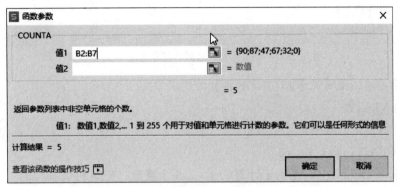

图 2.2.30　COUNTA 函数"函数参数"对话框

案例说明：扫二维码观看 COUNTA 函数的使用方法。

（7）COUNTIF 函数

功能：计算指定区域中符合给定条件的单元格数量。

语法：COUNTIF(range,criteria)

参数 range 表示指定的单元格区域；criteria 表示用户指定的条件，条件可以是数字、表达式、文本。

COUNTA 函数
使用方法

实现求图 2.2.31 中的语文成绩及格人数，步骤如下：

①用鼠标选中 B8 单元格，输入"＝"，在左边的下拉列表中选择"COUNTIF"。

▲	A	B	C	D	E	F
1	姓名	班级	数学	语文	计算机	总成绩
2	王琦	计应	90	86	93	269
3	张树	计应	87	75	84	246
4	李东	计应	47	52	67	166
5	王董琦	计应	67	90	75	232
6	李春峰	计应	32	59	48	139
7						
8	语文成绩及格人数	3				

图 2.2.31　求语文成绩及格人数

②弹出"函数参数"对话框，在区域中输入要进行条件判断的单元格"D2：D6"，在条件中输入条件"＞＝60"，单击"确定"按钮，如图 2.2.32 所示，即可求出语文成绩大于等于 60 分的人数。

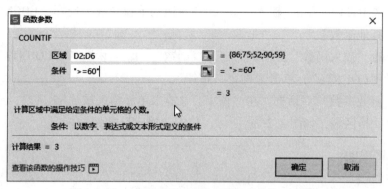

图 2.2.32　COUNTIF 函数"函数参数"对话框

案例说明：扫二维码观看 COUNTIF 函数的使用方法。

（8）COUNT 函数

功能：计算指定区域中单元格数量。

语法：COUNT（value1，value2，…）

COUNTIF 函数
的使用方法
项目二　表格
的应用

参数 value1，value2，…是用于计算的 1~255 个参数，但只对数字型的数据进行统计。

实现求图 2.2.33 中的已有数学成绩的人数，步骤如下：

	A	B	C	D	E
			fx	=COUNT(B2:B7)	
1	姓名	数学	语文	计算机	总成绩
2	王琦	90	86	93	269
3	张树	缺考	75	84	159
4	李东	47	52	67	166
5	王董琦	67	90	75	232
6	李春峰	32	59	48	139
7					
8	已有数学成绩人数	4			

图 2.2.33　求已有数学成绩的人数

①用鼠标选中 B8 单元格，输入"＝"，在左边的下拉列表中选择"COUNT"。

②在弹出的"函数参数"对话框，在值 1 中输入单元格区域"B2：B7"，单击"确定"按钮，即可求出已有数学成绩的人数为 4 人。

案例说明：扫二维码观看 COUNT 函数的使用方法。

（9）IF 函数

功能：对指定的条件进行判断，如果条件成立，则为"真"（TRUE），返回 value_if_true 的值；否则，为"假"（FALSE），返回 value_if_false 的值。

COUNT 函数
的使用方法

语法：IF（logical_test，value_if_true，value_if_false）

参数：

logical_test 表示用户指定的条件，条件可以是数字、表达式。

value_if_true 表示当 logical_test 条件成立（TRUE）时的返回值。

value_if_false 表示当 logical_test 条件不成立（FALSE）时的返回值。

实现求图2.2.34中计算机成绩的等级（大于或等于60分为及格，否则不及格），步骤如下：

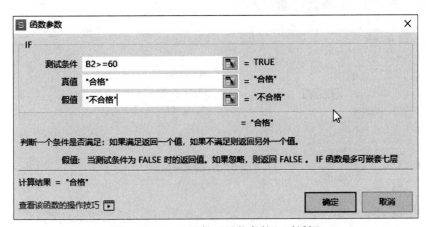

图2.2.34 求计算机成绩的等级

①用鼠标选中C2单元格，输入"="，在左边的下拉列表中选择"IF"。

②弹出"函数参数"对话框，在测试条件中输入判断条件"B2 >=60"，在真值中输入条件成立时的返回值"合格"，在假值中输入条件不成立时的返回值"不合格"，单击"确定"按钮，如图2.2.35所示，即可求出计算机成绩的等级。

图2.2.35 IF函数"函数参数"对话框

③用鼠标选择C2单元格，右下角出现黑色实心"十"字符号时，按住鼠标左键拖动实现自动填充。

案例说明：扫二维码观看IF函数的使用方法。

（10）RANK函数

功能：排序操作，计算数值在指定区域单元格数值中的排名位置。

语法：RANK(number,ref,order)

参数：

IF函数使用方法

number表示需要排名的数字。

ref表示一组指定区域单元格中数字或对一个数据列表的引用（只计算数字值）。

order表示是按升序还是降序排序，值为0（默认），降序；为非0的任何数，升序。

实现求图2.2.36中学生总成绩的排名，步骤如下：

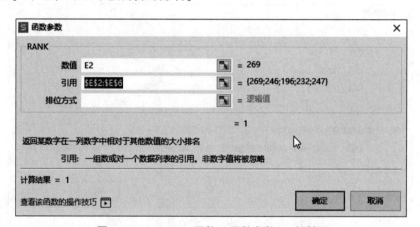

图 2.2.36　求学生总成绩的排名

①用鼠标选中 F2 单元格，输入"="，在左边的下拉列表中选择"RANK"。如未找到，则单击"其他函数"。

②在弹出的"插入函数"对话框的"查找函数"中输入函数名"RANK"，在"选择函数"中选择"RANK"，单击"确定"按钮。

③弹出"函数参数"对话框，在数值中输入要查找排名的单元格"E2"，在引用中输入"$E$2:$E$6"，在排位方式中输入 0 或者跳过（默认降序），单击"确定"按钮，如图 2.2.37 所示。即可求出王琦总成绩的排名。

图 2.2.37　RANK 函数"函数参数"对话框

④用鼠标选择 F2 单元格，右下角出现黑色实心"十"字符号时，按住鼠标左键拖动实现自动填充。

案例说明： 扫二维码观看 RANK 函数的使用方法。

（11）REPLACE 函数

功能：替换操作，用新的字符串替换原来的字符串，可以指定替换的字符位置和替换的字符长度。

RANK 函数使用方法

语法：REPLACE(old_text,start_num,num_chars,new_text)

参数：

old_text 表示需要被替换的文本。

start_num 表示从第几个字符位置开始替换。

num_chars 表示要替换的字符个数，如为 0，则是插入。

new_text 表示用来替换的新字符串。

实现将图 2.2.38 中学生旧住址"重庆上桥"替换为新地址"重庆江津",步骤如下:

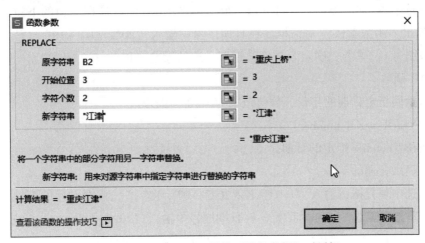

图 2.2.38 替换学生住址

①用鼠标选中 C2 单元格,输入"=",在左边的下拉列表中选择"REPLACE"。如未找到,则单击"其他函数"。

②在弹出的"插入函数"对话框的"查找函数"中输入函数名"REPLACE",在"选择函数"中选择"REPLACE",单击"确定"按钮。

③弹出"函数参数"对话框,在原字符串中输入需要被替换的文本"B2",在开始位置中输入"3",表示从第 3 个字符开始,在字符个数中输入"2",表示替换字符个数为 2 个,在新字符串中输入新字符串"江津",单击"确定"按钮,如图 2.2.39 所示。

图 2.2.39 REPLACE 函数"函数参数"对话框

④用鼠标选择 C2 单元格,右下角出现黑色实心"十"字符号时,按住鼠标左键拖动实现自动填充。

案例说明:扫二维码观看 REPLACE 函数的使用方法。

(12)日期和时间函数

①TODAY 函数。

功能:返回当前的日期,不需要参数。

语法:TODAY( )

示例:显示日期。

REPLACE
函数使用方法

用鼠标选中单元格，输入"=TODAY( )"，或在左边的下拉列表中选择"TODAY"，返回当天日期，如"2022/7/10"。

②NOW 函数。

功能：返回当前的日期与时间，不需要参数。

语法：NOW( )

示例：显示日期与时间。

用鼠标选中单元格，输入"=NOW( )"，或在左边的下拉列表中选择"NOW"，返回当天日期与时间，如"2022/7/10 15:10"。

> **注意：**
>
> 当系统日期和时间改变后，按 F9 键更新单元格中的日期和时间。

③DAY 函数。

功能：返回指定日期的天数，数值范围为 1~31。

语法：DAY(serial_number)

参数 serial_number 指定的日期。

示例：显示日期的天数。

用鼠标选中单元格，输入"=DAY("2022-07-10")"，或在左边的下拉列表中选择"DAY"，弹出"函数参数"对话框，在日期序号中输入"2022-07-10"（注意，输入的日期要打双引号），单击"确定"按钮，返回日期的天数"10"。

④YEAR 函数。

功能：返回指定日期的年份，数值范围为 1 900~9 999。

语法：YEAR(serial_number)

参数 serial_number 指定的日期。

示例：显示日期的年份。

用鼠标选中单元格，输入"=YEAR("2022-07-10")"，或在左边的下拉列表中选择"YEAR"，弹出"函数参数"对话框，在日期序号中输入"2022-07-10"（注意，输入的日期要打双引号），单击"确定"按钮，返回日期的年份"2022"。

⑤MONTH 函数。

功能：返回指定日期的月份，数值范围为 1~12。

语法：MONTH(serial_number)

参数 serial_number 指定的日期。

示例：显示日期的月份。

用鼠标选中单元格，输入"=MONTH("2022-07-10")"，或在左边的下拉列表中选择"MONTH"，弹出"函数参数"对话框，在日期序号中输入"2022-07-10"（注意，输入的日期要打双引号），单击"确定"按钮，返回日期的月份"10"。

案例说明：扫二维码观看日期和时间函数的使用方法。

（13）函数嵌套

当一个函数作为其他函数的参数时，这一函数就称为嵌套函数。在 WPS 表格中，函数可以单独使用，也可以嵌套使用。

日期和时间函数

例如，选中单元格，输入"= DAY(TODAY( ))"，按 Enter 键后，返回的即是当前的天数，如"10"。

案例说明：扫二维码观看函数嵌套的使用举例。

（14）VLOOKUP 函数

功能：查找，在指定单元格区域的首列查找指定的元素，然后根据指定的列数返回具体查找值。

函数嵌套的
使用举例

语法：VLOOKUP(lookup_value,table_array,col_index_num,range_lookup)

参数：

lookup_value 表示需要在单元格区域的首列查找的值。

table_array 表示查找范围，指定单元格区域。

col_index_num 表示返回查找到满足条件的单元格，其所在行的第几列的值。

range_lookup 如果不填（默认）或填 1 或 TURE，单元格区域的首列必须按升序排列，否则结果不正确；填 0 或 FALSE 则不需要升序排列。

实现求图 2.2.40 中学生李春峰的语文成绩，步骤如下：

	B10		f_x	=VLOOKUP(A6,A2:D6,3,0)		
	A	B	C	D	E	F
1	姓名	数学	语文	计算机		
2	王琦	90	86	93		
3	张树	87	75	84		
4	李东	77	52	67		
5	王董琦	67	90	75		
6	李春峰	90	69	48		
7						
8						
9						
10	李春峰语文成绩	69				

图 2.2.40 求学生李春峰的语文成绩

①用鼠标选中 B10 单元格，输入"="，在左边的下拉列表中选择"VLOOKUP"。如未找到，则单击其他函数。

②在弹出的"插入函数"对话框的"查找函数"中输入函数名"VLOOKUP"，在"选择函数"中选择"VLOOKUP"，单击"确定"按钮。

③弹出"函数参数"对话框，在查找值中输入查找的值"李春峰"，或者输入单元格"A6"，在数据表中输入查找范围"A2:D6"，在列序数第几列的值中输入"3"，在匹配条件中输入"0"，单击"确定"按钮，如图 2.2.41 所示，求出李春峰的语文成绩。

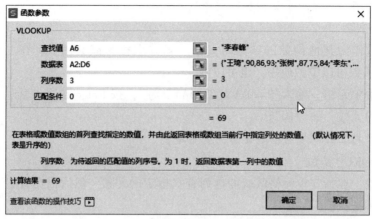

图 2.2.41　VLOOKUP 函数"函数参数"对话框

案例说明：扫二维码观看 VLOOKUP 函数的使用方法。

VLOOKUP 函数
的使用方法

7. 条件格式

（1）使用"条件格式"命令，可以使感兴趣的单元格或单元格区域突出显示（红色文本、浅红色填充等）

实现将图 2.2.40 中语文成绩大于 70 分的设置为红色文本，步骤如下：

①选择单元格区域 C2:C6，单击"开始"选项卡→"条件格式"按钮，如图 2.2.42 所示。

②在图 2.2.43 中选择"突出显示单元格规则"→"大于"。

图 2.2.42　"条件格式"命令　　　　　图 2.2.43　选择"大于"

③弹出"大于"对话框，如图 2.2.44 所示，在"为大于以下值的单元格设置格式"中输入 70，在"设置为"中选择"红色文本"，单击"确定"按钮即可。也可以单击"自定义格式"，在弹出的"设置单元格格式"对话框中自定义字体（下划线）、颜色等，如图 2.2.45 所示。

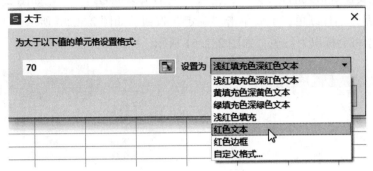

图 2.2.44 "大于"对话框

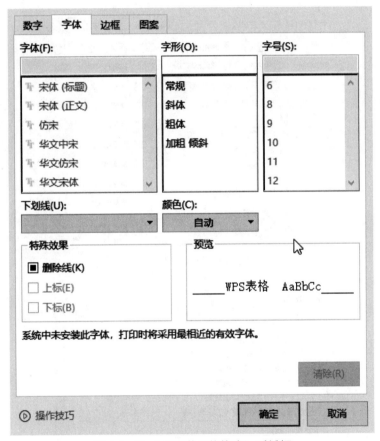

图 2.2.45 "设置单元格格式"对话框

案例说明：扫二维码观看如何使用条件格式。

（2）使用"条件格式"命令快速核对查找不同数据

找出工作表二（图 2.2.46）和工作表一（图 2.2.47）中不同的数据，并将其单元格颜色设置为红色。

如何设置条件格式

选择工作表二 A1：D6 区域，单击"开始"选项卡→"条件格式"按钮，选择"突出显示单元格规则"→"其他规则"，如图 2.2.48 所示。在弹出的对话框中，选择

"使用公式确定要设置格式的单元格"，输入"=A1<>Sheet1！A1"，如图 2.2.49 所示。单击"格式"按钮，选择红色，最后单击"确定"按钮，如图 2.2.50 所示，工作表二和工作表一不同的数据将会标识为红色，如图 2.2.51 所示。

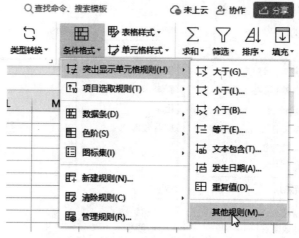

▲	A	B	C	D
1	姓名	数学	语文	计算机
2	王琦	90	86	63
3	张树	56	75	84
4	李东	77	52	67
5	王董琦	67	72	75
6	李春峰	90	69	48

图 2.2.46　工作表二

▲	A	B	C	D
1	姓名	数学	语文	计算机
2	王琦	90	86	93
3	张树	87	75	84
4	李东	77	52	67
5	王董琦	67	90	75
6	李春峰	90	69	48

图 2.2.47　工作表一

图 2.2.48　选择"其他规则"

图 2.2.49　"新建格式规则"对话框

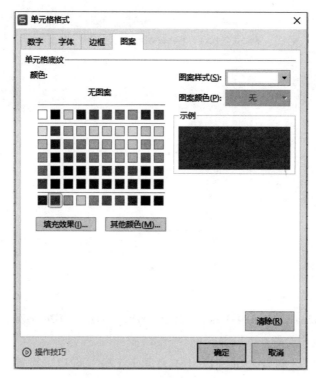

图 2.2.50   "单元格格式"对话框

	A	B	C	D
1	姓名	数学	语文	计算机
2	王琦	90	86	
3	张树		75	84
4	李东	77	52	67
5	王董琦	67		75
6	李春峰	90	69	48

图 2.2.51   最终工作表二显示结果

【任务实施】

要完成图 2.2.1 所示的"××科技公司 2022 年 1 月职工工资表"的创建和编辑,步骤如下:

1. 创建文档

①创建一个文件名为"××科技公司 2022 年 1 月职工工资表",扩展名为 .xlsx 的 WPS 表格工作簿。

②单击"保存"按钮,将文档暂时存盘到指定位置。

2. 输入数据

在相应单元格中输入对应数据信息,完成基础录入工作,录入完成后,效果如图 2.2.52 所示。

	A	B	C	D	E	F	G	H	I	J	K	L	M	N
1	xx科技公司2022年1月职工工资表													
2	员工编号	姓名	分公司	职务	基本工资	全勤奖金	工资总额	请假扣款	代扣所得税	应扣合计	实发工资	病假天	迟到/分钟	备注
3	C001	张美英	华东分公司	经理	10,000									
4	B001	王振兴	西南分公司	职员	4,300							1		
5	B002	马东民	西南分公司	职员	3,800								50	
6	C002	王梅霞	华东分公司	职员	3,800									
7	A001	王建梅	华中分公司	职员	5,000								10	
8	A002	王晓磊	华中分公司	职员	4,700									
9	C003	艾小敏	华东分公司	职员	2,100								5	
10	B003	刘芳明	西南分公司	职员	4,500									
11	B004	刘大历	西南分公司	职员	5,000								40	
12	A003	刘军强	华中分公司	副经理	7,800									
13	B005	刘喜凤	西南分公司	副经理	8,500									
14	C004	刘国鹏	华东分公司	职员	4,100								70	
15	B006	孙海婷	西南分公司	副经理	7,900									
16	A004	朱希雅	华中分公司	职员	2,400									
17	B007	朱思花	西南分公司	职员	3,900							1		
18	C005	陈晓敏	华东分公司	副经理	8,500								5	
19	C006	陈思华	华东分公司	职员	3,200								60	
20	A005	彭与华	华中分公司	职员	4,300									
21														
22	查询					分析								
23	职工编号：					实发工资大于4000的人数：								
24	员工姓名：					代扣所得税总额：								
25	当月实发工资：					员工平均工资：								

图 2.2.52　基础录入工作

3. 表格格式化

①将 A1:N1、A23:C23、A24:C24、A25:C25、F23:H23、F24:H24、F25:H25 单元格区域在单元格格式设置中合并。

②将标题文字“××科技公司 2022 年 1 月职工工资”做以下设置：居中，黑体，字号 16，红色，加粗。

③将 E3:J20 单元格区域做以下设置：设置“会计专用”，小数位数为“0”，货币符号选“无”。

④将 A2:N20 单元格区域做以下设置：设置外边框为“粗实线”，内边框为“实线”，颜色选“黑色”。

4. 公式计算

①计算“全勤奖金”，将其放入 F3:F20 单元格区域。

②计算“工资总额”（工资总额 = 基本工资 + 全勤奖金），将其放入 G3:G20 单元格区域。

③计算“请假扣款”（每月累计迟到时长超过 10 分钟，每 10 分钟扣款 50 元，不足 10 分钟按 10 分钟计算），利用 IF 函数“ = IF((ROUNDUP((M3 - 10)/10,0)) > 0,ROUNDUP((M3 - 10)/10,0),0) * 50”完成计算，并将结果放入 H3:H20 单元格区域。

④计算“代扣所得税”，利用函数“ = ROUND(MAX((G3 - 5 000) * 0.01 * {3,10,20,25,30,35,45} - {0,210,1410,2660,4410,7160,15160},0),2)”完成计算，并将结果放入 I3:I20 单元格区域。

⑤计算“应扣合计”（应扣合计 = 请假扣款 + 代扣所得税），并将结果放入 J3:J20 单元格区域。

⑥计算“实发工资”（实发工资 = 工资总额 - 应扣合计），并将结果放入 K3:K20 单元格区域。同时将“K3:K20”单元格区域单元格格式设置为“会计专用”，小数位数为“0”，货币符号选“￥”。

⑦利用"数据有效性"，为 D23 单元格设置下拉列表，内容为 ×× 科技公司员工编号。

⑧利用 VLOOKUP 函数与数据有效性在 D24 和 D25 单元格中查找对应职工编号的"姓名"和"当月实发工资"。

⑨利用 COUNTIF 函数在 I23 单元格中统计"实发工资大于 4 000 的人数"。

⑩利用 SUM 函数在 I24 单元格中计算"代扣所得税总额"。

⑪利用 AVERAGEA 函数在 I25 单元格中计算"员工平均工资"。

【项目自评】

评价要点	评价要求	自评分	备注
基础录入	共 10 分。内容录入		
表格格式化	共 20 分。合并单元格（10 分）；标题（5 分）；"会计专用"格式（5 分）		
公式计算	共 40 分。用公式计算，"全勤奖金""工资总额""请假扣款""代扣所得税""应扣合计""实发工资""实发工资大于 4 000 的人数""代扣所得税总额""员工平均工资"各 4 分，全对加 4 分		
查询系统	共 15 分。数据有效性（5 分）；VLOOKUP 函数（10 分）		
文件保存	共 5 分。文件名及保存路径正确		
职业素养	共 10 分。包含敬业精神与合作态度		

【素质拓展】

中华人民共和国个人所得税法，根据 2018 年 8 月 31 日第十三届全国人民代表大会常务委员会第五次会议《关于修改〈中华人民共和国个人所得税法〉的决定》第七次修正。

第一条　在中国境内有住所，或者无住所而一个纳税年度内在中国境内居住累计满一百八十三天的个人，为居民个人。居民个人从中国境内和境外取得的所得，依照本法规定缴纳个人所得税。

在中国境内无住所又不居住，或者无住所而一个纳税年度内在中国境内居住累计不满一百八十三天的个人，为非居民个人。非居民个人从中国境内取得的所得，依照本法规定缴纳个人所得税。

纳税年度，自公历一月一日起至十二月三十一日止。

【能力拓展】

1. 诺德公司的会计林雨负责计算公司员工的工资，请帮他按照下列要求完成工资的计算以及统计分析：

打开素材文档"2.2 能力拓展 – 第 2 题素材 . xlsx"（. xlsx 为文件扩展名），后续操作均基于此文件。

以下操作中的"所有工作表"是指"1月、2月、…、12月"这12张工作表。

①根据"员工资料"工作中的数据，使用函数完善所有工作表中员工的"性别"和"合同种类"列内容。

②为所有工作表应用"表样式浅色1"的表格样式，并且"转换成表格，并套用表格样式"。

③设置所有工作表的 A~R 列的列宽均为 8 字符，所有单元格居中对齐，所有数字单元格的格式为"数值型，小数位数 2 位"。

④使用函数或公式计算所有工作表中的"应发合计"项（应发合计＝基本工资＋岗位工资＋工龄工资＋补贴＋医疗补助＋奖金－考勤扣款）。

⑤根据表 2.2.3 所列的计税方式，便用函数或公式计算所有工作表中的"个人所得税"项（应扣税工资＝应发合计－住房公积金－养老保险－医疗保险－失业保险）。

表 2.2.3　计税方式

级数	应扣税工资	计税标准/%	速算扣除数
1	不超过 2 000 元部分	3	0
2	2 000~6 000 元（含 6 000 元）部分	8	100
3	超过 6 000 元部分	10	220

2. 新建一个空白工作簿，用函数和序列完成九九乘法表。

任务三　数据管理——产品销售数据分析与处理

WPS 表格在对电子表格中数据的分析与处理工作中，提供了许多高效方便的功能。如：数据筛选功能，只筛选出符合条件的重要数据信息供用户进行查看；数据排序功能，将数据按升序、降序或自定义序列进行排序等；数据分类汇总功能，列出某项数据的明细和汇总数据等。这些都方便用户浏览数据，为用户的使用提供了便利。

【知识目标】

※ 掌握 WPS 表格数据管理；

※ 熟悉数据排序、筛选的技巧。

【技能目标（1＋X 考点）】

※ 掌握对数据表分类汇总的方法；

※ 掌握合并计算的方法。

【素质目标】

※ 了解数据清单中数据分析与处理流程，具备办公室文员基本素养；

※ 了解企业依法纳税的重要意义，了解微小、高新技术企业所得税减免优惠政策。

【任务描述】

××科技公司制作了 2022 年第一季度的销量表，对各分公司的不同产品线的销量、销售额、成本、纳税额（税率为 20%）、毛利润、毛利润低于 100 万元的产品数量等进行了计算，内容和格式如图 2. 3. 1 所示。

本任务需能根据数据选择对应公式和函数进行计算与统计，并对数据进行筛选和汇总。

	A	B	C	D	E	F	G	H	I
1	xx科技公司2022年第一季度销量表								
2	分公司	商品种类	产品	销售价格	销售数量	销售额	成本	纳税额	毛利润
3	西南分公司	家电类	电视	￥6, 980	900	￥6, 282, 000	￥3, 400	￥1, 256, 400	￥5, 022, 200
4	西南分公司	家电类	空调	￥2, 100	540	￥1, 134, 000	￥1, 000	￥226, 800	￥906, 200
5	西南分公司	家电类	冰箱	￥2, 600	300	￥780, 000	￥1, 300	￥156, 000	￥622, 700
6	西南分公司	数码产品类	手机	￥4, 300	1350	￥5, 805, 000	￥2, 100	￥1, 161, 000	￥4, 641, 900
7	西南分公司	数码产品类	平板	￥2, 500	840	￥2, 100, 000	￥1, 200	￥420, 000	￥1, 678, 800
8	华中分公司	家电类	电视	￥6, 980	550	￥3, 839, 000	￥3, 400	￥767, 800	￥3, 067, 800
9	华中分公司	家电类	空调	￥2, 100	300	￥630, 000	￥1, 000	￥126, 000	￥503, 000
10	华中分公司	家电类	冰箱	￥2, 600	410	￥1, 066, 000	￥1, 300	￥213, 200	￥851, 500
11	华中分公司	数码产品类	手机	￥4, 300	2000	￥8, 600, 000	￥2, 100	￥1, 720, 000	￥6, 877, 900
12	华中分公司	数码产品类	平板	￥2, 500	900	￥2, 250, 000	￥1, 200	￥450, 000	￥1, 798, 800
13	华东分公司	家电类	电视	￥6, 980	780	￥5, 444, 400	￥3, 400	￥1, 088, 880	￥4, 352, 120
14	华东分公司	家电类	空调	￥2, 100	900	￥1, 890, 000	￥1, 000	￥378, 000	￥1, 511, 000
15	华东分公司	家电类	冰箱	￥2, 600	650	￥1, 690, 000	￥1, 300	￥338, 000	￥1, 350, 700
16	华东分公司	数码产品类	手机	￥4, 300	1650	￥7, 095, 000	￥2, 100	￥1, 419, 000	￥5, 673, 900
17	华东分公司	数码产品类	平板	￥2, 500	1680	￥4, 200, 000	￥1, 200	￥840, 000	￥3, 358, 800
18									
19	统计条件	统计结果							
20	毛利润小于100万产品数量	4							

图 2. 3. 1　××科技公司 2022 年第一季度销量表

【相关知识】

在 WPS 表中，数据清单就是包含相关数据的一系列工作数据行，可以把数据清单认为是一个数据库，其包含多行多列，一般第一行是列标题，其他行则是数据，数据清单中一列被认为是数据库中的一个字段，一行数据被认为是一个记录，列标题被认为是字段名，在建立数据清单时，可以在工作表中通过输入列标题和数据来建立。

一个工作表中最好只创建一个数据清单，便于数据的处理工作，在第一行创建列标题，同一列数据应具有相同的数据类型，行与行之间不要出现空行，输入时避免输入多余的空格。

1. 数据排序

排序是 WPS 表格中的基本操作，在日常数据操作中，用户为了浏览数据，常使用到排序功能，如：对学生分数、学生身高、职工工龄进行排序等。在 WPS 表格中，通常是按列排序，并提供了对选中的数据进行升序（最小值在列顶端）或降序（最大值在列顶端）排序，也可以自定义排序（按字母、笔画排序）、自定义序列或指定排序依据（数值、单元格颜色、字体颜色、单元格图标）等。

在排序中，系统所依据的特征值称为“关键字”，有“主要关键字”“次要关键字”的区别，WPS 表格先依据“主要关键字”进行排序，只有当主要关键字的值相同，无法区分时，WPS 表格再依据“次要关键字”进行排序。WPS 表格中可以指定一个“主要关键字”和多个“次要关键字”。

（1）快速排序

当排序的数据只有一列时，可以单击"开始"选项卡→"排序"命令来快速实现排序。如实现"语文"分数升序排序的操作步骤如下：

①选中 WPS 表格表中"语文"这一列数据，或者选择这列数据中任一单元格。

②单击"开始"选项卡→"排序"。

③在弹出的下拉列表中选择"升序"，实现对语文分数的升序排序，如图 2.3.2 所示。或者单击"开始"选项卡→"排序"→"升序"按钮。

（2）多列（行）排序

在 WPS 表格中，在对多列（行）数据进行排序时，可以采用前面介绍的快速排序法，但是当"主要关键字"列有相同值时，为了达到最佳排序效果，就需在"排序"对话框中规定"次要关键字"列、排序依据、次序等。如实现图 2.3.3 中职工工资排序操作，先按照职工的基本工资降序排序，如基本工资有相同值的情况，再按照奖金降序排序。其操作步骤如下：

图 2.3.2 "编辑"组中的"排序"

⁗	A	B	C	D
1		××公司职工工资表		
2	姓名	基本工资	奖金	补贴
3	王景希	250	190	130
4	刘敏	470	330	220
5	陈立强	550	370	310
6	赵永芳	375	320	210
7	芳萍	510	231	220
8	吴临旭	320	220	120

图 2.3.3 ××公司职工工资表

①选中单元格区域"A2:D8"，单击"数据"选项卡→"排序"→"自定义排序"，弹出"排序"对话框，如图 2.3.4 所示。

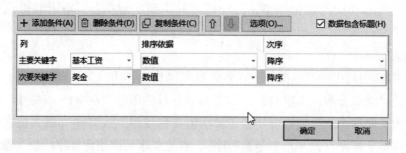

图 2.3.4 "排序"对话框

在"排序"对话框的"排序依据"中，可以指定按"数值""单元格颜色""字体颜色""单元格图标"进行排序。在"次序"中可以指定"升序""降序""自定义序列"。默认只有一个"主要关键字"条件列，如果要添加另一列作为排序的条件，则单击"添加条件"按钮，新增"次要关键字"列，再指定其"排序依据"和"次序"等。

"删除条件"按钮：删除作为排序条件的列。

"复制条件"按钮：复制作为排序条件的列。

"选项"：单击，弹出"排序选项"对话框，如图 2.3.5 所示。在该对话框中，可以指定排序时是否区分大小写；通常都是按列排序，可以在该对话框中规定按行排序；指定按拼音排序和按笔画排序。

"数据包含标题"：勾选该复选框，则列中关键字是标题行（一般是数据区域首行）的内容，如不勾选，关键字则是"列 A""列 B"等，排序时建议勾选。

②在主要关键字下拉列表中选择"基本工资"，排序依据中选择"数值"，次序中选择"降序"。

图 2.3.5 "排序选项"
对话框

③单击"添加条件"按钮，生成"次要关键字"列，在其次要关键字下拉列表中选择"奖金"，排序依据中选择"数值"，次序中选择"降序"，单击"确定"按钮，完成对职工工资排序（先按照职工的基本工资降序排序，再按照奖金降序排序）。

2. 数据筛选

在 WPS 表格中，用户可以在电子表格的大量数据中指定数据的筛选条件，将自己不感兴趣的数据隐藏，将自己感兴趣的数据显示，以快速查找自己所需数据，提高工作效率。例如，选取某个班的学生成绩查看、选取某个月的货物销量查看、选取工龄超过 10 年的员工信息查看等。WPS 表格提供了两种筛选方式：自动筛选和高级筛选。

1）自动筛选

使用自动筛选，用户可以快速查找数据，可以对一个或多个数据列进行筛选，可以对文本或数字（如果列中数据类型是数字，显示"数字筛选"，如果数据类型是文本，显示"文本筛选"）、单元格颜色等进行筛选。筛选器列表如图 2.3.6 所示。

升序、降序、颜色排序：对数据列中的数据进行排序操作。

清空条件：对姓名列数据进行了筛选后，如果想恢复原始数据，单击该按钮即可。

颜色筛选：按数据列中单元格颜色或者字体颜色进行筛选。

文本筛选：如果列中数据类型是文本，显示"文本筛选"，如果列中数据类型是数字，显示"数字筛选"，并可在"自定义自动筛选方式"对话框中指定筛选条件，如图 2.3.7 所示。

搜索：在数据列中搜索数据。

实现在图 2.3.8 所示商场销售表中查询员工胡婷和李玉的销售信息，操作步骤如下：

①用鼠标选择数据区域（建议包括列字段名），单击"开始"选项卡→"筛选"，如图 2.3.9 所示。

或者在"数据"选项卡中单击"自动筛选"命令，如图 2.3.10 所示。

②单击"姓名"字段名旁的箭头图标，在弹出的筛选器列表中单击"全选"按钮，清除全部内容，然后选择胡婷和李玉作为筛选条件，单击"确定"按钮，如图 2.3.11 所示。

图 2.3.6　筛选器列表

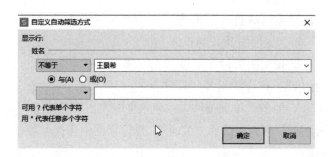

图 2.3.7　"自定义自动筛选方式"对话框

	A	B	C	D	E	F
1			利民商场空调销售统计表			
2	销售员	品牌	型号	销售价格	销售数量	销售额
3	张平	海尔	FCD-JTHQA	938	18	16884
4	李玉	美的	KFR-26GM	6980	26	181480
5	胡婷	惠而浦	ASC-80M	1499	30	44970
6	张平	奥克斯	KFR-35GW	2499	20	49980
7	吴玲	创维	37L01HM	2990	35	104650
8	胡婷	海尔	FCD-JTHQA	938	45	42210
9	李玉	美的	KFR-30GM	2360	55	129800
10	张平	奥克斯	KFR-40GW	3500	47	164500
11	李玉	海尔	FCD-JTHQA	938	56	52528
12	吴玲	美的	KFR-26GM	6980	19	132620
13	吴玲	惠而浦	ASC-80M	1499	30	44970
14	胡婷	创维	37L01HM	2990	28	83720

图 2.3.8　利民商场空调销售统计表

图 2.3.9　"编辑"组中的"筛选"

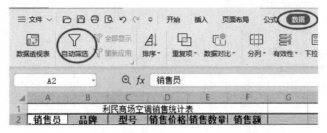

图 2.3.10 "数据"选项卡中"自动筛选"

或者在图 2.3.11 中选择"文本筛选",在列表中选择"自定义筛选"。在"自定义自动筛选方式"对话框中指定筛选条件,姓名等于胡婷或姓名等于李玉,如图 2.3.12 所示。单击"确定"按钮,实现员工胡婷和李玉的销售信息显示,结果如图 2.3.13 所示。

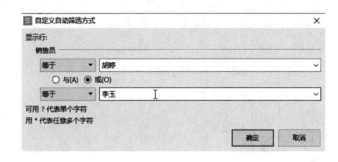

图 2.3.11 筛选器列表设置筛选条件   图 2.3.12 "自定义自动筛选方式"中设置筛选条件

销售员	品牌	型号	销售价	销售数	销售额
李玉	美的	KFR-26GM	6980	26	181480
胡婷	惠而浦	ASC-80M	1499	30	44970
胡婷	海尔	FCD-JTHQA	938	45	42210
李玉	美的	KFR-30GM	2360	55	129800
李玉	海尔	FCD-JTHQA	938	56	52528
胡婷	创维	37L01HM	2990	28	83720

图 2.3.13 显示员工胡婷和李玉的销售信息

2)高级筛选

高级筛选与自动筛选相比,增加了一些方便的功能,如规定筛选结果是在原有区域显示,还是将结果复制到其他位置显示以方便用户的查看和对比,或者通过选择不重复的记录而得到唯一的结果。在使用"高级筛选"命令时,不会在字段名旁边显示箭头图标,而是要在工作表中自定义条件区域设置筛选条件。"高级筛选"对话框如图 2.3.14 所示。

以图 2.3.15 职工工资表为例,条件区域说明如下。

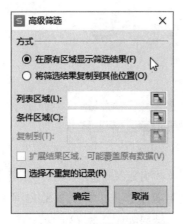

图 2.3.14　"高级筛选"对话框

图 2.3.15　高级筛选示例表

（1）通配符的使用

在高级筛选条件中，可以使用比较运算符 >、=、<、>=、<=、<> 和通配符?、*、~。例如，要在职工工资表中查找所有姓"芳"的员工的信息，操作步骤如下。

①在单元格区域 A7:D13 外任意单元格（如 E1）中输入筛选字段的名称"姓名"，在其下方单元格（E2）中输入筛选条件"="=芳*""（可以省略等号，输入"芳*"），如图 2.3.16 所示。

②选中单元格区域 A7:D13 中任意一个单元格，单击"数据"选项卡→"筛选"→"高级筛选"命令，如图 2.3.17 所示。

图 2.3.16　设置筛选条件

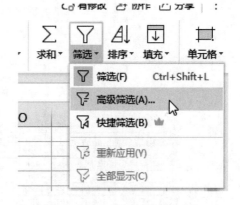

图 2.3.17　"高级筛选"命令

③弹出图 2.3.14 所示的"高级筛选"对话框，选中"在原有区域显示筛选结果"，查看"列表区域"中是否是单元格区域 $A$7:$D$14，如不是，则输入 $A$7:$D$14，或者单击列表区域后的图标，用鼠标选择单元格区域。

注意：

如用鼠标选择单元格区域，显示形如 Sheet1!$A$7:$D$14，Sheet1 是工作表名，$A$7 是绝对引用。

在"条件区域"中输入 \$E\$1：\$E\$2，单击"确定"按钮，结果如图 2.3.18 所示，显示所有姓"芳"的员工的信息。

（2）在一列中设置多个筛选条件，只要满足一个条件则显示（OR 或者）

在职工工资表中查找王景希或吴临旭的员工信息（姓名＝王景希或姓名＝吴临旭）。操作步骤如下：

①在数据区域 A7：D14 外任意单元格（如 E1）中输入筛选字段的名称"姓名"，在其下方单元格（E2）中输入筛选条件" ="＝王景希""（或者省略等号，输入"王景希"），在其下方单元格（E3）中输入筛选条件" ="＝吴临旭""，如图 2.3.19 所示。

②选中单元格数据区域 A7：D13 中任意一个单元格，在"数据"→"筛选"→"高级筛选"。

	6		万达公司职工工资表		
	7	姓名	基本工资	奖金	补贴
	9	芳萍	510	231	220
	14	芳敏	470	330	220

图 2.3.18　显示所有姓"芳"
员工的信息

图 2.3.19　姓名＝王景希
或姓名＝吴临旭

③弹出图 2.3.14 所示的"高级筛选"对话框，选中"将筛选结果复制到其他位置"，查看"列表区域"中是否是单元格区域 \$A\$7：\$D\$14，在"条件区域"中输入 \$E\$1：\$E\$3，在"复制到"中输入 \$F\$7：\$I\$13，单击"确定"按钮，结果如图 2.3.20 所示，系统将王景希和吴临旭的员工信息筛选出来并复制到指定的单元格区域中显示。

6		万达公司职工工资表						
7	姓名	基本工资	奖金	补贴	姓名	基本工资	奖金	补贴
8	陈立强	550	370	310	王景希	250	190	130
9	芳萍	510	231	220	吴临旭	320	220	120
10	刘敏	470	330	220				
11	王景希	250	190	130				
12	吴临旭	320	220	120				
13	赵永芳	375	320	210				
14	芳敏	470	330	220				

图 2.3.20　显示王景希和吴临旭的员工信息

（3）在多列中设置多个筛选条件，只要满足一个条件则显示（OR 或者）

在职工工资表中查找基本工资大于 400 或者补贴小于 200 的员工信息（基本工资＞400 或补贴＜200）。操作步骤如下：

①在单元格区域 A7：D14 外任意单元格（如 H1）中输入筛选字段的名称"基本工资"，在其下方单元格（H2）中输入筛选条件" ＞400"，在 I1 单元格中输入筛选字段的名称"补贴"，在其下方单元格（I3）中输入筛选条件" ＜200"，如图 2.3.21 所示（要在不同行和列中输入筛选条件）。

②选中单元格区域 A7：D14 中任意一个单元格，在"数据"选项卡"筛选"组中单击"高级"按钮。

③弹出如图2.3.14所示"高级筛选"对话框，选中"在原有区域显示筛选结果"，查看"列表区域"中是否是单元格区域 \$A\$7：\$D\$14，在"条件区域"中输入 \$H\$1：\$I\$3，单击"确定"按钮，结果如图2.3.22所示，显示基本工资大于400或者补贴小于200的员工信息。

6	万达公司职工工资表		
7	姓名	基本工资	奖金	补贴
8	陈立强	550	370	310
9	芳萍	510	231	220
10	刘敏	470	330	220
11	王景希	250	190	130
12	吴临旭	320	220	120
14	芳敏	470	330	220

H	I
基本工资	补贴
>400	
	<200

图 2.3.21　基本工资 >400 或补贴 <200

图 2.3.22　满足其中一个条件的员工信息

（4）在多列中设置多个筛选条件，所有条件都满足则显示（AND 并且）

在职工工资表中查找基本工资大于400并且奖金≥300的员工信息（基本工资 >400 且奖金≥300）。操作步骤如下：

①在单元格区域 A7：D14 外任意单元格（如 K1）中输入筛选字段的名称"基本工资"，在其下方单元格（K2）中输入筛选条件" >400"，在 L1 单元格中输入筛选字段的名称"奖金"，在其下方单元格（L2）中输入筛选条件" >=300"，如图2.3.23所示（要在同一行中输入筛选条件）。

②选中单元格数据区域 A7：D14 中任意一个单元格，单击"数据"选项卡→"筛选"→"高级筛选"。

弹出如图2.3.14所示"高级筛选"对话框，选中"在原有区域显示筛选结果"，查看"列表区域"中是否是单元格区域 \$A\$7：\$D\$14，在"条件区域"中输入 \$K\$1：\$I\$2，单击"确定"按钮，结果如图2.3.24所示，显示基本工资大于400并且奖金≥300的员工信息。

K	L
基本工资	奖金
>400	>=300

6	万达公司职工工资表		
7	姓名	基本工资	奖金	补贴
8	陈立强	550	370	310
10	刘敏	470	330	220
14	芳敏	470	330	220

图 2.3.23　基本工资 >400

且奖金≥300

图 2.3.24　所有条件都满足的员工信息

案例说明：扫二维码观看如何完成高级筛选。

3. 分类汇总

当数据量较大时，要实现对某项数据求和、求平均值等进行快速运算，可以使用分类汇总的方法，并且可以分组显示不同类别数据的明细。进行分类汇总的前提是，必须先对分类字段进行排序，然后才能对该字段进行汇总等操作。

如何完成
高级筛选

（1）创建简单分类汇总

在图2.3.25所示的学生奖惩信息表中，显示每个学生的得分总和及所有学生的得分总和（对"姓名"字段进行分类汇总，对得分求和）。

①对需要汇总的字段"姓名"进行排序（升序或者降序）。

②选择要分类汇总的数据清单或者单击数据清单中任意单元格，单击"数据"选项卡→"分类汇总"，如图 2.3.26 所示。

▲	A	B	C	D	E
1			学生奖惩信息表		
2	姓名	班级	日期	奖惩内容	得分
3	陈强	计应133	3月6日	迟到	-2
4	李东奇	计应133	3月6日	早退	-2
5	王琦升	计应132	3月6日	早退	-2
6	王正东	计应131	3月6日	迟到	-2
7	张树林	计应131	3月6日	迟到	-2
8	陈强	计应133	3月7日	早退	-2
9	李东奇	计应133	3月7日	迟到	-2
10	王琦升	计应132	3月7日	迟到	-2
11	王正东	计应131	3月7日	早退	-2
12	张树林	计应131	3月7日	早退	-2
13	陈强	计应133	3月8日	技能大赛三等奖	10
14	李东奇	计应133	3月8日	技能大赛优胜奖	5
15	王琦升	计应132	3月8日	技能大赛三等奖	10
16	王正东	计应131	3月8日	技能大赛三等奖	10
17	张树林	计应131	3月8日	技能大赛优胜奖	5
18	王琦升	计应132	3月9日	志愿者服务	3
19	王正东	计应131	3月9日	志愿者服务	3
20	张树林	计应131	3月9日	志愿者服务	3
21	陈强	计应133	3月10日	参加演讲比赛	3
22	李东奇	计应133	3月10日	参加演讲比赛	3
23	张树林	计应131	3月10日	参加演讲比赛	3

图 2.3.25　学生奖惩信息表

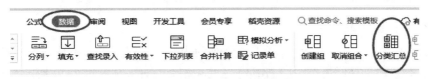

图 2.3.26　"分类汇总"命令

③弹出"分类汇总"对话框，如图 2.3.27 所示。在"分类字段"下拉列表中选择"姓名"，表示以"姓名"进行分类汇总，在"汇总方式"中选择"求和"，在"选定汇总项"中选择"得分"，其他默认即可，单击"确定"按钮。分类汇总的结果如图 2.3.28 所示。

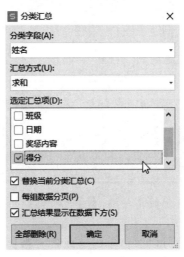

图 2.3.27　"分类汇总"对话框

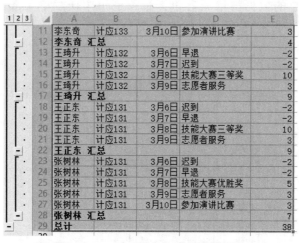

图 2.3.28 对"姓名"进行分类汇总

如何创建
简单分类汇总

案例说明：扫二维码观看如何创建简单分类汇总。

> **注意：**
>
> "汇总方式"中可以选择求和、最大值、最小值、数值计数、标准偏差等，在"选定汇总项"中可选择多个汇总项，打"√"表示选中。

（2）分类汇总图说明

在得到的如图 2.3.28 所示的分类汇总结果图中，系统提供了三种分类汇总结果显示方式，通过单击左上方的 1、2、3 进行切换，1 显示汇总总计，如图 2.3.29 所示，2 显示分类合计，如图 2.3.30 所示，3 显示汇总明细，如图 2.3.28 所示。

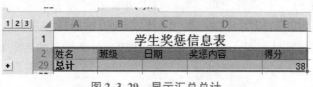

图 2.3.29 显示汇总总计

图 2.3.30 显示分类合计

在分类汇总结果图中，用户可以通过单击 ➕ 或者 ➖ 按钮（➖ 单击转换成 ➕，➕ 单击转换成 ➖）实现显示（单击 ➕）或隐藏（单击 ➖）分类汇总的明细数据行。

（3）删除分类汇总

删除分类汇总步骤如下：

①单击分类汇总中任意单元格。

②单击"数据"选项卡→"分类汇总"命令。

③在"分类汇总"对话框中左下角单击"全部删除"命令。

（4）创建多级分类汇总

在 WPS 表格工作表中，通常只能在分类汇总中指定一个字段，如果要对两个或多个字段进行分类汇总，则通过创建多级分类汇总来实现。即在简单分类汇总结果上再建立多级分类汇总。

在图 2.3.25 所示的学生奖惩信息表中，对"班级"和"姓名"字段进行分类汇总，对得分求和。

①对需要汇总的字段进行排序（升序或者降序）。单击"数据"选项卡→"排序"→"自定义排序"，弹出"排序"对话框，设置如图 2.3.31 所示。

图 2.3.31　按"班级"和"姓名"字段排序

②选择要分类汇总的数据清单或者单击数据清单中的任意单元格，单击"数据"选项卡→"分类汇总"。

③弹出"分类汇总"对话框，如图 2.3.32 所示。在"分类字段"下拉列表中选择"班级"，表示以"班级"进行分类汇总，在"汇总方式"中选择"求和"，在"选定汇总项"中选择"得分"，其他默认即可，单击"确定"按钮，结果如图 2.3.33 所示。

图 2.3.32　以"班级"进行分类汇总

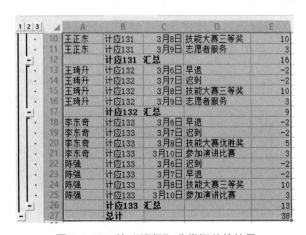

图 2.3.33　按"班级"分类汇总的结果

④在分类汇总结果中，选择数据中的任意单元格，单击"数据"选项卡→"分类汇总"。

⑤弹出"分类汇总"对话框，如图2.3.34所示。在"分类字段"下拉列表中选择"姓名"，表示以"姓名"进行分类汇总，在"汇总方式"中选择"求和"，在"选定汇总项"中选择"得分"，取消勾选"替换当前分类汇总"，单击"确定"按钮，结果如图2.3.35所示。

图2.3.34 以"姓名"进行分类汇总

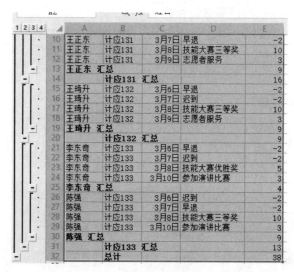

图2.3.35 多级分类汇总

案例说明： 扫二维码观看如何创建多级分类汇总。

创建多级分类汇总

4. 合并计算

在WPS表格的数据日常处理中，通常用户都是将数据分门别类地存放在不同的工作表中。如班级成绩存放，不同班级的学生成绩存放在不同的工作表中；部门工资存放，不同部门的员工工资存放在不同的工作表中，甚至可以存放在不同的工作簿中等。但是在汇总统计数据时，又需要将不同工作表或者不同工作簿中的数据进行合并计算（又称为组合数据），存放在一个主工作表中。

对数据进行合并计算，要使用"合并计算"命令，方法是单击"数据"选项卡→"合并计算"，如图2.3.36所示。

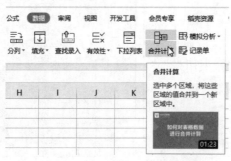

图2.3.36 "合并计算"命令

合并计算分为两种：一种是按位置进行合并计算，一种是按分类进行合并计算。

（1）按分类进行合并计算

在按分类进行合并计算时，要求工作表中数据的行标题和列标题应相同，顺序可以不同（合并后的顺序以第一个数据源表的数据顺序为准）。

将一、二月份的工资记录合并计算，结果存放在工作表 Sheet3 中，如图 2.3.37 和图 2.3.38 所示。

	A	B	C
1	一月份工资记录		
2	姓名	工时	金额
3	王冬青	10	3000
4	陈明清	3	900
5	陈强	8	2400
6	孙明	10	3000
7	李晓旭	5	1500

图 2.3.37　Sheet1 中一月份工资记录

	A	B	C
1	二月份工资记录		
2	姓名	工时	金额
3	陈明清	5	1500
4	王冬青	7	2100
5	陈强	2	600
6	李晓旭	9	2700
7	孙明	8	2400

图 2.3.38　Sheet2 中二月份工资记录

在 Sheet3 的 A1 单元格中输入"一二月份工资合计"，合并 A1:C1 单元格区域，选择 A2 单元格，单击"数据"选项卡→"合并计算"命令。

弹出"合并计算"对话框，如图 2.3.39 所示，在"函数"下拉列表中选择"求和"，在"引用位置"中输入 Sheet1!\$A\$2:\$C\$7（或者切换到工作表 Sheet1，用鼠标选择 A2:C7 区域），单击"添加"按钮，在"所有引用位置"中出现 Sheet1!\$A\$2:\$C\$7。

图 2.3.39　"合并计算"对话框

在"合并计算"对话框"引用位置"中输入 Sheet2!\$A\$2:\$C\$7，单击"添加"按钮，在"所有引用位置"中出现 Sheet1!\$A\$2:\$C\$7，Sheet2!\$A\$2:\$C\$7。

在"合并计算"对话框"标签位置"中选择"首行"（保留行标题）和"最左列"（保留列标题），单击"确定"按钮。

在工作表 Sheet3 中显示工作表 Sheet1 和工作表 Sheet2 的合并计算结果，如图 2.3.40 所示。

图 2.3.40　工作表 Sheet1 和 Sheet2 的合并计算结果

注意：

如果在"合并计算"对话框中同时选中"首行"和"最左列"选项，会造成第一列列标题丢失，如上例中丢失列标题"姓名"。

（2）按位置进行合并计算

在按位置进行合并计算时，要求工作表中数据的行标题和列标题应相同，且顺序相同，如图 2.3.41 和图 2.3.42 所示。

图 2.3.41　一月份工资记录

图 2.3.42　二月份工资记录

将一、二月份的工资记录合并计算，结果存放在工作表 Sheet3 中。

在 Sheet3 的 A1 单元格中输入"一二月份工资合计"，合并 A1：C1 单元格区域，单击"数据"选项卡→"合并计算"。

弹出"合并计算"对话框，如图 2.3.39 所示。在"函数"下拉列表中选择"求和"，在"引用位置"中输入 Sheet1！\$A\$2：\$C\$7，单击"添加"按钮，在"引用位置"中再输入 Sheet2！\$A\$2：\$C\$7，单击"添加"按钮，在"所有引用位置"中出现 Sheet1！\$A\$2：\$C\$7，Sheet2！\$A\$2：\$C\$7。

在"合并计算"对话框的"标签位置"中不要选择"首行""最左列"，单击"确定"按钮。

在工作表 Sheet3 中显示工作表 Sheet1 和工作表 Sheet2 的合并计算结果，如图 2.3.43 所示。

图 2.3.43　按位置进行合并计算结果

案例说明：扫二维码观看如何完成合并计算。

如何完成合并计算

【任务实施】

要完成图 2.3.1 所示的 "××科技公司 2022 年第一季度销量表" 的创建和编辑，步骤如下：

1. 创建文档

①创建一个文件名为 "××科技公司 2022 年第一季度销量表"，扩展名为 .xlsx 的 WPS 表格工作簿。

②单击 "保存" 按钮，将文档暂时保存到指定位置。

2. 输入表格数据

当前工作表命名为 "第一季度销量"。

（1）输入标题和表头信息

输入标题 "××科技公司 2022 年第一季度销量表"，并输入各列标题。

（2）输入表中数据

在相应单元格中输入对应数据信息，完成基础录入工作。录入完成后，效果如图 2.3.44 所示。

××科技公司2022年第一季度销量表								
分公司	商品种类	产品	销售价格	销售数量	销售额	成本	纳税额	毛利润
华东分公司	家电类	电视	6,980	780		3,400		
华东分公司	家电类	空调	2,100	900		1,000		
华东分公司	家电类	冰箱	2,600	650		1,300		
华东分公司	数码产品类	手机	4,300	1,650		2,100		
华东分公司	数码产品类	平板	2,500	1,680		1,200		
华中分公司	家电类	电视	6,980	550		3,400		
华中分公司	家电类	空调	2,100	300		1,000		
华中分公司	家电类	冰箱	2,600	410		1,300		
华中分公司	数码产品类	手机	4,300	2,000		2,100		
华中分公司	数码产品类	平板	2,500	900		1,200		
西南分公司	家电类	电视	6,980	900		3,400		
西南分公司	家电类	空调	2,100	540		1,000		
西南分公司	家电类	冰箱	2,600	300		1,300		
西南分公司	数码产品类	手机	4,300	1,350		2,100		
西南分公司	数码产品类	平板	2,500	840		1,200		
统计条件		统计结果						
毛利润小于100万产品数量								

图 2.3.44　基础录入工作

3. 表格格式化

（1）标题内容格式化

根据表格列标题共占有的单元格长度，使标题位于整个表格上方居中位置，标题文字的字体为黑体，加粗，字号为 16，颜色为黑色，居中对齐，其余字体为宋体，11 号，颜色为黑色，居中对齐。

（2）表格的美化设置

①设置边框。

选中 A2:I17 单元格区域，设置外边框，选择 "双实线" "黑色"。

选中 A19:B20 单元格区域，设置外边框，选择 "粗线" "黑色"。

② "销售价格" ~ "毛利润" 列格式化。

选中 D3:D17、F3:I17 单元格区域，设置单元格格式为 "会计专用" 类型，小数位数为 "0"，货币符号为 "￥"。

4. 公式计算

在 "××科技公司 2022 年第一季度销量表" 中进行如下操作：

①计算销售额（销售额 = 销售价格 × 销售数量），并将结果放入 F3:F17 单元格区域中。

②计算纳税额（税率为 20%），并将结果放入 H3:H17 单元格区域中。

③计算毛利润（利润 = 售价 − 成本 − 纳税额），并将结果放入 I3:I17 单元格区域中。

④计算毛利润小于 100 万元的产品数量，输入 " = COUNTIF(I3:I17,"＜1000000")"，并将结果放入 B20 单元格中。

5. 复制工作表

方法 1：将当前工作表中的内容复制到 Sheet2 工作表中，工作表更名为 "各分公司销量"。将当前工作表中的内容复制到 Sheet3 工作表中，工作表更名为 "分公司销量分类汇总"。再次进行保存。

方法 2：通过 "移动或复制工作表" 完成复制。

6. 排序

在 "分公司销量分类汇总" 表中先按照分公司降序排序，再按照商品种类升序排序。操作方法如图 2.3.45 所示。

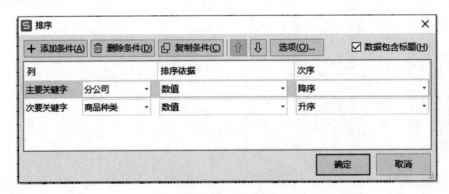

图 2.3.45 排序

7. 筛选

在 "各分公司销量" 工作表中完成：

①自动筛选（查询西南分公司毛利润小于 1 000 000 元的产品线）。

②高级筛选（查询西南分公司毛利润小于 1 000 000 元的产品信息，筛选结果保存在 A26:I28 单元格区域）。

8. 分类汇总

在 "分公司销量分类汇总" 表中对 "分公司" 字段进行分类汇总，对销售额、毛利润求和。

【项目自评】

评价要点	评价要求	自评分	备注
基础录入	共20分。正确录入文字、设置单元格格式，错、漏1处扣5分，扣完为止		
表格格式化	共15分。按要求设置标题（5分）；按要求设置边框（5分）；按要求设置"销售价格"～"毛利润"列（5分）		
公式计算	共30分。计算销售额（10分）；计算纳税额（10分）；计算毛利润（10分）		
复制工作表	共10分。通过2种方法复制工作表		
排序	共5分。按要求完成排序		
分类汇总	共10分。按要求完成分类汇总		
职业素养	共10分。包含敬业精神与合作态度		

【素质拓展】

《中华人民共和国企业所得税法》2007年3月16日第十届全国人民代表大会第五次会议通过，根据2017年2月24日第十二届全国人民代表大会常务委员会第二十六次会议《关于修改＜中华人民共和国企业所得税法＞的决定》修正。

为了贯彻习近平总书记关于减税降费工作的重要指示精神，落实党中央、国务院关于支持小微企业发展的决策部署，财政部、税务总局发布《关于实施小微企业普惠性税收减免政策的通知》（财税〔2019〕13号，以下简称《通知》），进一步加大企业所得税优惠力度，放宽小型微利企业标准。

为鼓励高校毕业生自主创业，以创业带动就业，财政部、国家税务总局发出《关于支持和促进就业有关税收政策的通知》，明确自主创业的毕业生从毕业年度起可享受三年税收减免的优惠政策。

【能力拓展】

1. 新建一个空白工作簿，Sheet1工作表更名为"调查表"，按以下要求建立表格，保存到指定文件夹中。效果如图2.3.46所示。

要求：

（1）完成"序号"列，使用自动填充功能，序号为20001，20002，20003，…；

（2）将A1:G1单元格区域设置为"宋体"，字号为20，字体颜色为"红色"，居中对齐；

（3）添加边框，外边框为双线，内边框为黄色单细线；

（4）表格行高值设为"21"；

	A	B	C	D	E	F	G
1	序号	姓名	性别	出生年月	年龄	所在区	成人
2		顾庆	女	1987/7/15		江北区	
3		苏洪磊	男	1993/3/21		九龙坡区	
4		李彤彤	女	1992/8/20		渝北区	
5		张鑫	男	2000/7/1		江北区	
6		张佳佳	男	2003/7/1		九龙坡区	
7		顾艳斌	女	1998/4/11		渝中区	
8		韩冬	女	1989/12/4		渝中区	
9		韩天碧	男	2001/3/11		渝北区	
10		赵飞彤	女	1997/1/11		九龙坡区	
11		杨燕	女	1999/8/6		渝北区	
12		万达区	男	1985/5/1		九龙坡区	
13		孙可	男	2001/7/18		九龙坡区	
14		金碧藕	女	1998/12/25		渝中区	
15		许红利	男	1979/9/11		渝北区	
16		赵万迷	男	1995/7/12		渝中区	
17		张良	男	1997/10/21		渝中区	
18		杨米兵	男	2002/2/11		江北区	
19		程超	男	2001/6/12		渝北区	
20		程华华	女	2001/1/12		江北区	
21		叶全	女	1994/1/25		九龙坡区	
22		万可	男	1991/11/22		江北区	
23		代天科	男	1989/9/5		九龙坡区	
24		李婉	女	1999/6/23		九龙坡区	
25		章其天	男	1992/11/20		渝中区	

图 2.3.46 调查表

（5）填充“年龄”列内容（使用时间函数计算）；

（6）使用逻辑函数判断是否成人（是，否），填充到“成人”列中；

（7）数据筛选，筛选条件为：“性别”为男并且“所在区”为江北区。

任务四 图表制作——公司销量比较图制作

WPS 表格用于数据处理工作，在日常的数据汇总或者汇报工作中，单一的数据往往使人感到枯燥乏味，这时，为了更加生动、形象地反映数据，可以通过在 WPS 表格中选择图表类型、图表布局、图表样式等制成图表，如成绩分析表、销售统计表、人员工资汇总表等。

【知识目标】

※ 熟悉 WPS 表格图表与数据透视图表；

※ 掌握数据可视化相关技巧，使数据能够更加生动、形象地反映；

※ 熟悉“图标工具”相关操作。

【技能目标（1+X 考点）】

※ 能够利用切片器功能轻松实现数据筛选和制作动态图表；

※ 能够创建数据透视图，并能进行编辑；

※ 掌握账务销量比较图制作方法；

※ 能够通过设置表格或图表样式制作出精美的报表和图表。

【素质目标】

※ 掌握数据可视化基本操作，培养数据分析处理能力；

※ 对《中华人民共和国统计法》有初步的了解，形成确保统计数据真实性、准确性和完整性的意识。

【任务描述】

××科技公司制作了 2022 年销售表，对各分公司不同产品线销售情况做了一份统计表和两份季度销量比较图，内容和格式如图 2.4.1 所示。

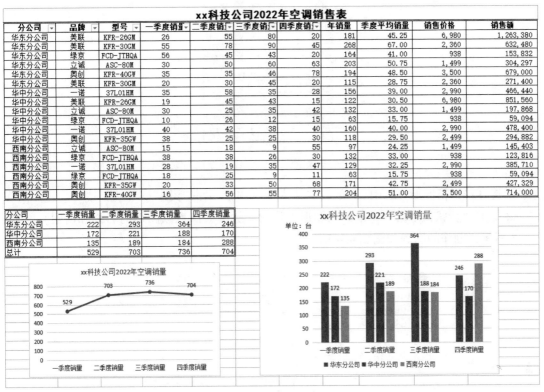

图 2.4.1　××科技公司 2022 年销售表

本任务需能根据数据选择对应图表对数据进行分析。

【相关知识】

1. WPS 表格图表

图表作为数据的可视表示形式，是将数值数据显示为图形格式，使用户能更加直观地分析或查看数据与数据之间的联系、数据的变化趋势等。

1）制作嵌入式图表

在工作表中通过选择单元格区域中的数据添加的图表，这个图表直接出现在工作表上，如同镶嵌一般，因此称为嵌入式图表。

在图 2.4.2 所示工作表中制作嵌入式图表。

	A	B
1	2022年10月模拟全国主要城市PM2.5指数一览表	
2	城市	PM2.5指数
3	南宁	65
4	三亚	27
5	大连	53
6	南昌	91
7	重庆	68
8	长沙	90
9	太原	99
10	南京	58
11	昆明	35
12	成都	66
13	海口	30
14	石家庄	160
15	贵阳	60
16	合肥	58
17	哈尔滨	135
18	珠海	59
19	开封	95
20		

图 2.4.2 全国主要城市 PM2.5 指数一览表

①选择单元格区域 A2:B19，单击"插入"选项卡→"柱形图"。

②单击"簇状柱形图"（鼠标在图形上停留一会，会出现该图形的名称和说明），如图 2.4.3 所示，制作的图表如图 2.4.4 所示。

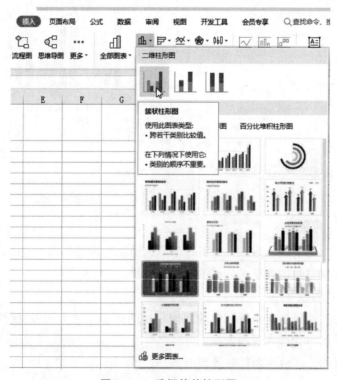

图 2.4.3 选择簇状柱形图

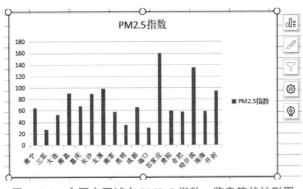

图 2.4.4　全国主要城市 PM2.5 指数一览表簇状柱形图

可以在"插入"选项卡中选择其他图表类型，如条形图、折线图、雷达图、股价图、面积图、组合图、饼图或圆环图、散点图、气泡图，单击"全部图表"，以查看所有图表类型，如图 2.4.5 所示。

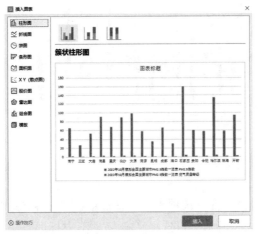

图 2.4.5　查看所有图表类型

案例说明： 扫二维码观看如何制作嵌入式图表。

2）设置或修改图表

（1）移动或放大/缩小图表

将光标移动到图表的"图表区"上，按住鼠标左键不放，同时移动鼠标，可以移动图表。

将光标移动到图表的四个角上，按住鼠标左键不放，同时移动鼠标，可以放大/缩小图表。

（2）添加/修改图表标题

如果图表中有图表标题，鼠标单击，直接修改即可。

如果图表中没有图表标题，需要添加标题，则单击图表，在"图表工具"选项卡中单击"添加元素"→"图表标题"命令，然后选择图表标题样式，这里选择"图表上方"，如图 2.4.6 所示。

选择在图表中出现的"图表标题"，输入"2022 年 10 月模拟全国主要城市 PM2.5 指数一览表"，结果如图 2.4.7 所示。

制作嵌入式图表

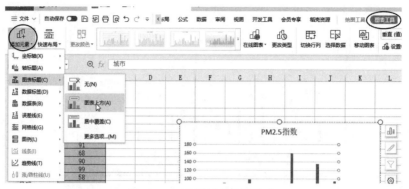

图 2.4.6　选择图表标题样式

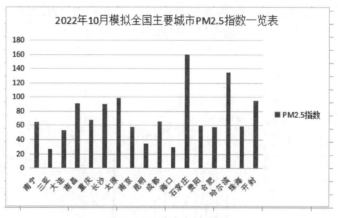

图 2.4.7　添加图表标题

（3）添加坐标轴标题

单击图表，单击"图表工具"选项卡→"添加元素"→"轴标题"命令，然后选择"主要横向坐标轴"，如图 2.4.8 所示，再选择"坐标轴下方标题"，单击在图表中出现的"坐标轴标题"，输入"城市"。

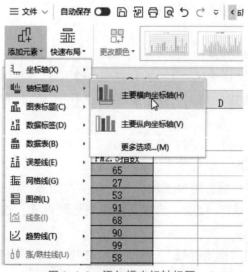

图 2.4.8　添加横坐标轴标题

　　单击图表，单击"图表工具"选项卡→"添加元素"→"轴标题"命令，然后选择"主要纵向坐标轴"，在右侧任务窗格选择"竖排（从右向左）"，如图 2.4.9 所示，单击在图表中出现的"坐标轴标题"，输入"指数"，结果如图 2.4.10 所示。

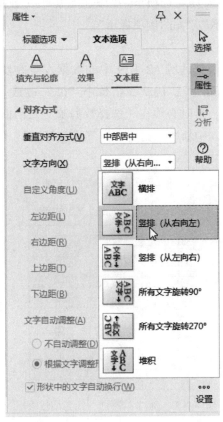

图 2.4.9　添加纵坐标轴标题

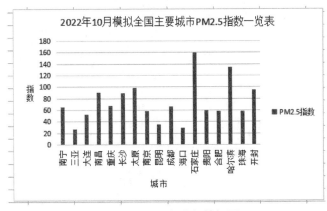

图 2.4.10　添加坐标轴标题

　　如果要删除图表标题、坐标轴标题，选中对应标题，按 Delete 键即可。

（4）修改图例

在制作图表时，会自动显示图例，如图 2.4.10 所示，如果用户不需要图例或者要改变图例的位置，单击图表，单击"图表工具"选项卡→"添加元素"→"图例"命令，然后选择"无"，即关闭图例。

（5）数据表

单击图表，单击"图表工具"选项卡→"添加元素"→"数据表"命令，然后根据需要选择"无""显示图例项标示""无图例项标示"。

（6）更改数据源和图表类型

图表制作完成后，如果数据区域 A2∶B19 中的数据发生改变，图表也会自动发生改变，如城市中的"南京"改成"北京"，PM2.5 指数中"65"改成"85"等。但是如果添加一列数据，图表不会自动改变，这时必须在"选择数据源"对话框中添加数据系列。

在图 2.4.2 所示的工作表中新增数据列"空气质量等级"，如图 2.4.11 所示，修改图表数据源。

2022年10月模拟全国主要城市PM2.5指数一览表		
城市	PM2.5指数	空气质量等级
南宁	65	2
三亚	27	1
大连	53	2
南昌	91	3
重庆	68	2
长沙	90	3
太原	99	3
南京	58	2
昆明	35	1
成都	66	2
海口	30	1
石家庄	160	4
贵阳	60	2
合肥	58	2
哈尔滨	135	4
珠海	59	2
开封	95	3

图 2.4.11　新增数据列"空气质量等级"

选中制作完成的图表，单击鼠标右键，在弹出的菜单中选择"选择数据"，如图 2.4.12 所示。

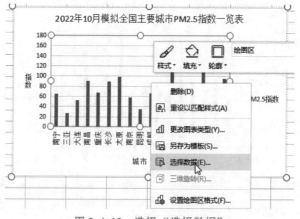

图 2.4.12　选择"选择数据"

在弹出的"编辑数据源"对话框中，单击"图例项（系列）"下方的"＋"按钮，如图 2.4.13 所示。

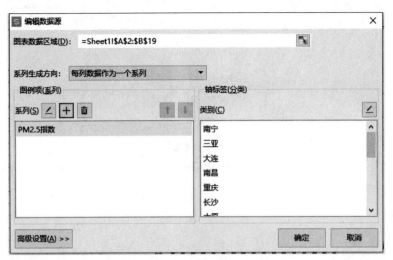

图 2.4.13　"选择数据源"对话框

在弹出的"编辑数据系列"对话框中，在系列名称中输入"空气质量等级"，在系列值中输入数据列区域"＝Sheet1!$C$3:$C$19"，或者单击"系列值"后的 ![按钮] 按钮选择数据列区域，如图 2.4.14 所示，单击"确定"按钮，返回到"选择数据源"对话框，再次单击"确定"按钮。新图表如图 2.4.15 所示。

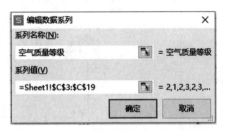

图 2.4.14　"编辑数据系列"对话框

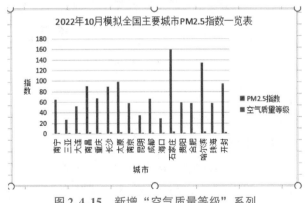

图 2.4.15　新增"空气质量等级"系列

如果要更改图表类型，选择图表，单击鼠标右键，在弹出的菜单中选择"更改图表类型"，如图 2.4.16 所示。在弹出的"更改图表类型"对话框中选择需要的图表类型，如图 2.4.17 所示。

图 2.4.16　选择"更改图表类型"

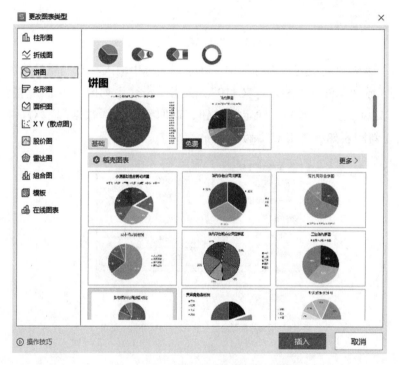

图 2.4.17　"更改图表类型"对话框

（7）设置坐标轴格式

在制作图表时，选择大多数图表类型，都会自动显示坐标轴，在"设置坐标轴格式"对话框中，可以根据用户具体需要来设置坐标轴格式。

选择图表的横坐标轴，单击鼠标右键，在弹出的菜单中选择"设置坐标轴格式"，如图2.4.18所示。或者单击"图表工具"选项卡→"设置格式"命令，如图2.4.19所示。

在弹出的"设置坐标轴格式"对话框中，如图2.4.20所示，可以对坐标轴类型、位置、填充与线条、对齐方式等进行设置。如这里将"对齐方式"选项中的"文字方向"设置为"竖排"，图表效果如图2.4.21所示。

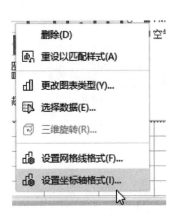

图 2.4.18 选择"设置坐标轴格式"

图 2.4.19 "设置格式"命令

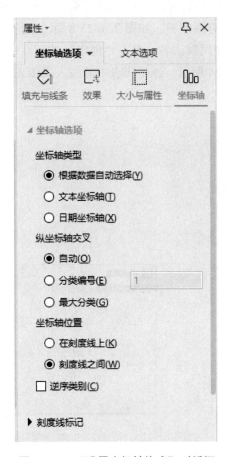

图 2.4.20 "设置坐标轴格式"对话框

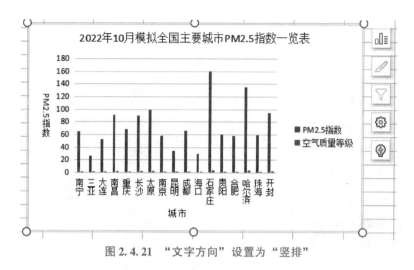

图 2.4.21 "文字方向"设置为"竖排"

3）嵌入式图表转换为工作表图表

选中嵌入式图表，单击鼠标右键，在弹出的菜单中选择"移动图表"，如图 2.4.22 所示。在弹出的"移动图表"对话框中，如图 2.4.23 所示，选择"新工作表"，再输入工作表图表名，如"Chart1"或使用默认名，单击"确定"按钮。转换后，生成以"Chart1"命名的工作表图表，如图 2.4.24 所示，原工作表中的嵌入式图表消失。

图 2.4.22 右键菜单

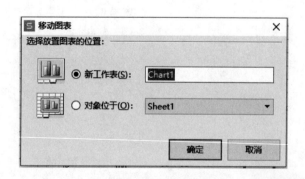

图 2.4.23 "移动图表"对话框

案例说明：扫二维码观看如何将嵌入式图表转换为工作表图表。

如何将嵌入式图表
转换为工作表图表

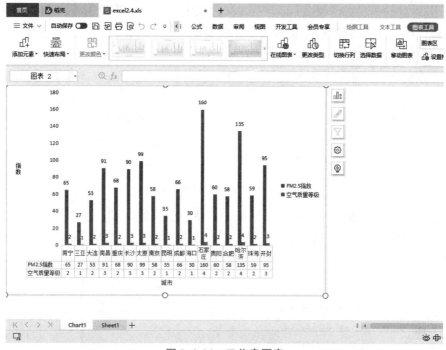

图 2.4.24　工作表图表

2. 数据透视表

数据透视表是一种可以快速汇总大量数据的交互式工具，使用数据透视表，可以方便分析数值数据，显示用户感兴趣区域的明细数据，以友好的方式查询大量数据等。要体现数据透视表的优势，最好工作表中有大量数据。

（1）创建数据透视表

在图 2.4.25 所示的工作表中创建数据透视表。

	A	B	C	D	E	F
1			商场一季度销售统计表			
2	销售员编号	姓名	部门	一月销售额	二月销售额	三月销售额
3	300001	赖安姝	食品	34129	26196	55351
4	300002	冷殊萌	百货	73221	96316	25516
5	300003	孙丽萌	电器	36333	37212	66222
6	300004	苏亚	百货	55116	33227	44323
7	300005	田俊涛	食品	33136	55610	44375
8	300006	蔡和俊	食品	66313	77112	77191
9	300007	黄珍和	电器	66333	66712	66407
10	300008	黄诗珍	食品	66221	55343	33006
11	300009	林敏航	食品	43124	51264	21253
12	300010	范志明	食品	25121	16339	34137
13	300011	李辉	百货	67334	36113	71173
14	300012	李雪辉	百货	71111	88294	61112
15	300013	李宇梦	电器	54114	27111	34006
16	300014	沈子军	电器	47115	66213	55334
17	300015	李俊	食品	33227	66555	77223
18	300016	陈诗宇	食品	83222	91229	33661
19	300017	董娴宇	百货	88335	55116	33111
20	300018	陈丽君	百货	77331	66542	77223
21	300019	周利丰	食品	55111	33002	44331
22	300020	周俊武	百货	66123	44094	44326
23	300021	宋世杰	百货	66327	55001	77213
24	300022	孙飞越	电器	88671	55991	66332
25	300023	宋悦	食品	44664	33095	44211
26	300024	梁萍瀚	电器	66771	66905	55127
27	300025	秦丽	食品	77813	55992	66116

图 2.4.25　商场一季度销售统计表

在创建数据透视表时，要注意工作表数据区域中一定要含有列标题（部门、一月销售额、二月销售额、三月销售额等），每一个标题都是一个字段，数据区域中不要有空行或空列，每一列数据的数据类型应一致。

①单击数据区域中任一单元格，单击"插入"选项卡→"数据透视表"，如图2.4.26所示。

图2.4.26 "数据透视表"命令

②在弹出的"创建数据透视表"对话框中，使用默认值即可。也可以根据需要在"请选择单元格区域"后重新输入数据区域，或在"请选择放置数据透视表的位置"中指定数据透视表位置，单击"确定"按钮，如图2.4.27所示。

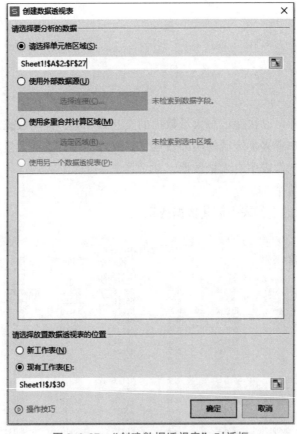

图2.4.27 "创建数据透视表"对话框

③在"创建数据透视表"对话框中使用默认值，单击"确定"按钮后，生成新工作表，如Sheet4，新工作表"Sheet4"中有两部分内容，左侧内容如图2.4.28所示，是数据透视表的布局区域，右侧内容如图2.4.29所示，是数据透视表的"字段列表"，该字段来源于数据区域中的列标题。

图 2.4.28　数据透视表布局区域

图 2.4.29　数据透视表字段列表

　　如未显示图 2.4.29 所示的数据透视表的"字段列表"，可单击数据透视表的布局区域，再单击鼠标右键，在弹出的快捷菜单中选择"显示字段列表"。

　　④在"将字段拖动至数据透视表区域"中选择要添加的字段，如这里选择"姓名""一月销售额"，WPS 表格会将选择的字段放到数据透视表的布局区域显示，效果如图 2.4.30 所示。

案例说明： 扫二维码观看如何创建数据透视表。

数据透视表

> *注意：*
>
> 　　数值类型字段自动布置在右侧，不是数值类型的字段自动布置在左侧，如图 2.4.30 中所示。

（2）数据透视表的应用

在图 2.4.29 所示的"数据透视表区域"中，给用户提供了四个区域："筛选器""列""行""值"。

将字段拖动到"筛选器"区域：根据用户拖动的字段筛选数据，实现报表筛选。

将字段拖动到"列"区域：根据用户拖动的字段，该字段中的内容按列显示。

将字段拖动到"行"区域：根据用户拖动的字段，该字段中的内容按行显示。

图 2.4.30　选择"姓名"
"一月销售额"生成
的数据透视表

将字段拖动到"值"区域：根据用户拖动的字段，该字段可用于汇总操作（求和、计数、平均值、最大值、最小值等）。

在图 2.4.25 所示工作表中创建反映"食品"部门的人员"姓名"的数据透视表。

①在图 2.4.29 所示的"字段列表"中选择要添加的字段，选择"部门""姓名"。

②单击"部门"右侧的下拉按钮，如图 2.4.31 所示。

③在弹出的列表框中，取消勾选"全部"，勾选"食品"，单击"确定"按钮，筛选数据，如图 2.4.32 所示（在该列表框中，可以对字段进行排序操作），效果如图 2.4.33所示。

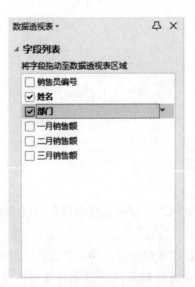

图 2.4.31　单击"部门"右侧的下拉按钮

图 2.4.32　勾选"食品"

可以在"行"区域中移动字段的位置顺序，移动"部门""姓名"，如图 2.4.34 所示，效果如图 2.4.35 所示。

图 2.4.33　筛选数据结果　　　图 2.4.34　改变"行"位置顺序　　　图 2.4.35　改变后的结果

在图 2.4.25 所示的工作表中，创建反映各部门每个月销售金额总计的数据透视表。

在图 2.4.29 所示的"字段列表"中选择要添加的字段，选择"部门""一月销售额""二月销售额""三月销售额"。

在"行"区域中自动添加字段"部门"，在"值"区域中自动添加字段"一月销售额""二月销售额""三月销售额"。鼠标左键单击"值"区域中的"一月销售额"字段，选择"值字段设置"，在弹出的"值字段设置"对话框的"值字段汇总方式"中选择"求和"选项，"二月销售额""三月销售额"的"值字段汇总方式"都选择"求和"，效果如图 2.4.36 所示。

	A	B	C	D
1				
2				
3	部门	求和项:一月销售额	求和项:二月销售额	求和项:三月销售额
4	百货	564898	474703	433997
5	电器	359337	320144	343428
6	食品	562081	561737	530855
7	总计	1486316	1356584	1308280

图 2.4.36　反映各分公司各部门员工数的数据透视表

注意：

用户勾选的字段默认是自动添加在"行"区域中的（数值类型字段除外），用户勾选的数值类型字段自动添加在"值"区域中。

如果要查看汇总数据的详细信息，如查看"百货"部门人员每月销售金额的详细信息，则双击"A4"单元格，在弹出的"显示明细数据"对话框中选择"姓名"，单击"确定"按钮，如图 2.4.37 所示，结果如图 2.4.38 所示。

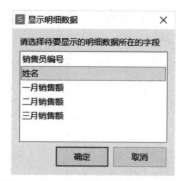

图 2.4.37 "显示明细数据"对话框

	A	B	C	D	E
1					
2					
3	部门 ▼	姓名 ▼	求和项:一月销售额	求和项:二月销售额	求和项:三月销售额
4	⊟百货		564898	474703	433997
5		陈丽君	77331	66542	77223
6		董婉宇	88335	55116	33111
7		冷殊萌	73221	96316	25516
8		李辉	67334	36113	71173
9		李雪辉	71111	88294	61112
10		宋世杰	66327	55001	77213
11		苏亚	55116	33227	44323
12		周俊武	66123	44094	44326
13	⊞电器		359337	320144	343428
14	⊞食品		562081	561737	530855
15	总计		1486316	1356584	1308280

图 2.4.38 显示明细数据

也可以单击"B4"单元格，单击鼠标右键，在弹出的快捷菜单中选择"显示详细信息"，或者直接双击，这时 WPS 表格会自动新建一个工作表，并在该工作表中显示详细信息，如图 2.4.39 所示。

	A	B	C	D	E	F
1	销售员编号 ▼	姓名 ▼	部门 ▼	一月销售额 ▼	二月销售额 ▼	三月销售额 ▼
2	300002	冷殊萌	百货	73221	96316	25516
3	300004	苏亚	百货	55116	33227	44323
4	300011	李辉	百货	67334	36113	71173
5	300012	李雪辉	百货	71111	88294	61112
6	300017	董婉宇	百货	88335	55116	33111
7	300018	陈丽君	百货	77331	66542	77223
8	300020	周俊武	百货	66123	44094	44326
9	300021	宋世杰	百货	66327	55001	77213

图 2.4.39 在新工作表中显示详细信息

3. 数据透视图

数据透视图即是将数据透视表中的数据以图表的形式展现。数据透视图可以在数据透视表的基础上创建，也可以用表格中的数据创建（同时生成对应的数据透视表）。

（1）创建数据透视图（在数据透视表的基础上创建）

在图 2.4.25 所示的工作表中，创建反映各部门每个月销售金额总计的数据透视图。

①首先制作数据透视表，这里略过，效果如图 2.4.36 所示。

②选择"插入"选项卡→"数据透视图",如图 2.4.40 所示。

图 2.4.40 "数据透视图"命令

③在弹出的"图表"对话框中进行选择,如这里选择"簇状柱形图",单击"确定"按钮,如图 2.4.41 所示,生成的数据透视图如图 2.4.42 所示。

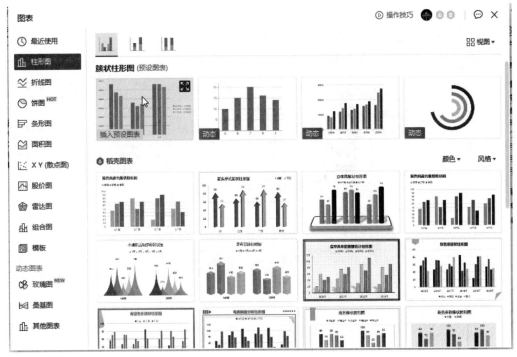

图 2.4.41 选择"簇状柱形图"

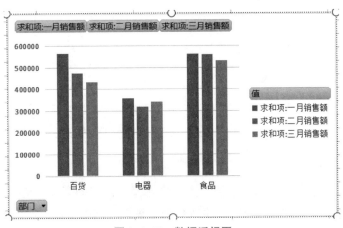

图 2.4.42 数据透视图

案例说明：扫二维码观看如何在数据透视表的基础上创建数据透视图。

数据透视图

（2）创建数据透视图（用表格中的数据创建）

在图2.4.25所示的工作表中，创建反映各部门每个月销售金额总计的数据透视图。

①选择 A2：F27 单元格区域，单击"插入"选项卡→"数据透视图"，如图2.4.43所示。

图 2.4.43　选择"数据透视图"

②在弹出的"创建数据透视图"对话框中，选择"现有工作表"，在下方空白栏选择或输入单元格区域，单击"确定"按钮，如图2.4.44所示。

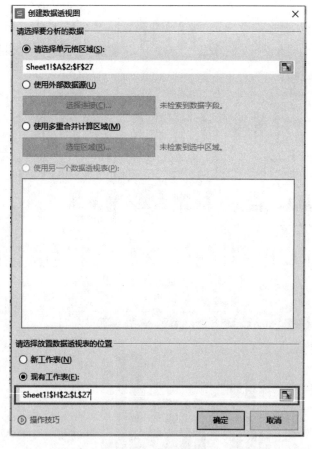

图 2.4.44　"创建数据透视图"对话框

③在生成的新工作表的右侧"字段列表"中选择要添加的字段，选择"部门""一月销售额""二月销售额""三月销售额"，生成数据透视图，同时生成对应的数据透视表，如图2.4.45所示。

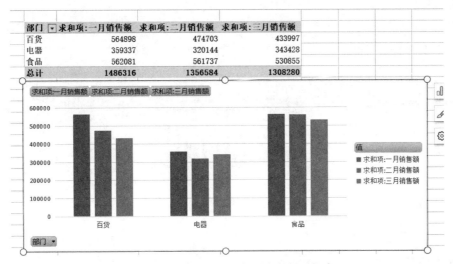

部门	求和项:一月销售额	求和项:二月销售额	求和项:三月销售额
百货	564898	474703	433997
电器	359337	320144	343428
食品	562081	561737	530855
总计	1486316	1356584	1308280

图 2.4.45　生成数据透视图和数据透视表

案例说明：扫二维码观看如何用表格中的数据创建数据透视图。

（3）修改数据透视图

在"图表工具－更改类型"选项卡中可以更改图表类型，在"添加元素"选项卡中可以更改图表的标题、坐标轴标题、图例等，如图 2.4.46 所示。

（右侧二维码）如何用表格中的数据创建数据透视图

图 2.4.46　"图表工具"选项卡

5. 插入切片器

利用切片器功能可以轻松实现数据筛选和制作动态图表。

①选中图 2.4.36 所示数据透视表中的任一单元格，在"插入"选项卡中单击"切片器"，如图 2.4.47 所示。

②在弹出的"插入切片器"对话框中，选择"部门"，单击"确定"按钮，如图 2.4.48 所示，生成的切片器如图 2.4.49 所示。

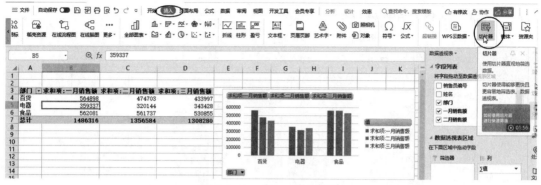

图 2.4.47　插入"切片器"

图 2.4.48　"插入切片器"对话框

图 2.4.49　切片器

③当部门插入切片器后，通过鼠标单击筛选不同部门的数据，会发现当单击切片器上的不同部门时，数据图表会进行动态的变化。

a. 当单击"百货"时，效果如图 2.4.50 所示。

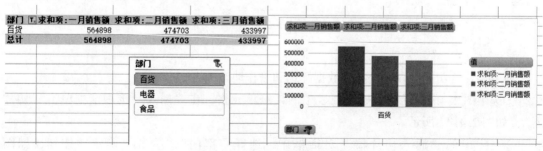

图 2.4.50　单击"百货"效果图

b. 当单击"电器"时，效果如图 2.4.51 所示。

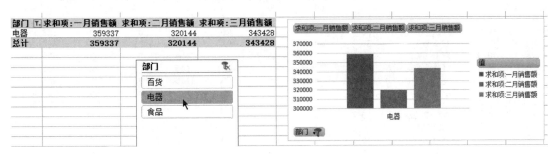

图 2.4.51　单击"电器"效果图

c. 如需清除筛选器，单击"切片器"右上角按钮后，选择"**清除筛选器**"即可，或使用快捷键 Alt + C，如图 2.4.52 所示。

图 2.4.52　清除筛选器

案例说明：扫二维码观看插入切片器的方法。

插入切片器

【任务实施】

要完成图 2.4.1 所示的"××科技公司 2022 年销售表"的创建和编辑，步骤如下。

1. 创建文档

①创建一个文件名为"××科技公司 2022 年销售表"，扩展名为 .xlsx 的 WPS 表格工作簿。

②单击"保存"按钮，将文档暂时保存到指定位置。

2. 输入表格数据

输入表格标题为"××科技公司 2022 年销售表"，输入列标题"分公司"~"销售额"。

在相应单元格中输入对应数据信息，完成基础录入工作，录入完成后，效果如图 2.4.53 所示。

3. 表格格式化

①标题内容格式化。

将标题文字居中，"××科技公司 2022 年销售表"设置字体为"华文楷体"，字号为 16 号，加粗，颜色为"印度红，着色 2，深色 50%"。

xx科技公司2022年空调销售表										
分公司	品牌	型号	一季度销量	二季度销量	三季度销量	四季度销量	年销量	季度平均销售	销售价格	销售额
华东分公司	美联	KFR-26GM	26	55	80	20	181	45.25	6,980	1,263,380
华东分公司	美联	KFR-30GM	55	78	90	45	268	67.00	2,360	632,480
华东分公司	绿京	FCD-JTHQA	56	45	43	20	164	41.00	938	153,832
华东分公司	立诚	ASC-80M	30	50	60	63	203	50.75	1,499	304,297
华东分公司	奥创	KFR-40GW	35	35	46	78	194	48.50	3,500	679,000
华东分公司	美联	KFR-30GM	20	30	45	20	115	28.75	2,360	271,400
华中分公司	一诺	37L01HM	35	58	35	28	156	39.00	2,990	466,440
华中分公司	美联	KFR-26GM	19	45	43	15	122	30.50	6,980	851,560
华中分公司	立诚	ASC-80M	30	25	35	42	132	33.00	1,499	197,868
华中分公司	绿京	FCD-JTHQA	10	26	12	15	63	15.75	938	59,094
华中分公司	一诺	37L01HM	40	42	38	40	160	40.00	2,990	478,400
华中分公司	奥创	KFR-35GW	38	25	25	30	118	29.50	2,499	294,882
西南分公司	立诚	ASC-80M	15	18	9	55	97	24.25	1,499	145,403
西南分公司	绿京	FCD-JTHQA	38	38	26	30	132	33.00	938	123,816
西南分公司	一诺	37L01HM	28	19	35	47	129	32.25	2,990	385,710
西南分公司	绿京	FCD-JTHQA	18	25	9	11	63	15.75	938	59,094
西南分公司	奥创	KFR-35GW	20	33	50	68	171	42.75	2,499	427,329
西南分公司	奥创	KFR-40GW	16	56	55	77	204	51.00	3,500	714,000

分公司	一季度销量	二季度销量	三季度销量	四季度销量
华东分公司	222	293	364	246
华中分公司	172	221	188	170
西南分公司	135	189	184	288
总计	529	703	736	704

图 2.4.53　××科技公司 2022 年销售表

将 A2:K2 单元格区域的"填充效果"设置为"双色"，颜色 1 选择"暗板岩蓝，文本 2，浅色40%"，颜色 2 选择"白色，背景 1"。

②"分公司"列设置下拉列表，内容为"华东分公司，华中分公司，西南分公司"，并完成其他数据输入。

③设置边框。

A2:K20、A22:E26 单元格区域外边框选择"实线"，颜色区选"黑色"。

4. 公式计算

①计算年销量，并将结果放入 H3:H20 单元格区域。

②计算季度平均销量，并将结果放入 I3:I20 单元格区域。

③计算销售额，并将结果放入 K3:K20 单元格区域。

5. 插入图表

①选择 A22:E26 单元格区域，制作"簇状柱形图"，横轴为"分公司"，纵轴为"销量"（文字方向为横排），在图表上方添加标题"××科技公司 2021 年各季度空调销量"，并在底部显示"图例"。

②选择 A22:E22、A26:E26 单元格区域，制作"折线图"，并在数据上方添加"数据标签"，在图表上方添加标题"××科技公司 2022 年各季度空调销量"。

6. 分析 A2:K20 单元格区域

①创建数据透视表。

②在"字段列表"中选择要添加的字段，行选择"分公司""类别"，值选择"一季度销量""二季度销量""三季度销量""四季度销量"，其中，"一季度销量""二季度销量""三季度销量""四季度销量"的"值字段汇总方式"选择"求和"。

【项目自评】

评价要点	评价要求	自评分	备注
表格格式化	共30分。标题（10分）；下拉列表（10分）；边框（10分）		
公式计算	共30分。年销量（10分）；季度平均销量（10分）；销售额（10分）		
簇状柱形图	共10分		
建数据透视表	共15分。正确利用数据透视表进行数据分析		
文件保存	共5分。文件名及保存路径正确		
职业素养	共10分，包含敬业精神与合作态度		

【素质拓展】

《中华人民共和国统计法》是统计工作的基本法，是保证统计数据真实性、准确性、完整性、及时性的法律遵循。1983年12月8日，由第六届全国人大常委会第三次会议通过，自1984年1月1日起施行。全国人大常委会分别于1996年5月15日、2009年6月27日，对《统计法》作了两次修订。

为适应我国经济社会发展需要，2017年5月28日，李克强总理签署中华人民共和国国务院令，公布《中华人民共和国统计法实施条例》，自2017年8月1日起施行。

【能力拓展】

1. 新建一空白工作簿，Sheet1工作表更名为"天府食品2015年1季度销售汇总"，按以下要求建立表格，保存到指定文件夹中。效果如图2.4.54所示。

	A	B	C	D	E
1	天府食品2015年1季度销售汇总				
2	产品名称	单位	批发价(元)	数量	销售额
3	镇江陈醋	瓶	13.6	600	
4	恒顺酱油	瓶	9.8	800	
5	四川辣椒粉	瓶	15.2	1200	
6	天玛生态羊肉串	袋	72.8	800	
7	好易家澳洲家常菜套餐	盒	158	750	
8	内蒙古全羊套装	盒	378.8	1300	
9	澳洲雪花牛肉节日礼盒	盒	888	560	
10	加拿大野生北极甜虾	盒	66.7	3200	
11	北京稻香村	袋	198	6700	
12	保定大午五香驴肉	盒	118	3800	
13	全聚德 五香烤鸭	袋	108.5	1100	

图 2.4.54 天府食品 2015 年 1 季度销售汇总

要求：

（1）将标题设置为合并及居中，字体设置为"宋体"，字号20，加粗，水平、垂直居中，字体颜色"橙色，着色4"。

（2）为单元格区域"A2∶E2"设置底纹，填充颜色"浅绿，着色6，浅色80%"。

（3）将除标题以外的所有数据添加边框，外边框设置为粗匣框线，内边框设置为黑色单线。

（4）计算销售额（销售额＝批发价×数量）。

（5）创建图表，以"镇江陈醋、恒顺酱油、四川辣椒粉"的"销售额"为数据，创建图表。

（6）图表类型为堆积圆柱图。

（7）在图表上方添加标题，内容为"2015年1季度产品销售额"，字号为12。

（8）将图表样式设置为"样式3"。

任务五 页面设置——销售表设置与打印

在完成对工作表的编辑后，如需将工作表打印出来，还应对页边距大小、页眉页脚、打印纸的大小及纸张方向等进行设置，使用打印预览确定打印效果等。

本任务需熟悉WPS表格的页面设置方式，能打印相关工作表。

【知识目标】

※ 掌握WPS表格工作表的页面设置与打印；

※ 熟悉冻结窗格、保护工作表和工作簿的技巧。

【技能目标（1＋X考点）】

※ 掌握销售表的制作和打印技巧；

※ 掌握视图调整的方法。

【素质目标】

※ 掌握数据综合分析的方法，具备办公室文员基本素养；

※ 初步了解《中华人民共和国反不正当竞争法》，培养良好的职业道德和素养。

【任务描述】

××科技公司2022年销售表如图2.5.1所示，在完成了表格基本设置之后，需要打印该销售表，打印预览。

【相关知识】

1. 打印页面

1）"页面设置"组

在打印工作表之前，一般要对工作表进行相应的页面设置，以达到最佳的打印效果。在对工作表进行页面设置时，可以使用"页面布局"组中提供的"页边距""纸张方向""纸张大小""打印区域""打印标题"等命令。"页面设置"组在"页面布局"选项卡中，如图2.5.2所示。

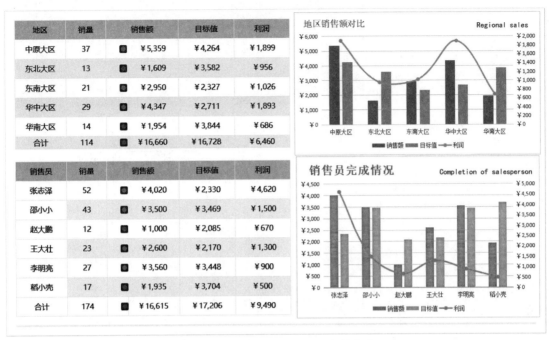

地区	销量	销售额	目标值	利润
中原大区	37	¥ 5,359	¥ 4,264	¥ 1,899
东北大区	13	¥ 1,609	¥ 3,582	¥ 956
东南大区	21	¥ 2,950	¥ 2,327	¥ 1,026
华中大区	29	¥ 4,347	¥ 2,711	¥ 1,893
华南大区	14	¥ 1,954	¥ 3,844	¥ 686
合计	114	¥ 16,660	¥ 16,728	¥ 6,460

销售员	销量	销售额	目标值	利润
张志泽	52	¥ 4,020	¥ 2,330	¥ 4,620
邵小小	43	¥ 3,500	¥ 3,469	¥ 1,500
赵大鹏	12	¥ 1,000	¥ 2,085	¥ 670
王大壮	23	¥ 2,600	¥ 2,170	¥ 1,300
李明亮	27	¥ 3,560	¥ 3,448	¥ 900
稻小壳	17	¥ 1,935	¥ 3,704	¥ 500
合计	174	¥ 16,615	¥ 17,206	¥ 9,490

图 2.5.1 ××科技公司 2022 年销售表

图 2.5.2 "页面布局"选项卡

（1）页边距

页边距是指工作表与打印纸张边沿之间的空白距离。

单击"页面布局"选项卡中的"页边距"命令，系统提供了"常规""窄""宽"三种预定义选项，如图 2.5.3 所示。如需自定义页边距，单击"自定义页边距"，在弹出的"页面设置"对话框中进行"上""下""左""右"边距、页眉、页脚、居中方式的设置，如图 2.5.4 所示。

设置完成后，单击"页面布局"对话框中的"打印预览"按钮可查看设置后的打印效果，也可以单击"文件"选项卡，选择"打印"→"打印预览"查看，如图 2.5.5 所示。

可以在"打印预览"界面设置页边距，方法是单击"页边距"按钮（再次单击隐藏边距），然后将鼠标指上出现的黑色边距控制点，拖动进行设置。或者单击"页面设置"，在弹出的"页面设置"对话框中进行设置。

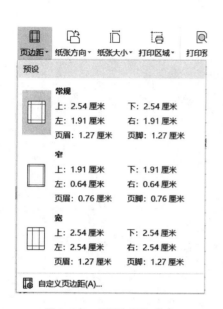

图 2.5.3 "页边距"命令

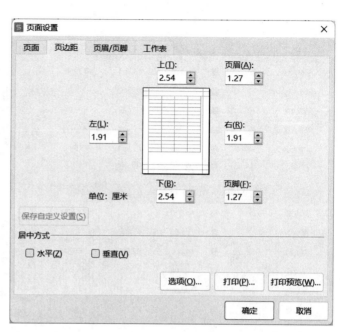

图 2.5.4 "页面设置"对话框

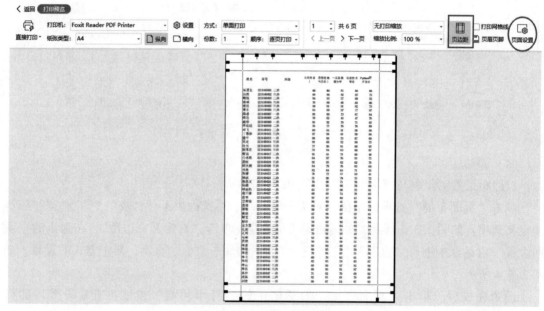

图 2.5.5 "打印预览"界面

案例说明： 扫二维码观看如何设置页边距。

（2）纸张方向

WPS 表格默认的打印方向是纵向打印，如图 2.5.5 中的纸张打印效果，如希望设置打印方向为横向，则单击"页面布局"选项卡中的"纸张方向"命令，选择"横向"，如图 2.5.6 所示，或者在"打印预览"界面中选择"横向"，如图 2.5.7 所示。

WPS 表格
设置页边距

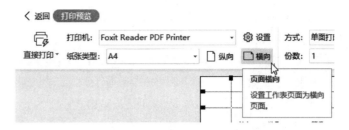

图2.5.6　"纸张方向"命令　　　　图2.5.7　在"打印预览"界面中选择"横向"

案例说明： 扫二维码观看如何设置纸张方向。

（3）纸张大小

在打印工作表之前，可以根据需要设置纸张的大小，单击"页面布局"选项卡→"纸张大小"命令，如图2.5.8所示，选择需要的纸张大小，或者单击"其他纸张大小"，弹出"页面设置"对话框，在"页面"选项卡的"纸张大小"中设置纸张大小，如图2.5.9所示。

如何设置纸张方向

图2.5.8　"纸张大小"命令　　　　图2.5.9　在"页面"选项卡中设置纸张大小

（4）打印区域

打印工作表之前，在工作表中通过设置打印区域，可以实现只打印工作表中部分内容（打印区域中的内容）。选择需要打印的单元格区域，单击"页面布局"选项卡中"打印区域"中的"设置打印区域"命令，如图2.5.10所示，则成功设置打印区域。按"Ctrl"键不放，再次选择需要打印的单元格区域，单击"页面布局"选项卡"打印区域"中的"设置打印区域"命令，可以创建多个打印区域，当存在多个打印区域时，每个打印区域打印在不同的纸上。也可以在"页面设置"对话框中切换到"工作表"选项卡，在"打印区域"中输

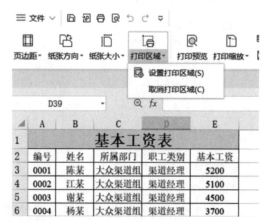

图2.5.10　设置打印区域

入打印区域，如图2.5.11所示。保存工作簿时，会保存用户设置的打印区域。

图2.5.11　在"工作表"选项卡中设置打印区域

案例说明：扫二维码观看如何设置打印区域。

要清除打印区域，在图2.5.10所示的"打印区域"命令中选择"取消打印区域"即可，清除所有打印区域。

设置打印区域

（5）插入分页符

选择要分页的位置的行号（欲分为上部分一页、下部分一页）或者列标（欲分为左部分一页、右部分一页），然后单击"页面布局"→"插入分页符"，如图2.5.12所示。

这里选择的是要分页的位置的行号，选择"插入分页符"后，工作表中有一条横向实线表示分页效果，如图2.5.13所示。如果选择的是要分页的位置的列标，选择"插入分页符"后，工作表中有一条竖向实线表示分页效果，如图2.5.14所示。如果选择的是单元格，

选择"插入分页符"后，工作表中用一条横向实线和一条竖向虚线表示分页效果（分成四页），如图 2.5.15 所示。

图 2.5.12 "分隔符"命令

	A	B	C	D
1				商场一季度销售统计表
2	销售员编号	姓名	部门	一月销售额
3	300001	赖安姝	食品	34129
4	300002	冷殊萌	百货	73221
5	300003	孙丽萌	电器	36333
6	300004	苏亚	百货	55116
7	300005	田俊涛	食品	33136
8	300006	蔡和俊	食品	66313
9	300007	黄珍和	电器	66333
10	300008	黄诗珍	食品	66221

图 2.5.13 分为上部分一页、下部分一页

	A	B	C
1			商场一季度
2	销售员编号	姓名	部门
3	300001	赖安姝	食品
4	300002	冷殊萌	百货
5	300003	孙丽萌	电器
6	300004	苏亚	百货
7	300005	田俊涛	食品
8	300006	蔡和俊	食品
9	300007	黄珍和	电器
10	300008	黄诗珍	食品

图 2.5.14 分为左部分一页、右部分一页

	A	B	C
1			商场一季
2	销售员编号	姓名	部门
3	300001	赖安姝	食品
4	300002	冷殊萌	百货
5	300003	孙丽萌	电器
6	300004	苏亚	百货
7	300005	田俊涛	食品
8	300006	蔡和俊	食品
9	300007	黄珍和	电器

图 2.5.15 分成四页

在查看和调整分页符操作中，最方便的是使用"分页预览"视图，方法是单击"视图"选项卡→"分页预览"命令，如图 2.5.16 所示。

	A	B	C	D	E	F
1			商场一季度销售统计表			
2	销售员编号	姓名	部门	一月销售额	二月销售额	三月销售额
3	300001	赖安姝	食品	34129	26196	55351
4	300002	冷殊萌	百货	73221	96316	25516
5	300003	孙丽萌	电器	36333	37212	66222
6	300004	苏亚	百货	55116	33227	44323
7	300005	田俊涛	食品	33136	55610	44375
8	300006	蔡和俊	食品	66313	77112	77191
9	300007	黄珍和	电器	66333	66712	66407
10	300008	黄诗珍	食品	66221	55343	33006
11	300009	林墩航	食品	43124	51264	21253
12	300010	范志明	食品	25121	16339	34137
13	300011	李辉	百货	67334	36113	71173
14	300012	李雪辉	百货	71111	88294	61112
15	300013	李宇梦	电器	54114	27111	34006
16	300014	沈子军	电器	47115	66213	55334
17	300015	李俊	食品	33227	66555	77223
18	300016	陈诗宇	食品	83222	91229	33661
19	300017	董婉宇	百货	88335	55116	33111
20	300018	陈丽君	百货	77331	66542	77223
21	300019	周利丰	食品	55111	33002	44331
22	300020	周俊武	百货	66123	44094	44326
23	300021	宋世杰	百货	66327	55001	77213
24	300022	孙飞越	电器	88671	55991	66332
25	300023	宋悦	食品	44664	33095	44211
26	300024	梁萍瀚	电器	66771	66905	55127
27	300025	秦丽	食品	77813	55992	66116

图 2.5.16 "分页预览"效果

案例说明： 扫二维码观看如何插入分隔符。

如何插入分隔符

（6）背景

在 WPS 表格中，允许将图片作为工作表的背景，但是打印时，背景图片不会被打印。要添加工作表的背景图片，方法是在工作表中单击"页面布局"选项卡→"背景图片"命令，在弹出的"工作表背景"对话框中的"文件名"后选择工作表的背景图片，单击"打开"按钮即可。工作表中有背景图片后，"背景"命令会换为"删除背景"命令，如图 2.5.17 所示。

如果想要删除插入的工作表的背景图片，单击"页面布局"选项卡→"删除背景"命令即可。

图 2.5.17 "删除背景"命令

（7）打印标题

如果想要在打印工作表时连同行号、列标一起打印（默认情况下不打印），则单击"页面布局"选项卡→"打印标题"命令，在弹出的"页面设置"对话框中选择"行号列标"，如图 2.5.18 所示，打印预览效果如图 2.5.19 所示。

图 2.5.18 选择"行号列标"

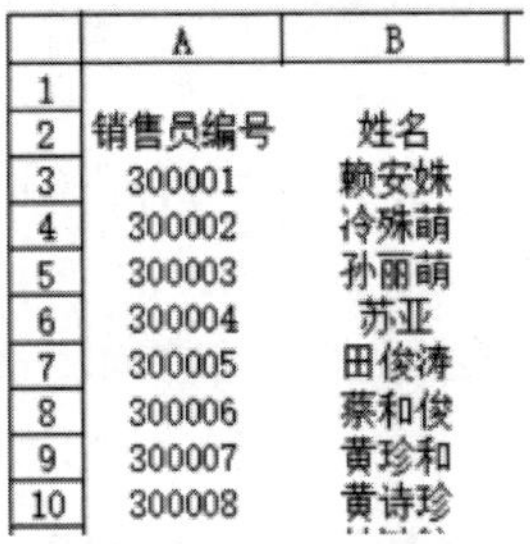
A
B
1
2 销售员编号 姓名
3 300001 赖安姝
4 300002 冷殊萌
5 300003 孙丽萌
6 300004 苏亚
7 300005 田俊涛
8 300006 蔡和俊
9 300007 黄珍和
10 300008 黄诗珍

图 2.5.19　打印预览效果

在打印工作表时，如果一页打印不完所有内容，那么在后续页中就只会打印数据内容，不会再有标题，造成查看后续页数据时不方便，若要在后续页中也出现标题，方法为单击“页面布局”选项卡→“打印标题”命令，弹出“页面设置”对话框，在“顶端标题行”输入标题区域“ $1：$2”（以图 2.5.16 中工作表为例）或者单击“ ”图标选择区域，如图 2.5.20 所示，单击“确定”按钮。打印第一页和第二页部分效果如图 2.5.21 所示。

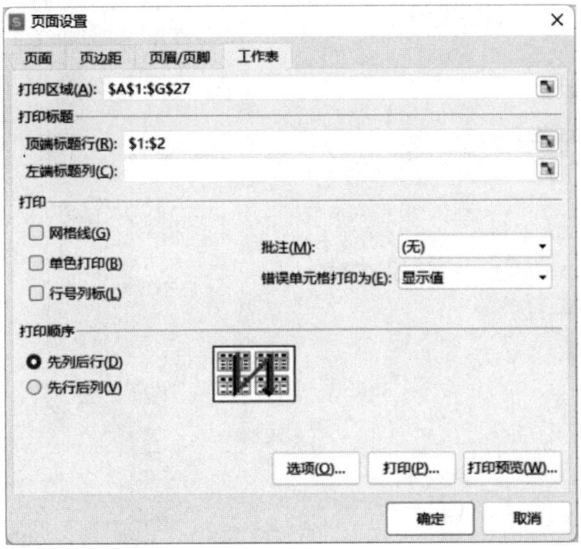
页面设置
页面
页边距
页眉/页脚
工作表
打印区域(A): $A$1:$G$27
打印标题
顶端标题行(R): $1:$2
左端标题列(C):
打印
网格线(G)
单色打印(B)
行号列标(L)
批注(M):
(无)
错误单元格打印为(E):
显示值
打印顺序
先列后行(D)
先行后列(V)
选项(O)...
打印(P)...
打印预览(W)...
确定
取消

图 2.5.20　在“顶端标题行”输入标题区域

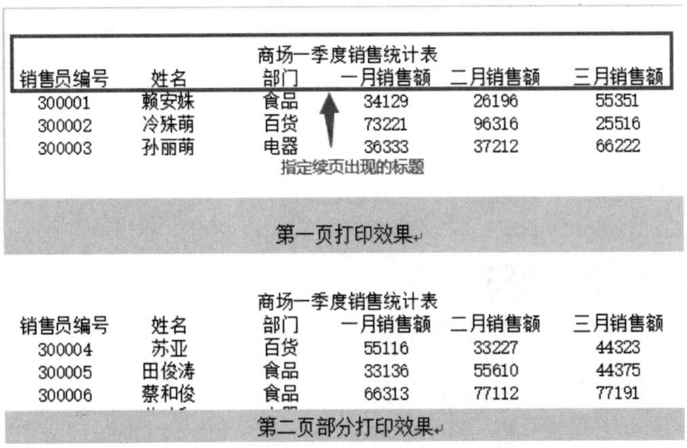
商场一季度销售统计表
销售员编号 姓名 部门 一月销售额 二月销售额 三月销售额
300001 赖安姝 食品 34129 26196 55351
300002 冷殊萌 百货 73221 96316 25516
300003 孙丽萌 电器 36333 37212 66222
指定续页出现的标题
第一页打印效果
商场一季度销售统计表
销售员编号 姓名 部门 一月销售额 二月销售额 三月销售额
300004 苏亚 百货 55116 33227 44323
300005 田俊涛 食品 33136 55610 44375
300006 蔡和俊 食品 66313 77112 77191
第二页部分打印效果

图 2.5.21　打印第一页和第二页的部分效果

案例说明： 扫二维码观看如何打印标题。

2）预览和打印文件

要打印工作表，单击"文件"选项卡→"打印"命令，打印界面如图 2.5.22 所示。

在打印界面中，可以在"份数"中设置打印工作表的份数，在"打印机"中选择对应的打印机，单击"属性"，设置纸张方向，如图 2.5.23 所示。

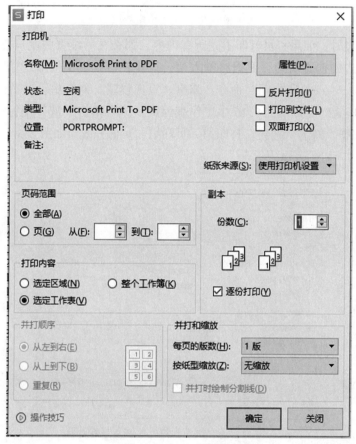

图 2.5.22　打印界面

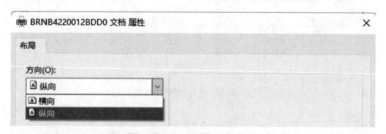

图 2.5.23　设置纸张方向

在打印内容中，可以选择"选定工作表"（当前编辑状态中的工作表）、"整个工作簿""选定区域（前面已介绍）"，如图 2.5.24 所示。

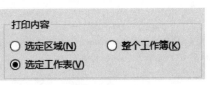

图 2.5.24　设置打印内容

单击"页面布局"选项卡→"打印预览"命令，在出现的打印预览界面中，还可以对打印的页码范围、打印的方向、纸张信息、页边距、缩放进行设置，单击"页面设置"，将弹出"页面设置"对话框。

案例说明：扫二维码观看如何预览和打印文件。

2. 视图调整

（1）切换工作簿视图

WPS 表格为用户提供了"普通""分页预览""页面布局"视图，通过单击"视图"选项卡中的命令在不同的视图间进行切换，如图 2.5.25 所示。

如何预览和打印文件

图 2.5.25　"视图"选项卡

"普通"视图是默认视图。

"分页预览"视图以蓝色的分页符显示分页效果，并以文字标明"第几页"，可以通过鼠标拖动蓝色的分页符来调整位置。

"页面布局"视图不仅会显示页面打印效果，还可以进行编辑操作，诸如页眉、页脚的显示与添加就需要切换到"页面布局"视图。

（2）添加和打印页眉、页脚

打印工作表时，一般只打印工作表的内容，如果需要添加和打印页眉、页脚，步骤如下。

方法 1：因页眉、页脚在普通视图中不显示，所以应单击"插入"选项卡→"页眉页脚"命令，如图 2.5.26 所示，或者单击"视图"选项卡→"页面布局"命令，如图 2.5.27 所示。

图 2.5.26　"页眉和页脚"命令

单击工作表中的页眉区域（顶部）、页脚区域（底部），输入文字即可。

方法 2：单击"页面布局"选项卡，打开"页面设置"对话框，如图 2.5.28 所示。单击"自定义页眉"按钮，弹出"页眉"对话框，如图 2.5.29 所示。

图 2.5.27 "页面布局"视图

图 2.5.28 "页眉/页脚"选项卡

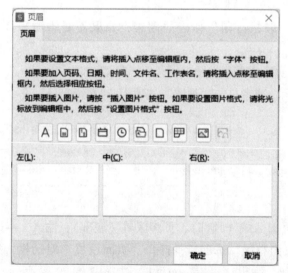

图 2.5.29 "页眉"对话框

在"左""中""右"框中输入页眉信息。在"页眉"对话框中，可以更改字体格式、添加页码、时间、日期等内容。要添加页脚信息，单击"自定义页脚"按钮，在"页脚"对话框中进行设置，方法与页眉设置相同。

最后，根据需要，选择"奇偶页不同""首页不同"选项，单击"打印预览"按钮可预览打印效果。

案例说明：扫二维码观看如何添加和打印页眉、页脚。

添加和打印
页眉页脚

3. 冻结窗格

WPS 表格中提供了冻结窗格功能，单击"视图"选项卡→"冻结窗格"命令，如图 2.5.30 所示。该功能主要实现固定表格的行或列，当滚动工作表时，固定的行或列不滚动。有"冻结首列""冻结首行""冻结窗格"（用户自定义）三个命令。

冻结（固定）上部几行：单击要冻结行下方一行的行号，如冻结上部 3 行，选中第 4 行，或者选择 A4 单元格，单击"视图"选项卡→"冻结至第 3 行"命令。选择后，"冻结窗口"自动换成"取消冻结窗格"，第 3 行下方多出一条横线，如图 2.5.31 所示。

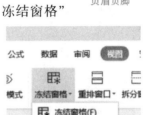

图 2.5.30 "视图"组中的"冻结窗格"命令

图 2.5.31 冻结上部几行

如果要取消冻结，单击"视图"选项卡→"冻结窗格"命令，选择"取消冻结窗格"即可。

冻结（固定）左边几列：单击要冻结列右方一列的列标，如冻结左部 4 列，选中第 5 列，单击"视图"选项卡→"冻结窗格"→"冻结至第 D 列"。选择后，第 4 列右方多出一条横线，如图 2.5.32 所示。

案例说明：扫二维码观看如何冻结窗格。

4. 保护工作表、工作簿

如果只希望用户查看工作表，不允许用户在工作簿、工作表中进行删除、修改等操作，可以通过在 WPS 表格中使用"保护工作表""保护工作簿"功能来实现。

如何冻结窗格

（1）保护工作表

①单击"审阅"选项卡→"保护工作表"命令，如图 2.5.33 所示。

图 2.5.32　冻结（固定）左边几列

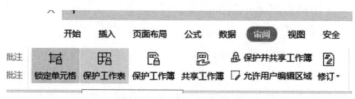

图 2.5.33　"审阅"选项卡中的"保护工作表"命令

②在弹出的"保护工作表"对话框中，在"密码"（可选）中输入密码，根据需要在"允许此工作表的所有用户进行"中指定允许用户进行的操作（一般默认），如图 2.5.34 所示。单击"确定"按钮，会弹出"确认密码"对话框，如图 2.5.35 所示，再次输入密码，单击"确定"按钮，保护工作表完成。

图 2.5.34　"保护工作表"对话框

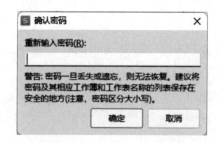

图 2.5.35　"确认密码"对话框

③用户修改被保护工作表中的单元格内容时，会弹出如图 2.5.36 所示的警告信息。

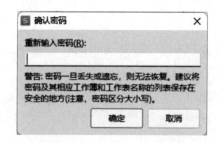

图 2.5.36　警告信息图

如果要解除被保护工作表，单击"审阅"选项卡→"撤销工作表保护"命令，弹出如图 2.5.37 所示，在弹出的"撤销工作表保护"对话框中输入正确的密码即可。

图 2.5.37　"审阅"选项卡中的"撤销工作表保护"命令

（2）保护工作簿

①单击"审阅"选项卡→"保护工作簿"命令，弹出如图 2.5.37 所示对话框。

②在弹出的"保护工作簿"对话框（图 2.5.38）中输入密码，单击"确定"按钮。弹出"确认密码"对话框，再次输入密码，单击"确定"按钮。保护工作簿完成。

③将鼠标指向工作表标签，单击鼠标右键，在弹出的快捷菜单中，已不能实现工作表的"插入""删除""重命名"等操作，如图 2.5.39 所示。

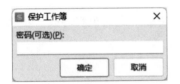

图 2.5.38　"保护工作簿"对话框　　　　图 2.5.39　"插入""删除""重命名"不可用

如果要解除被保护工作簿，单击"审阅"选项卡→"撤销保护工作簿"命令，在弹出的"撤销工作簿保护"对话框中输入正确的密码即可。

案例说明： 扫二维码观看如何保护工作表、工作簿。

【任务实施】

要完成图 2.5.1 所示"××科技公司 2022 销售表"的创建和编辑，步骤如下：

①创建文档。

- 创建一个文件名为"××科技公司 2022 年销售表"，扩展名为 .xlsx 的 WPS 表格工作簿。
- 单击"保存"按钮，将文档暂时存盘到指定位置。

②输入 2 个基础表格数据。

输入列标题"地区"~"利润"及"销售员"~"利润"。

保护工作表、
工作簿

在相应单元格中输入对应数据信息，完成基础录入工作，录入完成后，效果如图 2.4.40 所示。

地区	销量	销售额		目标值	利润	
中原大区	37		¥5,359	¥4,264	¥1,899	
东北大区	13		¥1,609	¥3,582	¥956	
东南大区	21		¥2,950	¥2,327	¥1,026	
华中大区	29		¥4,347	¥2,711	¥1,893	
华南大区	14		¥1,954	¥3,844	¥686	
合计	114		¥16,660	¥16,728	¥6,460	
销售员	销量	销售额		目标值	利润	
张志泽	52		¥4,020	¥2,330	¥4,620	
邵小小	43		¥3,500	¥3,469	¥1,500	
赵大鹏	12		¥1,000	¥2,085	¥670	
王大壮	23		¥2,600	¥2,170	¥1,300	
李明亮	27		¥3,560	¥3,448	¥900	
稻小壳	17		¥1,935	¥3,704	¥500	
合计	174		¥16,615	¥17,206	¥9,490	

图 2.5.40　××科技公司 2022 年销售表关键数据

③表格格式化。

- 标题内容格式化。
- 设置边框。

④在 F 列利用 IF 函数和条件格式，将销售额＞目标值显示为绿色实心圆，销售额＜目标值显示为红色实心圆。

⑤选择数据区域，制作"组合图"。

⑥打印设置。

- 插入页眉页脚，页眉文字为"××科技公司"（顶部左侧），页脚文字为"2021 年 7 月"（底部右侧）。
- 调整页边距，将左侧页边距和右侧页边距设置为 2.5 cm。

⑦保护工作簿，并设置密码为"123"。

【项目自评】

评价要点	评价要求	自评分	备注
数据录入	共 20 分。数据内容录入正确（有错、漏的，一处扣 5 分，扣完为止）		
表格格式化	共 10 分。标题（5 分）；边框（5 分）		
IF 函数及条件格式运用	共 10 分		

续表

评价要点	评价要求	自评分	备注
组合图	共 10 分		
打印设置	共 20 分。页眉页脚（10 分）；页边距（10 分）		
保护工作簿	共 10 分		
文件保存	共 10 分。文件名及保存路径正确		
职业素养	共 10 分。包含敬业精神与合作态度		

【素质拓展】

《中华人民共和国反不正当竞争法》1993 年 9 月 2 日第八届全国人民代表大会常务委员会第三次会议通过，2017 年 11 月 4 日第十二届全国人民代表大会常务委员会第三十次会议修订，根据 2019 年 4 月 23 日第十三届全国人民代表大会常务委员会第十次会议《关于修改〈中华人民共和国建筑法〉等八部法律的决定》修正。

第一条 为了促进社会主义市场经济健康发展，鼓励和保护公平竞争，制止不正当竞争行为，保护经营者和消费者的合法权益，制定本法。

【能力拓展】

1. 打开素材文档"2.5 能力拓展 – 第 1 题素材 . xlsx"（. xlsx 为文件扩展名），后续操作均基于此文件。

（1）基于成绩统计数据，在"原始成绩"工作表 P1 单元格处开始构造高级筛选条件，按指定字段标题筛选出"总分排名前 30 且大学生社会实践不合格"的学生名单。

（2）基于成绩统计数据，在"成绩分析"工作表中应用公式或函数分别按学科统计最高分、最低分、平均分、众数、及格和不及格人数。

（3）基于成绩统计数据，在"成绩分析"工作表的 A10 单元格中插入数据透视表，行区域为"班级"字段，列区域为"总分"字段，并对列区域数字以"起始于最低分、终止于最高分、步长为 100"的规则进行项目分组，选中列区域某一单元格，选中"分析"选项卡中的"组选择"，完成如图 2.5.41 所示设置。在值区域按"姓名"字段进行计数。

（4）基于上面的数据透视表，在"成绩分析"工作表中进一步生成簇状柱形的数据透视图，并添加数据标签和图表标题，标题文本为"2019 级云计算技术与应用专业学生期末成绩"。

（5）在"成绩查询"工作表的 A2 单元格中插入下拉列表，其下拉选项中包含全部学生姓名，并按下列要求应用公式和函数返回与姓名相对应的信息。

①按 A2 单元格中的姓名进行查询，在 B2∶K2 和 L4 区域中分别返回相应学号和成绩等。

②按 R1∶Q6 区域中的等级评价标准，在 D4∶K4 区域中分别返回各科分数相应评级。

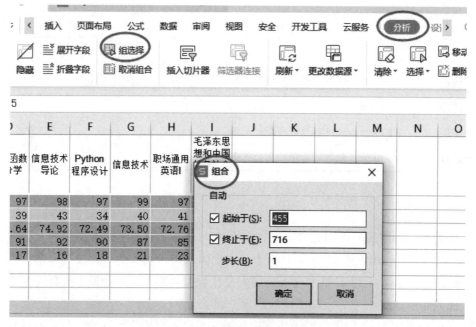

图 2.5.41 对列区域进行"组选择"

（6）将"原始成绩"工作表数据对应复制到"汇总打印"工作表，并按下列要求进行美化。

①应用"表样式浅色 9"的预设表格样式，并且仅套用表格样式而不转换成表格。

②将"班级"列移动到首列位置，再根据单元格内容将各列调整到最合适的列宽。

③锁定标题行，使其在滚动浏览其他数据行时始终保持可见。

（7）在"汇总打印"工作表中，应用条件格式增强数据的可读性。

①分别将各个学科的高分前 10 名自动标记为"浅红色填充色 – 深红色文本"。

②分别将总分按"四等级"图标集进行标识。

（8）在"汇总打印"工作表中，按下列要求组织数据列表结构，以便于阅读和打印。

①按多条件排序，先按班级从一到三排列，在此基础上再按总分成绩从高到低排列。

②应用分类汇总，按班级字段对总分分别汇总平均值，将汇总结果（小计和合计）的数字格式更改为仅保留两位小数。

③进行打印前的页面设置，纸张方向设为横向，数据区域在纸张上水平且垂直居中，并适当调整分页符位置，以实现每组数据单独打印在一页上（即三个班级分别打印在三张纸上）。

任务六 电子表格宏的应用——制作企业员工工资条

WPS 表格宏是一种自动化处理表格数据的方式，通过预先录制操作或写好程序代码，可以实现复杂数据处理任务的自动化，提高工作效率。与手动操作相比，使用 WPS 表格宏可以将烦琐的任务交给计算机处理，大幅节省时间和精力。同时，WPS 表格宏还具有高度可重用性，可以多次运行同一宏程序，提高效率。

【知识目标】

※ 掌握 WPS 表格宏的应用；

※ 掌握工资条的制作方法。

【技能目标（1 + X 考点）】

※ 掌握 WPS 表格录制宏功能；

※ 能够使用简单代码实现工作表合并。

【素质目标】

※ 掌握 WPS 表格宏的使用方法；

※ 具备办公室文员的基本素养。

【任务描述】

　　××科技公司完成制作"××科技公司 2022 年 1 月职工工资表"（图 2.6.1）后，现需要为每一位员工发放工资条。新建一个工作表用于制作工资条，工资条要求每人一份，其中包含工资信息的表头和员工本人的信息，内容和格式如图 2.6.2 所示。

<table>
<tr><td colspan="15" style="text-align:center">××科技公司
2022年1月职工工资表</td></tr>
<tr><th>员工编号</th><th>姓名</th><th>分公司</th><th>职务</th><th>基本工资</th><th>全勤奖金</th><th>工资总额</th><th>请假扣款</th><th>代扣所得税</th><th>应扣合计</th><th>实发工资</th><th>病假天</th><th>迟到/分钟</th><th>备注</th></tr>
<tr><td>C001</td><td>张美英</td><td>华东分公司</td><td>经理</td><td>10,000</td><td>300</td><td>10,300</td><td>–</td><td>320</td><td>320</td><td>￥ 9,980</td><td></td><td></td><td></td></tr>
<tr><td>B001</td><td>王振兴</td><td>西南分公司</td><td>职员</td><td>4,300</td><td>–</td><td>4,300</td><td>–</td><td>–</td><td>–</td><td>￥ 4,300</td><td>1</td><td></td><td></td></tr>
<tr><td>B002</td><td>马东民</td><td>西南分公司</td><td>职员</td><td>3,800</td><td>–</td><td>3,800</td><td>200</td><td>–</td><td>200</td><td>￥ 3,600</td><td></td><td>50</td><td></td></tr>
<tr><td>C002</td><td>王梅霞</td><td>华东分公司</td><td>职员</td><td>3,800</td><td>300</td><td>4,100</td><td>–</td><td>–</td><td>–</td><td>￥ 4,100</td><td></td><td></td><td></td></tr>
<tr><td>A001</td><td>王建梅</td><td>华中分公司</td><td>职员</td><td>5,000</td><td>–</td><td>5,000</td><td>–</td><td>–</td><td>–</td><td>￥ 5,000</td><td></td><td>10</td><td></td></tr>
<tr><td>A002</td><td>王晓磊</td><td>华中分公司</td><td>职员</td><td>4,700</td><td>300</td><td>5,000</td><td>–</td><td>–</td><td>–</td><td>￥ 5,000</td><td></td><td></td><td></td></tr>
<tr><td>C003</td><td>艾小敏</td><td>华东分公司</td><td>职员</td><td>2,100</td><td>–</td><td>2,100</td><td>–</td><td>–</td><td>–</td><td>￥ 2,100</td><td></td><td>5</td><td></td></tr>
<tr><td>B003</td><td>刘芳明</td><td>西南分公司</td><td>职员</td><td>4,500</td><td>300</td><td>4,800</td><td>–</td><td>–</td><td>–</td><td>￥ 4,800</td><td></td><td></td><td></td></tr>
<tr><td>B004</td><td>刘大历</td><td>西南分公司</td><td>职员</td><td>5,000</td><td>–</td><td>6,800</td><td>150</td><td>54</td><td>204</td><td>￥ 6,596</td><td></td><td>35</td><td></td></tr>
<tr><td>A003</td><td>刘军强</td><td>华中分公司</td><td>副经理</td><td>7,800</td><td>300</td><td>8,100</td><td>–</td><td>100</td><td>100</td><td>￥ 8,000</td><td></td><td></td><td></td></tr>
<tr><td>B005</td><td>刘喜凤</td><td>西南分公司</td><td>副经理</td><td>8,500</td><td>300</td><td>8,800</td><td>–</td><td>170</td><td>170</td><td>￥ 8,630</td><td></td><td></td><td></td></tr>
<tr><td>C004</td><td>刘国鹏</td><td>华东分公司</td><td>职员</td><td>4,100</td><td>–</td><td>4,100</td><td>300</td><td>–</td><td>300</td><td>￥ 3,800</td><td></td><td>70</td><td></td></tr>
<tr><td>B006</td><td>孙海婷</td><td>西南分公司</td><td>副经理</td><td>7,900</td><td>300</td><td>8,200</td><td>–</td><td>110</td><td>110</td><td>￥ 8,090</td><td></td><td></td><td></td></tr>
<tr><td>A004</td><td>朱希雅</td><td>华中分公司</td><td>职员</td><td>2,400</td><td>300</td><td>2,700</td><td>–</td><td>–</td><td>–</td><td>￥ 2,700</td><td></td><td></td><td></td></tr>
<tr><td>B007</td><td>朱思花</td><td>西南分公司</td><td>职员</td><td>3,900</td><td>–</td><td>3,900</td><td>–</td><td>–</td><td>–</td><td>￥ 3,900</td><td>1</td><td></td><td></td></tr>
<tr><td>C005</td><td>陈晓敏</td><td>华东分公司</td><td>副经理</td><td>8,500</td><td>–</td><td>8,500</td><td>–</td><td>140</td><td>140</td><td>￥ 8,360</td><td></td><td>5</td><td></td></tr>
<tr><td>C006</td><td>陈思华</td><td>华东分公司</td><td>职员</td><td>3,200</td><td>–</td><td>3,200</td><td>250</td><td>–</td><td>250</td><td>￥ 2,950</td><td></td><td>60</td><td></td></tr>
<tr><td>A005</td><td>彭与华</td><td>华中分公司</td><td>职员</td><td>4,300</td><td>300</td><td>4,600</td><td>–</td><td>–</td><td>–</td><td>￥ 4,600</td><td></td><td></td><td></td></tr>
</table>

查询		分析	
职工编号：	B003	实发工资大于4000的人数：	12
员工姓名：	刘芳明	代扣所得税总额：	894
当月实发工资：	4800	员工平均工资：	5,361

图 2.6.1　××科技公司 2022 年 1 月职工工资表

　　制作完职工工资条后，将工作簿中的职工工资表和职工工资条两个工作表拆分为两个独立的工作簿，并以工作表的名字命名，保存在 D 盘 WPS 文件夹中。

	A	B	C	D	E	F	G	H	I	J	K	L	M	N	O
1	员工编号	姓名	分公司	职务	基本工资	全勤奖金	工资总额	请假扣款	代扣所得税	应扣合计	实发工资	病假天	迟到/分钟	备注	
2	C001	张美英	华东分公司	经理	10,000	300	10,300	－	320	320	9,980				
3	员工编号	姓名	分公司	职务	基本工资	全勤奖金	工资总额	请假扣款	代扣所得税	应扣合计	实发工资	病假天	迟到/分钟	备注	
4	B002	马东民	西南分公司	职员	3,800	－	3,800	200	－	200	3,600		50		
5	员工编号	姓名	分公司	职务	基本工资	全勤奖金	工资总额	请假扣款	代扣所得税	应扣合计	实发工资	病假天	迟到/分钟	备注	
6	A002	王晓磊	华中分公司	职员	4,700	300	5,000	－	－	－	5,000				
7	员工编号	姓名	分公司	职务	基本工资	全勤奖金	工资总额	请假扣款	代扣所得税	应扣合计	实发工资	病假天	迟到/分钟	备注	
8	C003	艾小敏	华东分公司	职员	2,100	－	2,100	－	－	－	2,100		5		
9	员工编号	姓名	分公司	职务	基本工资	全勤奖金	工资总额	请假扣款	代扣所得税	应扣合计	实发工资	病假天	迟到/分钟	备注	
10	B003	刘芳明	西南分公司	职员	4,500	300	4,800	－	－	－	4,800				
11	员工编号	姓名	分公司	职务	基本工资	全勤奖金	工资总额	请假扣款	代扣所得税	应扣合计	实发工资	病假天	迟到/分钟	备注	
12	B004	刘大历	西南分公司	职员	5,000	－	6,800	150	54	204	6,596		35		
13	员工编号	姓名	分公司	职务	基本工资	全勤奖金	工资总额	请假扣款	代扣所得税	应扣合计	实发工资	病假天	迟到/分钟	备注	
14	A003	刘军强	华中分公司	副经理	7,800	300	8,100	－	－	100	100	8,000			

图 2.6.2　××科技公司 2022 年 1 月职工工资条

【相关知识】

1. 创建工资条

（1）打开录制新宏

在表中，单击"开发工具"→"录制新宏"，如图 2.6.3 所示

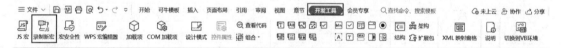

图 2.6.3　录制新宏

（2）修改宏名

修改宏名为"制作工资条"，方便管理，如图 2.6.4 所示。

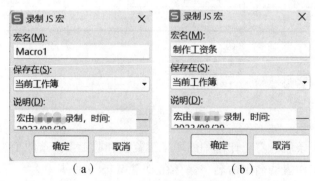

（a）　　　　　　　　（b）

图 2.6.4　宏名修改前后

（3）开始宏录制

单击"使用相对引用"，在第三行上方插入空白行，把第一行表头的内容复制到第三行后，单击"停止录制"，如图2.6.5和图2.6.6所示。

图2.6.5 宏录制及使用相对引用

图2.6.6 停止录制

注意：

■ 插入时，应选中表格第三行，右击，选择"在上方插入行"。

（4）运行JS宏

选择"开发工具"→"JS宏"，在弹出的对话框中，单击"运行"按钮即可，如图2.6.7所示。

（5）新建宏快捷按钮

单击菜单栏"插入"→"文本框"→"横向文本框"。选中文本框，右击，选择"指定宏"，选择"制作工资条"，单击"确定"按钮，如图2.6.8和图2.6.9所示。

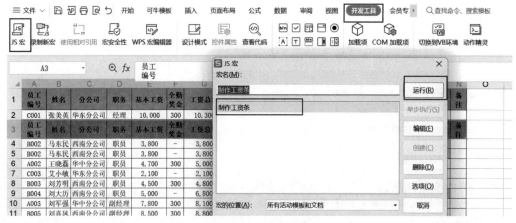

图 2.6.7 运行"制作工资条"宏

图 2.6.8 指定宏

图 2.6.9 选择"制作工资条"宏

选择"设置对象格式"，在"形状选项"→"大小与属性"中，选中"大小和位置均固定"，关闭"属性"窗口，如图 2.6.10 所示。

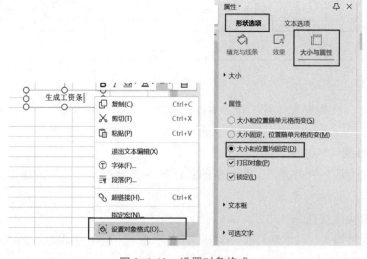

图 2.6.10 设置对象格式

最后，选中 A1 单元格，单击"生成工资条"文本框即可快速生成工资条，如图2.6.11所示。

图 2.6.11　生成工资条

案例说明：扫二维码观看如何用宏录制方式创建工资条。

2. 用宏代码生成工资条

使用宏代码一键生成工资条。

单击"开发工具"→"WPS 宏编辑器"，如图 2.6.12 所示，在编辑器中编辑好"工资条"JS 代码后，单击"运行"按钮即可。

生成工资条操作视频

图 2.6.12　使用"WPS 宏编辑器"

3. 批量拆分工作表

在 D 盘中新建"WPS"文件夹中，打开 WPS 宏编辑器，编辑好"拆分工作簿"JS 宏代码后，单击"运行"按钮，即可运行当前宏。

运行宏后，即可在 D 盘"WPS"文件夹中找到拆分的两个工作簿，并以工作表的名字命名。

【任务实施】

要在图 2.6.1 所示"××科技公司 2022 年 1 月职工工资表"的基础上使用宏完成 2022 年 1 月职工工资条的制作，并将工作簿中的职工工资表和职工工资条两个工作表拆分为两个独立的工作簿，保存在 D 盘"WPS"文件夹中，步骤如下：

1. 创建新工作表

①打开"××科技公司 2022 年 1 月职工工资表"，将"Sheet1"表 A1:N17 单元格区域内容复制到"Sheet2"表中。

②将原工作表"Sheet1""Sheet2"分别重命名为职工工资表和职工工资条。

2. 录制新宏

运用录制新宏的方法，并插入"生成工资条"快捷键，将工作表"职工工资条"中每一行数据加上表头，效果如图 2.6.13 所示。

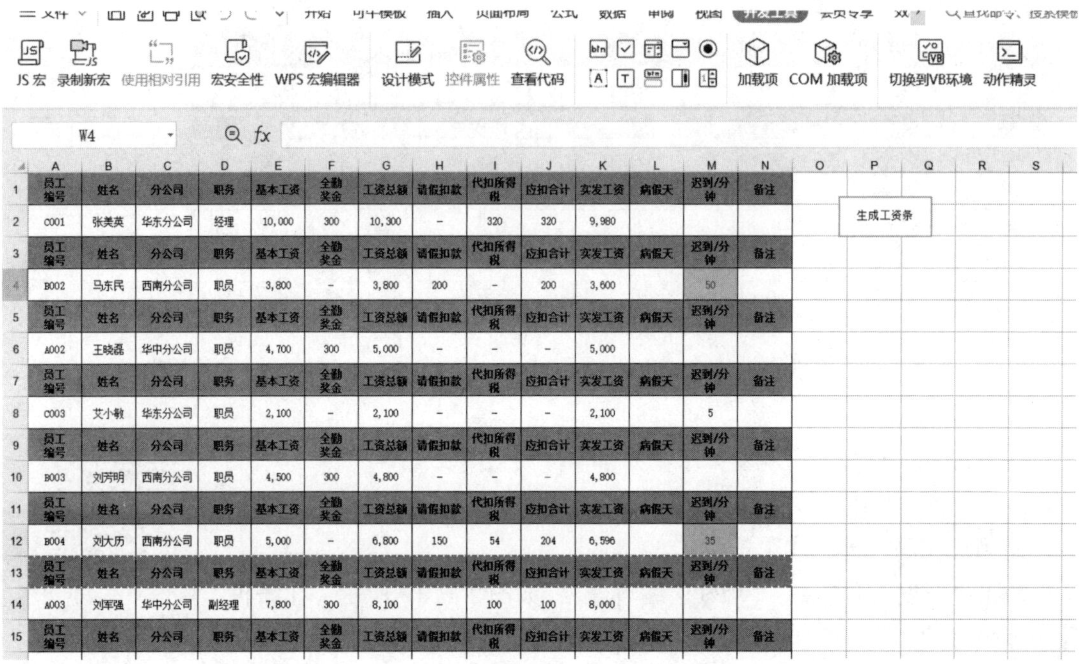

图 2.6.13 生成"职工工资条"效果

3. 批量生成工资条

用 JS 宏代码批量生成工资条。

4. 拆分工作表为工作簿

使用 WPS 宏编辑器，将工作簿"××科技公司 2022 年 1 月职工工资表"中的两个工作表拆分为独立的工作簿，并以其工作表名命名，保存在 D 盘"WPS"文件夹中。

【项目自评】

评价要点	评价要求	自评分	备注
创建新工作表	共 5 分。内容录入		
工作表重命名	共 10 分。一个工作表 5 分		
录制新宏	共 10 分。修改宏名（5 分）；录制宏并正确运行（5 分）		
插入宏快捷方式	共 20 分。插入文本框并修改名字（10 分）；将工资表全部生成（10 分）		
使用宏代码	共 30 分。将宏代码录入 WPS 宏编辑器（15 分）；代码正常运行（15 分）		

续表

评价要点	评价要求	自评分	备注
拆分工作表	共15分。新建文件夹（5分）；宏编辑器内容正确（5分）；文件名及保存路径正确（5分）		
职业素养	共10分。包含敬业精神与合作态度		

【新技术】

　　办公助手 Free 是一款插件，能够提供更多实用的办公功能。它能够帮助用户轻松完成很多常用的办公操作，包括移除工作簿（表）密码、Vlookups、数据对比、插入/导出/删除图片等，如图 2.6.14 所示。通过一键单击即可快速使用这些功能，提高工作效率、解放双手。同时，该插件还支持自定义按键操作和快捷键设置，让用户可以更加方便地使用插件。

图 2.6.14　办公助手 Free 插件功能区

注意：
　　■ 安装插件前，需要先安装 .net4.5 和 Visual Studio Tools。

　　案例说明： 扫二维码观看如何安装使用办公助手 Free 插件。

办公助手 FREE
操作视频

【能力拓展】

　　1. 用 JS 宏代码批量创建工作簿
　　使用 WPS 宏编辑器，在 D 盘 "WPS" 文件夹中生成以 "北京" "天津" "上海" "重庆" 四个城市命名的工作簿。

注意：
　　■ 实际工作中，代码中城市的名字可以改为需要命名的文件名。

　　2. 使用插件一键生成二维码
　　使用办公助手 Free 插件，为职工工资条表格一键生成二维码。

项目三

WPS Office演示文稿的应用

【项目导读】

本项目将介绍 WPS 2019 演示中的基本操作和使用技巧。以经典实用的案例为基础，介绍电子文稿软件 WPS 2019 演示的基本概念和基本功能，包括 WPS 2019 演示文稿的创建、幻灯片的编辑和美化、演示文稿的放映等内容。

任务一 演示文稿的创建——入职培训

WPS 2019 演示是北京金山办公软件股份有限公司推出的专门制作和展示演示文稿的软件，是 WPS Office 办公套件中的一个重要组件，能处理文字、图形、图像、声音、视频等多媒体信息，从而帮助人们创建一个包括文字、图片、视频等多种内容的演示文稿，将需要表达的内容清晰、直观地展示给观众。WPS 2019 演示被广泛用于学校、公司、公共机关等部门，可制作教学课件、互动演示、产品展示、竞标方案、广告宣传、主题演讲、技术讨论、总结报告、会议简报等演示文稿。

【知识目标】

※ 掌握 WPS 演示窗口组成等基本知识；

※ 掌握演示文稿、幻灯片、模板、母版等基本概念；

※ 掌握 WPS 演示的各类视图以及插入对象的方法。

【技能目标】（1+X 考点）

※ 能够熟练应用演示文稿的工作界面；

※ 能够掌握文本和图片等对象输入或者插入的方法及设置要求；

※ 能够使用母版编辑演示文稿并设计和制作母版及版式；

※ 能够熟练使用动作按钮和超链接。

【素质目标】

※ 树立科学的劳动价值观，形成诚实劳动的良好风尚。

【任务描述】

演示文稿具有多样化的投影片与色彩配置，可以直接在计算机上播放，也可以打印成投影片、讲义。

刘军是南流景公司职员，他需要为新进员工进行入职培训。利用 WPS 2019 演示善于处理多媒体信息的功能，刘军很快制作了如图 3.1.1 所示的演示文稿，使用图文并茂的方式介绍了公司人事规章制度，顺利完成了培训任务。

图 3.1.1　入职培训演示文稿（节选）

本项目中需要将文本和图片等对象输入或者插入相应的幻灯片中，设置幻灯片相关对象的要素（包括字体、大小等），对演示文稿进行编辑处理和预演播放。

【技能及素质要求】

- 熟悉 WPS 2019 演示工作界面，并能熟练应用。
- 掌握文本和图片等对象输入或者插入方法及设置要求。
- 对演示文稿进行编辑处理和放映。

【相关知识】

1. 演示文稿的创建

（1）新建演示文稿

启动 WPS 2019 演示时，即新建了一份空白的演示文稿，并在工作区建立了第一张版式为"标题幻灯片"的演示文稿。可以通过以下几种方法新建演示文稿。

方法一：主导航栏新建。打开 WPS 演示，在打开的软件界面左侧主导航栏中单击"新建"按钮即可新建一个空白演示文稿，如图 3.1.2 所示。

方法二：标签栏新建。在已打开的 WPS 演示中，单击标签栏中的按钮，即可新建一个空白演示文稿，如图 3.1.2 所示。

方法三：使用"文件"菜单新建。在已打开的 WPS 演示中，单击"文件"→"新建"，即可新建一个空白演示文稿，如图 3.1.3 所示。

图 3.1.2　新建演示文稿

1—主导航栏新建；2—标签栏新建

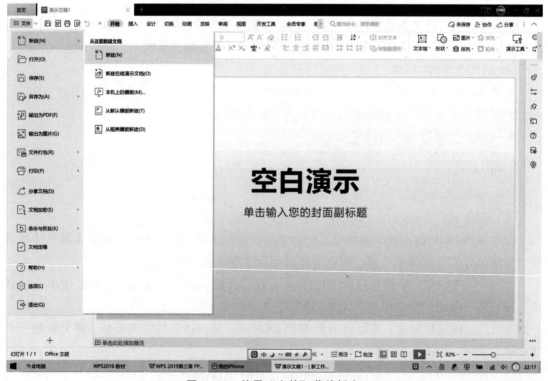

图 3.1.3　使用"文件"菜单新建

方法四：组合键新建。在已打开的 WPS 演示中，使用 Ctrl + N 组合键快速创建一个空白演示文稿。

当新建了一个演示文稿后，可以更改演示文稿的大小以及页面比例，具体方法如下：单击"设计"→"幻灯片大小"，在弹出的下拉菜单中，可以将幻灯片大小设置为标准（4∶3）或宽屏（16∶9），如图 3.1.4 所示。也可以选择"幻灯片大小"命令，在弹出的"页面设置"对话框中设置特殊尺寸的幻灯片，如图 3.1.5 所示。

图 3.1.4　更改幻灯片大小

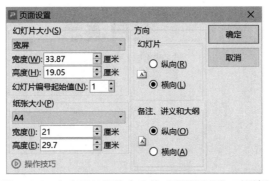

图 3.1.5　自定义幻灯片大小的"页面设置"对话框

（2）模板资源库的使用

为了提高工作效率，WPS 2019 设计了可借鉴的现成演示文稿，可以新建其中的某一种，再修改其内容、结构，也可以进行再设置，使它更符合自己的要求。在创建演示文稿时，可以选择"从模板创建"，具体步骤为：进入 WPS 演示首页，单击左侧主导航栏中的"从模板新建"按钮。WPS 演示为用户在本地和网络上提供了丰富的模板资源库，用户可以根据需要在资源库中选择合适的模板使用。

从模板创建演示文稿

　　案例说明：扫二维码观看从模板创建演示文稿。

2. WPS 2019 演示的工作界面

　　案例说明：扫二维码观看 WPS 演示工作界面介绍。

WPS 演示界面介绍

WPS 2019 用户界面是一种面向结果的界面，用户能更加容易地使用 WPS 2019 应用程序以产生好的结果。通过这一用户界面，用户拥有简洁而整齐有序的工作区，它最大限度地减少了干扰，使用户能够更加快速、轻松地获得所需结果，能够更加轻松地使用 WPS Office 应用程序，从而更快地获得更好的结果。

　　WPS 2019 演示的窗口界面与 WPS Office 的其他应用类似，可以分为标签栏、功能区、导航窗格和任务窗格、编辑区、状态栏等部分。以下将对这 5 个部分做详细介绍。

　　（1）标签栏

　　标签栏用于演示文稿标签切换和窗口控制，包括标签区和窗口控制区。标签区主要用于访问、切换和新建演示文稿；窗口控制区主要用于切换、缩放和关闭工作窗口及登录、切换和管理账号，如图 3.1.6 所示。

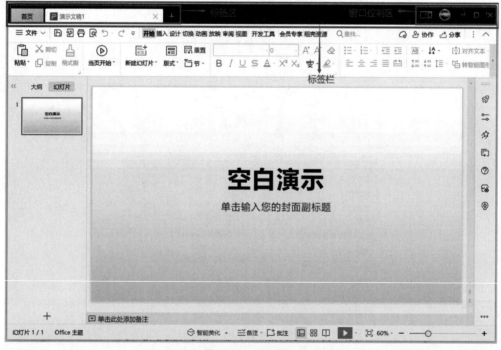

图 3.1.6　标签栏

　　（2）功能区

　　功能区是一种将组织后的命令呈现在一组选项卡中的设计。功能区的基本组件有选项卡、"文件"菜单、快速访问工具栏、快速搜索框、协作状态区等，如图 3.1.7 所示。

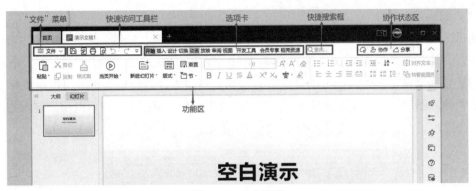

图 3.1.7　功能区

（3）导航窗格和任务窗格

导航窗格默认位于编辑界面的左侧，可以帮助用户浏览演示文稿或快速定位特定内容。如图 3.1.8 所示，单击导航窗格工具栏中的按钮可以切换窗格，如"幻灯片"导航窗格、"大纲"导航窗格等。幻灯片导航窗格包含两个选项卡："幻灯片"选项卡和"大纲"选项卡。"大纲"选项卡主要用于显示、编辑演示文稿的文本大纲，其中列出了演示文稿中的每张幻灯片的页码、主题及相应的要点；"幻灯片"选项卡主要用于显示每张幻灯片的缩略图。用户可在该区域内快速编辑幻灯片。如果窗格变得太窄，"幻灯片"选项卡和"大纲"选项卡将更改显示为符号。

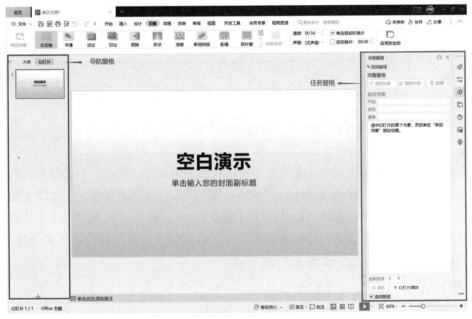

图 3.1.8　导航窗格和任务窗格

任务窗格默认位于编辑界面的右侧，可以执行一些附加的高级编辑命令。任务窗格默认收起而只显示任务窗格工具栏，单击工具栏中的按钮可以展开或收起任务窗格。执行特定命令操作或双击特定对象时，也将展开相应的任务窗格。按 Ctrl + F1 组合键可以在展开任务窗格、收起任务窗格、隐藏任务窗格 3 种状态之间进行切换。

（4）编辑区

编辑区是内容编辑和呈现的主要区域，包括演示文稿页面、标尺、滚动条、备注窗格等。

在幻灯片的编辑区可添加文本及插入图片、表格、SmartArt图形、文本框、电影、声音、超链接和动画等。绝大部分幻灯片版式中均有占位符，占位符方框内可以键入标题、正文，或者插入图片、表格等其他对象。备注窗格位于幻灯片窗格下方，可以用来键入当前幻灯片的备注提示。在实际播放演示文稿时，看不到备注窗格中的信息，如图3.1.9所示。

图3.1.9　编辑区

（5）状态栏

状态栏可以显示演示文稿的状态信息和提供视图控制功能，例如，状态信息区可以显示演示文稿的页数等信息；视图控制区的"普通视图""幻灯片浏览视图""阅读视图"等按钮帮助在不同视图之间快速切换，以及创建"演讲实录"、设置"从当前幻灯片开始播放"；在缩放比例控制区拖动滚动条，可快速调整页面显示比例，或者单击右侧"最佳显示比例"按钮，自动调整至最佳显示，如图3.1.10所示。

图3.1.10　状态栏

3. 视图应用

WPS 演示中，根据不同用户对幻灯片浏览的需求，提供了 5 种视图：普通视图、幻灯片浏览视图、备注页视图、阅读视图和幻灯片母版视图。默认情况下，演示文稿的视图模式为普通视图。在已打开的演示文稿中，单击功能区中的"视图"选项卡，可以选择不同的显示视图，如图 3.1.11 所示。

图 3.1.11　在"视图"选项卡中选择视图模式

1）普通视图

普通视图是为了便于编辑演示文稿的内容而设计的，它是系统默认的视图模式，也是 WPS 2019 演示的主要编辑视图，可用于撰写或者设计演示文稿。单击"视图"→"普通"，进入普通视图。在此视图模式下，可撰写或设计演示文稿。其分为左侧导航区和右侧编辑区，如图 3.1.12 所示。

2）阅读视图

在此视图中，演示文稿占据整个计算机屏幕，用户看到的演示文稿就是观众将看到的效果，用户能看到演示文稿在实际演示当中的图形、计时、影片、动画效果、切换效果的状态。阅读视图的作用是可以在 WPS 窗口播放幻灯片，方便查看动画的切换效果。单击"视图"→"阅读视图"即可进入阅读视图。在此视图下，用户所看到的演示文稿就是观众将看到的效果。

3）幻灯片浏览视图

幻灯片浏览视图以缩略图的形式显示演示文稿中的所有幻灯片，可以对幻灯片顺序进行

图 3.1.12　普通视图

调整、对幻灯片动画进行设计、对幻灯片放映方式和切换方式进行设置等。幻灯片浏览的作用是便于对幻灯片进行快捷更改与排版。单击"视图"→"幻灯片浏览"，即可进入幻灯片浏览视图，在此视图下可以拖动幻灯片调整顺序，如图 3.1.13 所示。

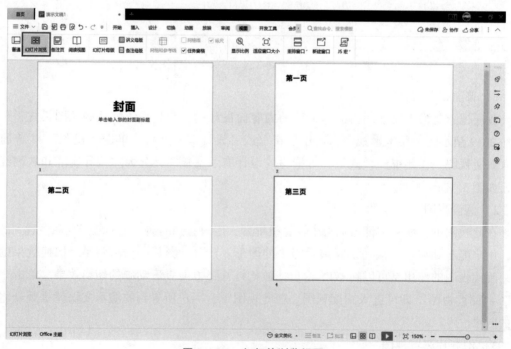

图 3.1.13　幻灯片浏览视图

4）备注页视图

用户可以在备注窗格中键入备注，但若要以整页格式查看和使用备注，则需在备注页视图中进行查看。单击"视图"→"备注页"即可进入备注页视图，在此视图下可以对当前幻灯片添加备注，如图 3.1.14 所示。备注功能也可在普通视图模式下方备注窗格中的"单击此处添加备注"处添加（图 3.1.9）。

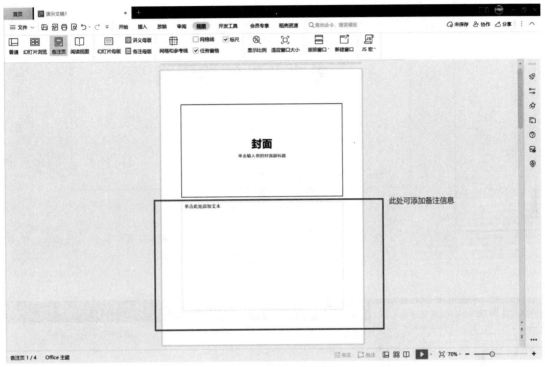

图 3.1.14　备注页视图

5）幻灯片母版

（1）母版视图

单击"视图"选项卡中"幻灯片母版"按钮可以打开母版视图。在母版视图下，用户可以查看、编辑或关闭母版，对演示文稿中母版幻灯片的版式进行设置，如图 3.1.15 所示。

（2）讲义母版视图

在打印幻灯片时，经常需要将幻灯片打印成讲义分发给观众。将幻灯片打印成讲义形式时，会在每张幻灯片旁边留下空白，便于填写备注。使用讲义母版时，可以将多张幻灯片进行排版，然后打印在一张纸上。单击"视图"→"讲义母版"，此时进入讲义母版模式，如图 3.1.16 所示。

讲义方向：可以更改纵横向。单击"横向"→"确保适合"，就可以将讲义变成横向了。

幻灯片大小：可以更改尺寸大小，通常选择标准 4 : 3 模式。

每页幻灯片数量：可以设置每页纸上呈现几张幻灯片。选择 6 张幻灯片，这样就更改成一页有 6 张幻灯片。

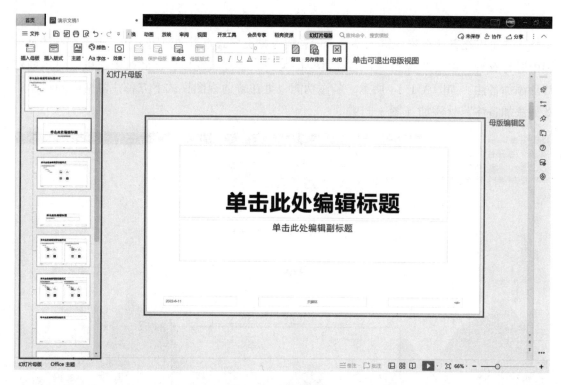

图 3.1.15　母版视图

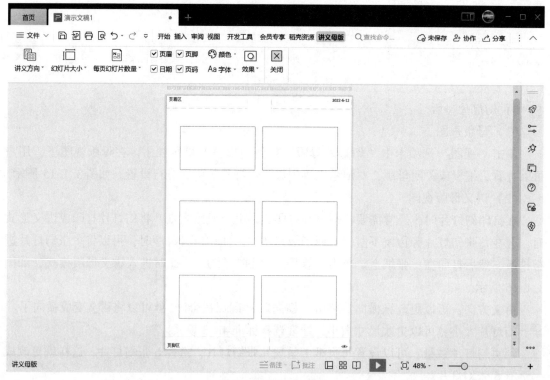

图 3.1.16　讲义母版

还可以通过勾选页眉、页脚、页码和日期，在讲义中添加或删除页眉、页脚、页码和日期；在字体、颜色和效果处，修改所有讲义的字体、颜色和效果。

单击"关闭"按钮，返回演示文稿编辑模式。

（3）备注母版

在做演示文稿时，一般会把需要展示给观众的内容做在幻灯片里，不需要展示的写在备注里。如果需要把备注打印出来，可以使用备注母版功能快速设置备注。备注母版的作用是自定义演示文稿用作打印备注的视图。单击"视图"→"备注母版"，此时进入备注母版编辑模式，如图 3.1.17 所示。

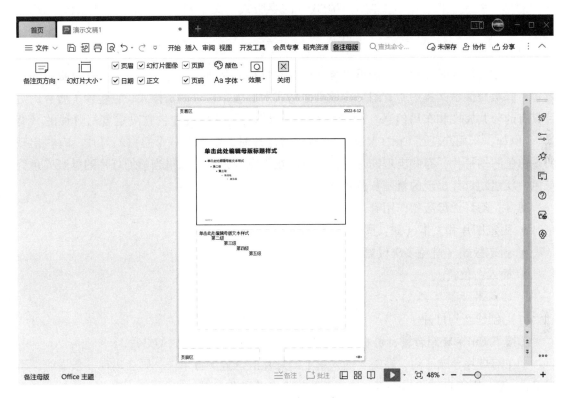

图 3.1.17　备注母版

案例说明：扫二维码观看 WPS 演示的视图设置。

4.演示文稿的基本概念

（1）演示文稿

演示文稿是一个组合电子文件，由幻灯片、演示文稿大纲、讲义和备注 4 个部分构成。文件的默认扩展名为".dps"。

（2）幻灯片

幻灯片是演示文稿的核心部分，它概括性地描述了演示文稿的内容。通常每个演示文稿由若干张幻灯片组成。

（3）设计模板

模板是 WPS 2019 演示根据常用的演示文稿类型归纳总结出来的具有不同风格的演示文稿样式文件，扩展名为".dpt"。WPS 2019 演示提供了两种模板：设计模板和内容模板。设计模板包含预定义的格式、背景设计、配色方案以及幻灯片母版和可选的标题母版等样式信息，可以应用到任意演示文稿中；内容模板除了包含上述样式信息外，还包括针对特定主题提供的建议内容文本。

（4）幻灯片版式

版式是指插入幻灯片中的文本、表格、图表、媒体剪辑等对象在幻灯片上的布局方式。在"幻灯片版式"任务窗格中按文字版式、内容版式、文字和内容版式及其他版式列出各对象之间的排列关系。

（5）母版

在新建幻灯片时，使用母版可以统一修改幻灯片的字体、颜色、背景等格式，提高办公效率。母版是演示文稿中所有幻灯片或页面格式的底版，也可说是样式。它包含了所有幻灯片具有的公共属性和布局信息。母版在幻灯片制作之初就要设置，它决定着幻灯片的"背景"。例如，当用户使用 Ctrl + M 组合键新建幻灯片时，会出现一个空白幻灯片。有些出现的是白色的幻灯片，有些出现的是灰色，原因在于母版设置，如果当前幻灯片的母版底色为灰色，新建幻灯片出现的就是灰色背景。

通常，幻灯片母版的作用有：

- 固定图片和文本（如：固定企业的 Logo 和名称）；
- 固定版式（避免多次设置）；
- 插入占位符。

5. 幻灯片的基本操作

（1）创建新幻灯片

①按下 Ctrl + M 组合键，可在当前幻灯片下快速添加一张空白幻灯片。

②在幻灯片导航区内，在需要插入单个幻灯片的位置下方单击，则会出现一条横线，再按 Enter 键，则能自动添加一张与原来版式完全一样的幻灯片。

③幻灯片导航区"幻灯片"或"大纲"选项卡区域中，在需要插入单个幻灯片的位置下方单击，然后选择"开始"→"幻灯片"→"新建幻灯片"，如图 3.1.18 所示，将出现幻灯片库，显示了各种可用的幻灯片布局的缩略图。选中一个版式即在单击位置上添加该版式的幻灯片。

（2）复制幻灯片

在幻灯片导航区"幻灯片"选项卡内选择要复制的幻灯片（一个或多个），右键单击某张选定的幻灯片，选择"复制"，再在目标演示文稿中找到复制幻灯片插入的位置并右键单击，选择"粘贴"。

图 3.1.18　新建幻灯片

注意：

　　1. 要选择多张连续的幻灯片，可以单击第一张幻灯片，按住 Shift 键后选择最后一张幻灯片；要选择多张不连续的幻灯片，可以按住 Ctrl 键后单击各张要选择的幻灯片。
　　2. 如要保留复制幻灯片的原始设计，则单击"粘贴选项"中的"保留源格式"选项。

（3）幻灯片重新排序

在创建演示文稿时，可能需要更改幻灯片的顺序。首先，在幻灯片导航区"幻灯片"选项卡内单击要更改顺序的幻灯片缩略图，然后将其移动到新的位置即可。

（4）删除幻灯片

首先在幻灯片导航区"幻灯片"选项卡内选择要删除的幻灯片缩略图，然后使用以下几种方法删除幻灯片：

①按下 Delete 键进行删除。

②右键单击该幻灯片，选择"删除"。

③单击"开始"→"幻灯片"→"删除"命令。

（5）幻灯片的隐藏与显示

当用户不想放映演示文稿中的某些幻灯片时，可以将其隐蔽。具体操作为：

①在导航窗格中选中要隐藏的幻灯片。

②右键单击，在弹出的快捷菜单中选择"隐藏幻灯片"命令。

此时，该幻灯片的标号上会显示一条斜线，表示该幻灯片已经被隐藏。若要取消隐藏，只需要选中相应幻灯片，再进行上述操作即可。

6. 文本的录入

1）占位符文本录入

在选择的幻灯片版式中，若有文本占位符，单击后就可直接录入文本内容。

2）文本框的录入

如果幻灯片中没有文本占位符，此时要添加文本内容，则需要插入文本框后再录入文本内容，步骤如下：

①单击"插入"→"文本"→"文本框"命令，如图3.1.19所示。

图 3.1.19　插入文本框

②选择"横向文本框"或"竖向文本框"，然后在幻灯片中需添加文本处单击并拖动鼠标，便会在该处出现所需文本框。

③单击文本框并录入文本。

3）大纲视图文字的录入

在演示文稿的普通视图模式下，单击左侧任务窗格中的"大纲"标签，在需要添加文字的幻灯片位置输入文本即可。

4）文本格式和段落编辑

WPS 2019 演示中，文本格式和段落编辑与 Word 中的基本相同，可参照 Word 编辑过程中的段落设置方法和项目符号编号设置方法进行文本编辑。

（1）项目符号

对内容添加项目符号，可以让文本内容有层次，有强调突出文本内容的效果。对于 WPS 预设的项目符号、稻壳项目符号，单击即可添加。若没有所需项目符号，可以单击"其他项目符号"，在弹出的"项目符号与编号"界面进行设置。可以根据所需选择项目符号、图片样式，自定义项目符号或者编号类型，如图3.1.20所示。

（2）段落设置

选中需要设置的内容，依次单击"开始"→"段落"的"对话框启动器"按钮。在弹出的"段落"对话框中选择"缩进和间距"，可以设置对齐方式、缩进以及间距。在"常规"处，可以根据所需设置合适的对齐方式。若需要通过制表位辅助设置对齐方式，单击左下角的制表位，在"制表位"对话框中进行设置就可以了。缩进处可以设置文本之前的距离，单位可以根据所需进行设置，若有首行缩进等特殊格式，可以在特殊格式处进行选择，并设置度量值。

图 3.1.20　选择项目符号

案例说明：扫二维码观看幻灯片中的项目符号和段落设置。

设置项目符号

注意：

在对文本内容进行排版处理时，有以下几点建议：

1. 缩短文本框横向大小，过宽不利于阅读；

2. 将文字两端对齐；

3. 适当增加行距；

4. 字体建议为微软雅黑；

5. 使用图标或符号来点缀文本。

7. 设置背景样式

背景样式是来自当前文档主题中由主题颜色和背景亮度组合成的背景填充变体。当用户更改文档主题时，演示文稿被更改的不只是背景，同时也会更改主题颜色、标题和正文字体、线条和填充样式以及主题效果等。如果只更改演示文稿的背景，则应选择更改背景样式。

背景样式在"背景样式"库中显示为缩略图。用户将鼠标指针置于某个背景样式缩略图上时，可以实时预览背景样式对演示文稿的设置效果。当用户确认使用选定的背景样式时，则可以通过单击将该背景样式应用到演示文稿中。

向演示文稿添加背景样式的方法如下：

①选择要设置的幻灯片；

②单击"设计"→"背景"；

③在右侧弹出的"对象属性"任务窗格中设置该幻灯片的背景属性，如填充、透明度、亮度等，如图 3.1.21 所示。

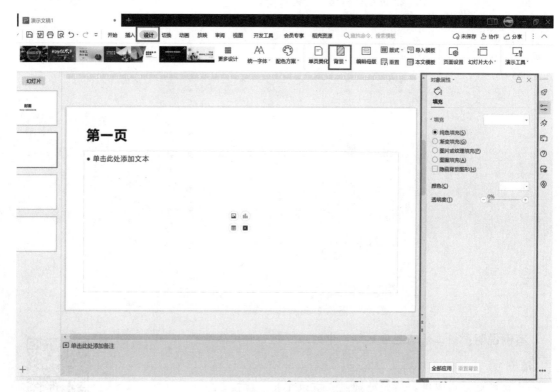

图 3.1.21　设置幻灯片背景属性

要将背景应用于所选幻灯片，则直接进行背景设置，该幻灯片的背景样式会根据用户的设置直接应用。

要将当前幻灯片背景样式应用于演示文稿中的所有幻灯片，则设置好背景样式后，单击下侧的"全部应用"按钮。

若用户需要取消当前背景样式的设置，则单击下侧的"重置背景"按钮，当前背景的设置将恢复到默认设置状态。

若用户需要移动、调整或关闭设置背景格式的工作栏，可根据需要进行选择设置。

8. 对象的添加和设置

幻灯片中的所有元素都可以看成独立的对象，如文本框、艺术字、图片、形状、组织结构图、声音等。

1）插入对象

在幻灯片中插入对象的方式有两种：采用"插入"选项卡中的命令插入对象；用内容占位符直接插入对象。

以图片对象为例，采用"插入"选项卡中的命令插入对象的步骤为：

①在幻灯片区域中单击要插入图片的位置。

②单击"插入"→"图片"→"本地图片"命令。

③在"插入图片"对话框中选择要插入的图片，如图 3.1.22 所示。

图 3.1.22　"插入图片"对话框

④单击"打开"按钮，该图片就会插入当前光标所在的位置。

采用图片占位符插入图片对象的步骤为：

①单击幻灯片窗格中占位符中的"插入图片"按钮，能在占位符中插入相应的对象，如图 3.1.23 所示。

②插入的图形/剪贴画能自动调整大小并在占位符边框内定位。

2）设置对象属性

以图片对象为例，插入图片后，需要对图片进行属性设置，如调整图片大小、修改填充设置等。

首先，在幻灯片上选择图片，功能区内将出现上下文选项卡"图片工具"，可使用该选项卡上的命令来编辑和处理图片，如图 3.1.24 所示。

图 3.1.23　占位符中的图片对象插入按钮

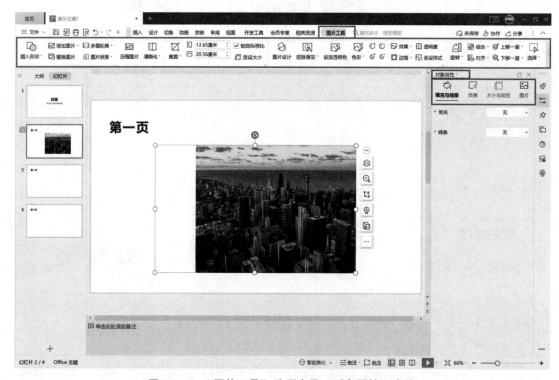

图 3.1.24　"图片工具"选项卡及"对象属性"窗格

用户还可以在右侧"对象属性"任务窗格中选择编辑图片填充样式、设置图片效果、调整图片的大小属性等其他编辑操作。

其他对象如表格、形状、图表等，也可以参照以上两种方式插入幻灯片中并完成编辑工作。

3）对象的组合和排列

（1）对象的组合与拆分

在演示文稿中，可以将多个对象进行组合操作，可将组合后的对象看作一个对象。具体组合与拆分方法有 3 种。

方法一：在一张幻灯片中，按住 Ctrl 键不放，拖动鼠标选中多个对象，此时单击在功能区出现的"绘图工具"选项卡→"组合"，在弹出的下拉菜单中选择"组合"命令，就可将这几个对象组合成一个对象，如图 3.1.25 中的方法一所示。组合后的对象可以整体移动或设置属性。若要拆分对象，则选中要拆分的对象后，再单击"绘图工具"选项卡→"组合"，在弹出的下拉菜单中选择"取消组合"命令即可将对象拆分。

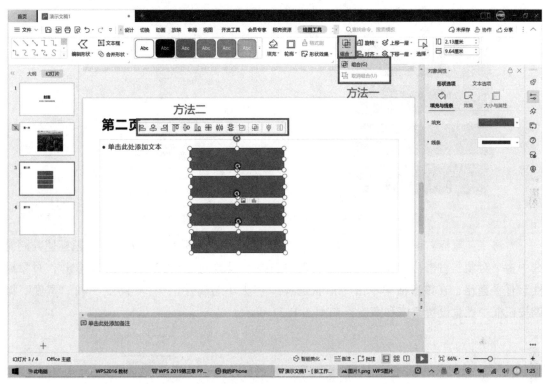

图 3.1.25　在功能区和浮动工具栏设置"组合"对象

方法二：在一张幻灯片中，按住 Ctrl 键不放，拖动鼠标选中多个对象，此时会自动显现出浮动工具栏。单击浮动工具栏上的"组合"按钮，即可将这几个对象组合成一个对象，如图 3.1.24 中的方法二所示。若要拆分对象，可以选中要拆分的对象，在浮动工具栏中单击"取消组合"按钮即可将对象拆分。

方法三：可以通过鼠标右键单击选中要组合对象后，在弹出的右键菜单中选择"组合"命令。右键单击要拆分的对象后，在弹出的右键菜单中选择"组合"→"取消组合"来拆分对象。

（2）批量调整对象

在演示文稿中，可以对多个对象同时调整其大小尺寸，具体有如下两种方法。

方法一：快捷键批量调整对象尺寸。在一个幻灯片中，按住鼠标左键不放，拖动鼠标使其同时选中多个对象，此时功能区弹出"绘图工具"选项卡，在"高度"和"宽度"调整按钮框中批量设置高度和宽度，如图 3.1.26 所示。

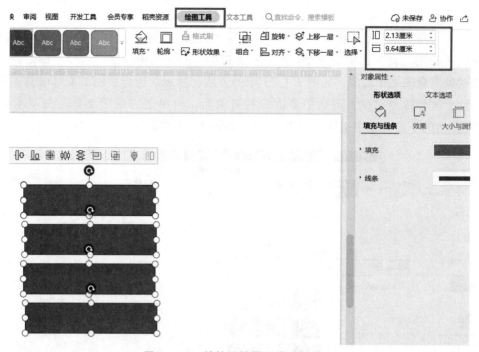

图 3.1.26　快捷键批量调整对象尺寸

　　方法二：鼠标右键设置尺寸。在一个幻灯片中，按住鼠标左键不放，拖动鼠标使其同时选中多个对象，右击，在弹出的右键菜单中选择"设置对象格式"，在右侧弹出"对象属性"任务窗格，在该窗格中单击"形状选项"→"大小与属性"，在"高度"和"宽度"微调按钮框中批量设置高度和宽度，如图 3.1.27 所示。

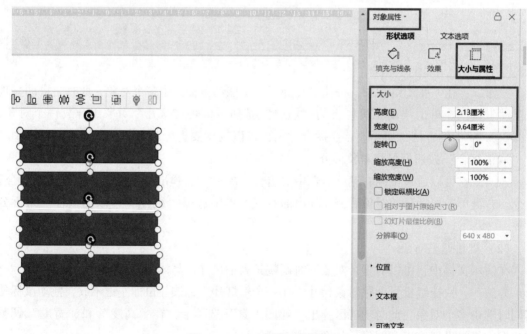

图 3.1.27　对象属性设置尺寸

（3）对象对齐

在一个幻灯片中，按住鼠标左键不放，拖动鼠标或按住 Ctrl 键选中多个对象，此时功能区中出现"绘图工具"选项卡，在该选项卡中单击"对齐"下拉按钮，可以在弹出的下拉菜单中选择对齐方式，例如：左对齐、右对齐、水平居中、横向分布、纵向分布、等高、等宽、等尺寸等。

还可以根据需要来设置对齐方式，若需要网格线进行辅助，可以选择"网格线"。若需要对网格线格式进行设置，单击"网格线和参考线"。

案例说明：扫二维码观看对象的添加和设置。

对象的添加
和设置

4）合并形状

很多情况下，需要对多个形状进行结合、组合、拆分、相交、剪除，制作新的形状图形。选中需要合并的多个图形，单击"绘图工具"→"设置形状格式"→"合并形状"，选择下拉菜单中对应命令即可。此功能的使用方法如下。

（1）合并形状 – 结合

结合，就是将所选的各个形状联合为一个整体。如在幻灯片中插入多个形状，形状相叠，有部分重合。选中所有形状，单击"绘图工具"→"合并形状"→"结合"，这样就可以将多个形状合并成一个形状。

（2）合并形状 – 组合

组合，是指将多个形状的重叠部分去除，然后组成一个整体。如在幻灯片中插入两个形状，两个形状中有重叠部分，使用"合并形状 – 组合"可以去除重叠部分，然后将两个形状组成一个整体。使用"合并形状 – 组合"可以制作镂空字等。

（3）合并形状 – 拆分

拆分，是指将所选多个形状拆分成多个组成部分。如在幻灯片中插入两个形状，两个形状中有重叠部分，使用"合并形状 – 拆分"可以将这两个形状拆分成多个组成部分。使用"合并形状 – 相交"拆分可以切割海报、拆分图片等。

（4）合并形状 – 相交

相交，指的是只保留多个形状的重叠部分。如在幻灯片中插入两个形状，两个形状中有重叠部分，使用"合并形状 – 相交"可以只保留重叠部分图形，合并形状效果，去除多余部分。

（5）合并形状 – 剪除

剪除，是指利用形状去修剪另一个形状。如在幻灯片中插入两个形状，两个形状中有重叠部分，使用"合并形状 – 剪除"可以剪除重叠部分，得到新的形状。

合并形状的五种方式如图 3.1.28 所示。

9. 超链接的插入

在 WPS 2019 演示中，可以通过动作按钮和超链接命令来创建超链接。通过超链接，可以快速链接到自己的系统、网络以及 Web 上的其他演示文稿、对象、文档、页。对象链接后，只有更改源文件时，数据才会被更新。链接的数据存放在源文件中目标文件至存放源文件的位置，并显示一个链接数据的标记。如果不希望文件过大，可以使用链接对象。

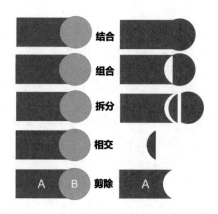

图 3.1.28　合并形状的五种方式

（1）超链接的创建

在"普通"视图中，选择要用作超链接的文本或对象，单击"插入"→"超链接"，弹出"插入超链接"对话框，如图 3.1.29 所示。

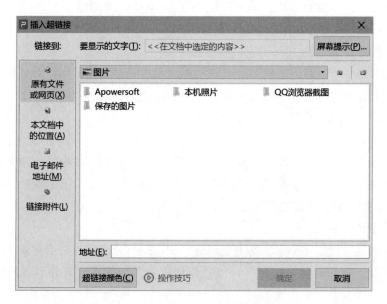

图 3.1.29　"插入超链接"对话框

①单击超链接跳转到其他幻灯片：单击"本文档中的位置"，选择幻灯片。

②单击超链接跳转网页：单击"原有文件或网页"，在地址栏处输入需要跳转到的网页就可以了。若放映过程中想增加一个提示，单击"屏幕提示"按钮就可以添加提示文字了。

③单击超链接链接附件：单击"链接附件"，若要将附件也备份至云端，可以单击"上传到云端"按钮。

④添加电子邮件：单击"电子邮件地址"，输入电子邮件地址和主题，设置显示文字，单击"确定"按钮，插入幻灯片中。这样单击邮件地址，就可以快速启动邮箱发送邮件了。

（2）更改超链接文本的颜色

支持超链接的文本下方会有下划线并具有特殊的颜色。若需要更改超链接文本颜色，方法如下。

方法一：

选择要更改的超链接对象，单击"插入"→"超链接"→"超链接颜色"，设置超链接颜色和已访问超链接颜色即可。若要应用到当前演示文稿的所有幻灯片，则单击"应用到全部"按钮，如图 3.1.30 所示。

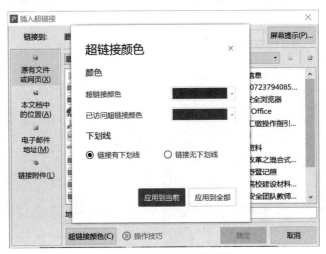

图 3.1.30　设置超链接颜色

方法二：

单击"设计"→"配色方案"→"自定义"→"创建自定义配色"，在"自定义颜色"对话框中进行设置，如图 3.1.31 所示。

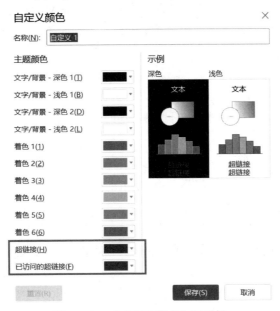

图 3.1.31　"自定义颜色"对话框

（3）从文本或对象中删除超链接

如果想要删除已经创建的超链接，执行以下步骤：

①选择要删除超链接的文本或对象。

②单击"插入"→"超链接"→"删除链接"，如图3.1.32所示。

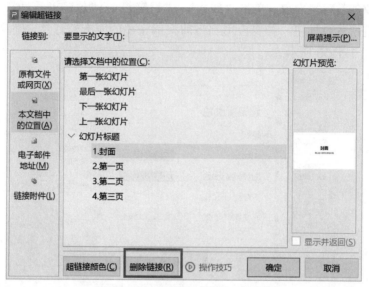

图3.1.32 "编辑超链接"对话框

（4）动作按钮的创建

WPS 2019演示提供了一组动作按钮，包含了常见的形状，如"动作按钮–开始""动作按钮–结束""动作按钮–上一张"等，如图3.1.33所示。

这些按钮都是预先定义好的，若需将动作按钮添加到演示文稿中，则通过单击"插入"→"形状"按钮来创建，并通过右键菜单中的"超链接"命令对动作按钮设置超链接。在放映幻灯片时，单击动作按钮，便可激活想链接的幻灯片、自定义放映的演示文稿或其他应用程序，如图3.1.34所示。

10. 幻灯片的修饰

一个完整、专业的演示文稿，有很多地方需要进行统一设置，如幻灯片中统一的内容、背景、配色和文字格式等，可通过对演示文稿的母版、模板或主题进行设置来实现。

1）主题的应用和设计

在WPS 2019演示中，主题是一组格式选项，它包含一组主题颜色、一组主题字体（包括标题和正文文本字体）和一组主题效果（包括线条和填充效果）。

（1）将内置主题应用于幻灯片母版

通过应用主题，可以快速、轻松地设置整个演示文稿的格式，以使其具有一个专业且现代化的外观。将主题应用于幻灯片母版后，该主题将同时应用于此幻灯片母版相关联动的所有版式。其步骤如下：

单击"视图"→"幻灯片母版"进入母版视图模式，单击"主题"，然后选择一个主题，如图3.1.35所示。

图 3.1.33　插入动作按钮

图 3.1.34　动作设置

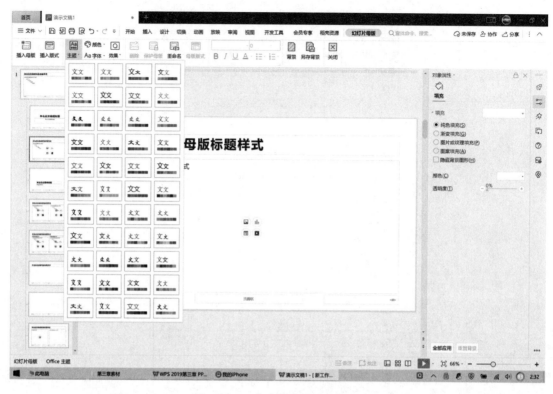

图 3.1.35　将主题应用到母版中

（2）自定义主题

WPS 2019 演示提供了几种预定义的主题，用户也可以通过自定义现有主题并将其保存为自定义文档主题来创建自己的主题。

- 主题颜色

主题颜色包含四种文本和背景颜色、六种强调文字颜色，以及两种超链接颜色。要更改主题颜色，可选择"设计"→"配色方案"中的主题颜色。如需新建自定义主题颜色，则单击"自定义"命令。选定好要使用的颜色后，在"名称"框中为新主题颜色命名并保存。

- 主题字体

主题字体包括标题字体和正文文本字体，单击"主题字体"按钮，会在下拉菜单中看到 WPS 的主题字体。用户可以更改主题字体或创建自定义的主题字体，可参照前面主题颜色的方法进行。

- 主题效果

主题效果是一组线条和一组填充效果。单击"主题效果"按钮，会在下拉菜单中看到 WPS 系统默认的主题效果使用的线条和填充效果。用户可以更改主题效果，但不能创建自定义的主题效果。

2）版式设计

版式是定义幻灯片上要显示内容的位置和格式设置信息，是幻灯片母版的组成部分

（每个幻灯片母版包含一种或多种版式）。演示文稿的版式设计包括设置幻灯片上标题和副标题文本、列表、图片、表格、图表、自选图形及视频等元素的排列方式。

WPS 2019 演示提供了多种内置的标准版式，用户也可以创建自定义版式以满足特定的组织需求。如果找不到适合的标准版式，则可以添加自定义版式，即是在演示文稿母版中指定占位符的数量、大小、位置及背景内容，还可以选择幻灯片和占位符的级别属性。在自定义版式中，用户还能将自定义版式作为模板的一部分进行分发，不必为将版式剪切并粘贴到新的幻灯片而浪费宝贵的时间。

应用版式有如下两种方法：

方法一：在幻灯片导航区"幻灯片"选项卡中，选择要应用版式的幻灯片。然后右键单击该幻灯片，在快速菜单中选择"版式"，再单击某一种版式应用于该幻灯片中。

方法二：在幻灯片导航区"幻灯片"选项卡中，选择要应用版式的幻灯片。单击"开始"→"版式"，选择某种版式应用于该幻灯片中。

3）母版设计

在 WPS 2019 设计中，除了每张幻灯片的制作外，最核心、最重要的就是母版的设计，因为它决定了演示文稿的一致风格和统一内容，甚至还是创建演示文稿模板和自定义主题的前提。

幻灯片母版是幻灯片层次结构中的顶级幻灯片，它存储有关演示文稿的主题和幻灯片版式的所有信息，包括背景、颜色、字体、效果、占位符大小、位置及背景内容。

修改和使用幻灯片母版的主要好处是，可以对演示文稿中的每张幻灯片进行统一的样式更改，包括对以后添加到演示文稿中的幻灯片的样式更改。修改的具体步骤如下：

首先，单击"视图"→"幻灯片母版"，进入母版视图，如图 3.1.36 所示。

图 3.1.36　母版设计

在包含幻灯片母版和版式的左侧窗格中，单击幻灯片母版下方要添加新版式的位置。然后单击"幻灯片母版"→"插入版式"命令按钮，即能对自定义版式进行设置，如图 3.1.37 所示。

注意：

　　若需要隐藏母版设置，可在幻灯片空白区域右键单击，单击"设置背景格式"→"填充"，勾选"隐藏背景图形"复选项即可。

用户在对演示文稿的版式进行设计时，需要执行以下一项或多项操作：

若要删除不需要的默认占位符，则选定后按 Delete 键。

图 3.1.37　插入版式

若要调整占位符的大小，则拖动其角部的边框。

若要添加占位符，则在幻灯片母版的版式上绘制形状即可。

若要删除母版内置幻灯片版式，则要删除默认幻灯片母版附带的任何内置幻灯片版式，右击选定不想使用的幻灯片版式，选择"删除版式"。

案例说明： 扫二维码观看演示文稿如何进行母版设置。

4）模板设计

母版设置完成后，只能在一个演示文稿中应用，如果想将来再使用该格式，就应把母版设置保存成演示文稿模板。模板文件记录了用户对幻灯片母版、版式和主题组合所做的任何自定义修改。用户能以模板为基础，重复创

母版设置

建相似的演示文稿，将模板存储的设计信息应用于演示文稿，从而将所有幻灯片上的内容设置成一致的格式。演示文稿设计模板的格式为 .dpt。创建模板方法是：创建一个或多个母版，添加版式，然后应用主题。

（1）创建模板

单击"文件"→"另存为"，在"文件名"框中键入文件名，或不做更改而接受建议的文件名，单击"保存类型"→"WPS 演示模板文件"→"保存"即可。

（2）对新演示文稿应用模板

用户可应用 WPS 演示的内置模板、其他演示文稿中的模板、用户创建并保存到计算机中的模板和从 WPS 网络库或其他第三方网站下载的模板。模板的应用同前面介绍的基于模板创建新的演示文稿方法一致。

【任务要求】

在本任务中，演示文稿的封面为"入职培训"。为第 2 张幻灯片添加几个副标题，并引入超链接来链接后面几张详细介绍人事规章制度各方面的幻灯片。

任务完成流程：

1. 创建演示文稿

以白色为背景色新建空白演示。在演示文稿的编辑过程中，要养成随时存盘的好习惯，

以防数据丢失。文件保存为"入职培训.pptx"。

2. 幻灯片母版设计

在演示文稿中设计一个相同的部分，用户可以通过对幻灯片母版中的版式进行设计，以减少重复的操作。

在新建"Office 主题母版"中设置背景格式，填充图片"背景.png"。在"内容与标题"母版中插入矩形框和燕尾形状作为幻灯片标题文本框背景修饰；"目录"母版如图3.1.38 所示，插入文字和矩形框作结构分区，并在右下角插入幻灯片编号；"空白"母版不做任何修改。再参照图3.1.1 设计完成字体、配色方案、背景设置等母版设置。

图 3.1.38　设置母版格式

3. 幻灯片内容制作

（1）设计首页幻灯片

首页幻灯片设置为"空白版式"。标题插入艺术字，文本内容为"入职培训"，艺术字样式设置为"白色，背景1"，艺术字字体格式设置为"华文琥珀""加粗"，字号大小为"66"。

副标题文本内容为"时间：2023 年 6 月"，文字填充颜色设置为"白色，背景1""黑体"，字号大小为"18"。

插入矩形框及素材图片，调整大小，并录入文字"团队""合作""文化""管理"作为标题装饰。幻灯片右上角插入公司 LOGO，如图 3.1.39 所示。

（2）设计目录和章节幻灯片

第2张幻灯片为演示文稿的目录页，设置为"目录"版式。

标题文本内容为"人事管理制度"，艺术字颜色设置为"道奇蓝，着色6"，艺术字字体格式设置为"微软雅黑""加粗"，字号大小为"24"。

图 3.1.39　设置封面幻灯片

　　第 3、5、7、10、12 张幻灯片为演示文稿章节页，设置为"目录"版式，在目录页基础上，为人事规章制度内容添加"对角圆角矩形"形状，醒目标记各章节标题文字，如图 3.1.40 所示。

图 3.1.40　设置目录和章节幻灯片

（3）设计内容幻灯片

　　选择"内容与标题"版式制作第 4、6、8、9、11、13～18 张幻灯片，完成各章节内容。

　　第 4 张幻灯片标题为"入职流程"。插入矩形框，设置填充颜色为"蓝色"作为文本背景，按照素材内容录入新进员工试用期满、入职培训、进入试用期各项流程文字。

　　第 6 张幻灯片版式标题为"劳动合同"。插入"圆角矩形"形状，设置填充颜色为"灰色 -50%，背景 1，深色 35%"，作为"资料准备""合同签订""提交转正""离职程序"等小标题图标背景，并按照素材内容录入文字。插入图片以作修饰。

　　第 8 张幻灯片版式标题为"考勤制度"。插入"矩形"形状，设置填充颜色为"蓝色"

作为文本背景，按照素材内容录入文字。插入图片以作修饰。

第9张幻灯片版式标题为"迟到 – 早退 – 旷工"。插入"矩形"形状，设置填充颜色为"灰色 – 50%，背景1，深色35%"，设计"迟到""早退""旷工"等小标题，并按照素材内容录入文字，如图3.1.41所示。

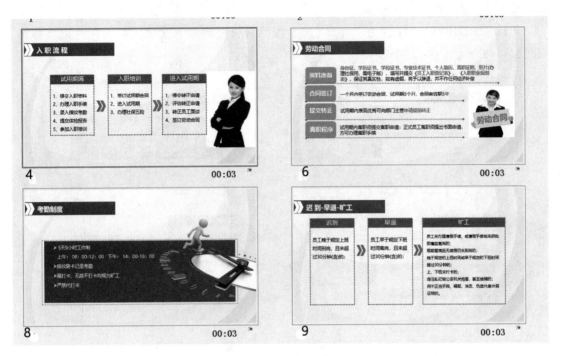

图 3.1.41　内容幻灯片

第11张幻灯片版式标题为"请假流程"。插入"五边形""燕尾形"形状，设置填充颜色为"道奇蓝，着色6"，作为小标题"申请""销假"的文本框，按照素材内容录入文字。插入图片以作修饰。

第13张幻灯片版式标题为"法定假11天"。插入"五边形""燕尾形"等形状，分别间隔设置填充颜色为"道奇蓝，着色6""蓝色"，作为7个法定节假日的文本框，按照素材内容录入文字。

第14张幻灯片版式标题为"婚假"。按照素材内容录入文字。插入图片以作修饰，如图3.1.42所示。

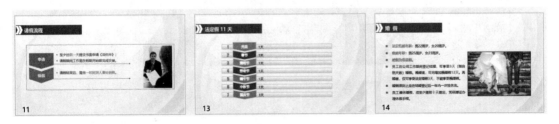

图 3.1.42　内容幻灯片

第15张幻灯片版式标题为"产假"。按照素材内容录入文字。插入图片以作修饰。

第16张幻灯片版式标题为"哺乳假"。插入"矩形"形状，设置填充颜色为"蓝色"，按照素材内容录入文字。插入图片以作修饰。

第17张幻灯片版式标题为"年休假"。插入表格，录入年休假天数情况，按照素材内容录入文字。插入图片以作修饰。

第18张幻灯片版式标题为"年休假"。按照素材内容录入文字。插入图片以作修饰，如图3.1.43所示。

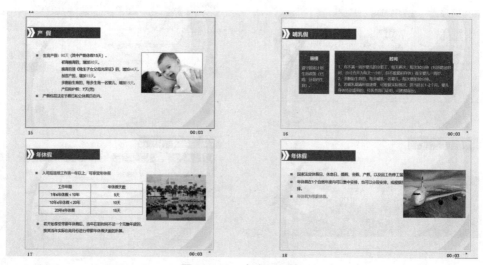

图 3.1.43 内容幻灯片

（4）设计末页幻灯片

末页幻灯片参照首页幻灯片设置为"空白版式"，首尾呼应。标题艺术字文本内容为"谢谢！"，其他设置与首页幻灯片一致，如图3.1.44所示。

图 3.1.44 末页幻灯片

4. 超链接设置

在母版设计中，在"目录"版式左下角插入超链接按钮，设置跳转到第 2 张幻灯片。为第 2 张幻灯片中章节文字内容建立与之对应的章节幻灯片的超链接，使演示文稿的放映更加直观、方便。各标题依次对应演示文稿中相应幻灯片，调整超链接颜色，使幻灯片颜色风格一致，更加美观。

5. 幻灯片切换效果设置

WPS 2019 演示的动画设置可以分为两种：幻灯片间切换动画设置和幻灯片内的动画设置。利用 WPS 2019 演示的动画方案功能，可以将一组预定义的幻灯片切换效果应用于幻灯片中。

6. 幻灯片放映

对本演示文稿的播放效果进行放映检查。

7. 打印演示文稿

完成演示文稿的编辑后，可以将幻灯片打印出来。在打印前，需要对页面和打印参数进行设置。

【项目自评】

评价要点	评价要求	自评分	备注
文本录入	共计 20 分，录入文稿内容正确（错、漏一处扣 5 分，扣完为止）		
幻灯片操作	共计 65 分。 标题正确、用艺术字（10 分）；插入图片（10 分）；排版设计规范，配色协调（10 分）；超链接设置正确（10 分）；母版设置正确（10 分）；幻灯片切换效果设置正确（10 分）；打印设置正确（5 分）		
保存	共计 5 分		
职业素养	共计 10 分，包含敬业精神与合作态度		

【素质拓展】

《中华人民共和国劳动者法》已由中华人民共和国第八届全国人民代表大会常务委员会第八次会议于 1994 年 7 月 5 日通过，根据 2018 年 12 月 29 日第十三届全国人民代表大会常务委员会第七次会议通过的《全国人民代表大会常务委员会关于修改〈〈中华人民共和国劳动法〉等七部法律的决定》进行第二次修正。

2022 年 10 月 30 日，中华人民共和国第十三届全国人民代表大会常务委员会第三十七次会议修订通过《中华人民共和国妇女权益保障法》，自 2023 年 1 月 1 日起施行。

【能力拓展】

1. 某注册会计师协会培训部的魏老师正在准备有关审计业务档案管理的培训课件，她的助手已搜集并整理了一份相关资料存放在 Word 文档"PPT_1 素材 . docx"中。按下列要求帮助魏老师完成 PPT 课件的整合制作。

（1）创建一个名为"PPT. pptx"的新演示文稿（". pptx"为扩展名），按照"PPT_1 素材 . docx"中的所有内容完成幻灯片制作，素材文档中的红色文字、绿色文字、蓝色文字分别对应演示文稿中每页幻灯片的标题文字、第一级文本内容、第二级文本内容。

（2）将第 1 张幻灯片的版式设为"标题幻灯片"。在该幻灯片的右下角插入任意一幅剪贴画，依次为标题、副标题和新插入的图片设置不同的动画效果，其中，副标题作为一个对象发送，并且指定动画出现顺序为图片、副标题、标题。

（3）将第 3 张幻灯片的版式设为"两栏内容"，在右侧的文本框中插入考生文件夹下的 Excel 文档"业务报告签发稿纸 . xlsx"中的模板表格，并保证该表格内容随 Excel 文档的改变而自动变化。

（4）将第 4 张幻灯片"业务档案管理流程图"中的文本转换为 Word 素材中示例图所示的 SmartArt 图形，并适当更改其颜色和样式。为本张幻灯片的标题和 SmartArt 图形添加不同的动画效果，并令 SmartArt 图形伴随着"风铃"声逐级别顺序飞入。为 SmartArt 图形中"建立业务档案"下的文字"案卷封面、备考表"添加链接到考生文件夹下的 Word 文档"封面备考表模板 . docx"的超链接。

（5）将标题为"七、业务档案的保管"所属的幻灯片拆分为 3 张，其中，"（一）～（三）"为 1 张、（四）及下属内容为 1 张、（五）及下属内容为 1 张，标题均为"七、业务档案的保管"。为"（四）业务档案保管的基本方法和要求"所在的幻灯片添加备注："业务档案保管需要做好的八防工作：防火、防水、防潮、防霉、防虫、防光、防尘、防盗"。

（6）在每张幻灯片的左上角添加协会的标志图片 Logo1. png，设置其位于最底层，以免遮挡标题文字。除标题幻灯片外，其他幻灯片均包含幻灯片编号及自动更新的日期，日期格式为××××年××月××日。

（7）将演示文稿按下列要求分为 3 节，分别为每节应用不同的设计主题和幻灯片切换方式。

节名包含的幻灯片：

档案管理概述 1～4；

归档和整理 5～8；

档案的保管和销毁 9～13。

任务二 WPS 演示高级应用——年度工作总结

图片、声音、视频和动画是丰富演示文稿内涵的重要组成元素。WPS 2019 演示的插入图片、影片和声音以及自定义动画、幻灯片切换等功能可以帮助用户创建图文并茂、声形兼备的演示文稿。

【知识目标】

※ 掌握演示文稿中声音、动画、视频的插入和编辑的操作方法；

※ 掌握幻灯片的动画设置、切换方法等技巧；

※ 掌握演示文稿的打印设置方法。

【技能目标】（1+X考点）

※ 能够熟练完成幻灯片的编辑和美化；

※ 能够熟练应用演示文稿的放映操作；

※ 能够打印演示文稿。

【素质目标】

※ 增强大局观、价值观，形成积极的工作态度。

【任务描述】

优多多数字云课堂团队成员陈灵为本年度工作项目总结进行了汇报准备，为演示文稿添加了各项动画效果和幻灯片切换效果，如图 3.2.1 所示。

图 3.2.1　"年度工作总结"演示文稿（节选）的效果图

【相关知识】

1. 幻灯片的动画设置

在 WPS 2019 演示中，用户能对演示文稿中各幻灯片中的对象元素设置动画效果，来丰富演示文稿的播放效果。动画是演示文稿的精华，是对文本或其他对象添加特殊视觉或声音效果。将声音、超链接、文本、图形、图示、图表等对象制作成动画，可以突出重点，控制信息流，还可以平添演示文稿的趣味性。例如，用户可以使文本项目符号逐个从左侧飞入，或在显示图片时播放掌声等。

WPS 2019 演示为演示文稿设计了 4 组动画效果，包括进入、强调、退出和动作路径。各组动画效果的具体作用如下。

- "进入"动画效果组用于设置各元素进入幻灯片时的动画效果；
- "强调"动画效果组用于设置已经出现在幻灯片中的元素的强调或突出的动画效果；
- "退出"动画效果组用于设置各元素退出或离开幻灯片时的动画效果；
- "动作路径"动画效果组用于设置各元素在幻灯片中的活动路线，用户也可自定义动作路径来让对象的运动路径更加多样化，以满足特殊的动画路径要求。

在 WPS 2019 演示中，用户可以为一个对象添加多个动画效果。在设置对象的动画效果前，用户需单击"动画"→"动画窗格"或单击窗口右侧边栏动画窗格图标，来打开动画窗格界面。

在动画窗格界面中，用户可以查看已设置的动画效果列表；单击动画窗格下方的"播放"按钮，能播放当前幻灯片设置的动画效果；单击每个动画效果的下拉按钮，能进一步对动画方向、播放时的声音、动画播放后的动作等进行设置；用户还能通过动画窗格下方的重新排序箭头按钮来调整已设置的动画效果的先后顺序。如图 3.2.2 所示。

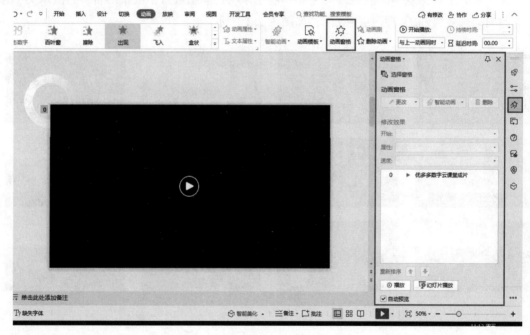

图 3.2.2　动画窗格

（1）为文本或对象应用标准动画效果

首先，选中要设置动画的文本或其他对象，选择"动画"，单击下拉按钮，在列表中选择所需的动画效果，如图 3.2.3 所示。单击下拉按钮后，可查看部分标准动画效果，用户还可以在菜单下方单击各类别动画右侧的"更多选项"按钮来设置对象的动画效果，如图 3.2.4 所示。

图 3. 2. 3　动画设置

图 3. 2. 4　标准动画下拉菜单显示动画列表

（2）自定义动画效果并将其应用于文本或对象

若用户要为对象设置自定义动画效果，则进行以下的步骤：

选中要制作成动画的文本或其他对象，单击动画窗格中的"添加效果"按钮，如图 3. 2. 5 所示。

然后可执行以下一项或多项操作：

①要使文本或对象进入时带有效果，则指向"进入"，然后单击相应的效果。

②要向幻灯片上已显示的文本或对象添加效果（例如，旋转效果），则指向"强调"，然后单击相应的效果。

③要向文本或对象添加可使项目在某一点离开幻灯片的效果，则指向"退出"，然后单击相应的效果。

④要添加使文本或对象以指定模式移入的效果，则指向"动作路径"，然后单击相应的路径或者自己绘制路径。

⑤要指定向文本或对象应用效果的方式，则右键单击列表中的自定义动画效果，在快捷菜单中选择"效果选项"命令。

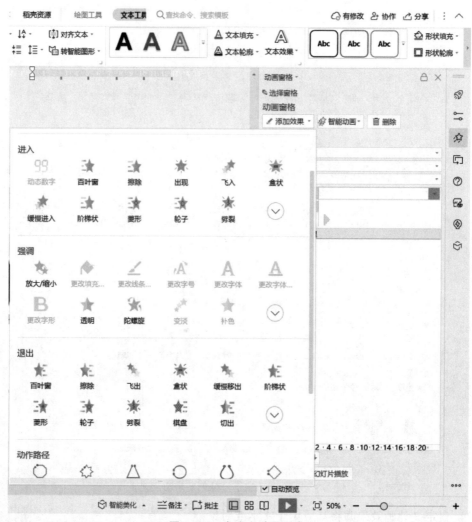

图 3.2.5　自定义动画列表

（3）动画效果的计时

多种计时选项有助于确保动画播放平顺自然。用户可以设置与开始时间（包括延迟）、速度、持续时间、循环（重复）和自动快退相关的选项。

单击要设置动画的文本或对象，在"动画窗格"列表中，右键单击需计时的动画效果，在快捷菜单中单击"计时"命令，如右键单击"飞入"动画效果的计时选项，弹出如图 3.2.6 所示对话框。

然后执行以下操作完成该动画效果"计时"选项卡的设置：

图 3.2.6　"飞入"对话框

①设置开始时间选项。

若要在单击幻灯片时开始动画效果，则从下拉菜单中选择"单击时"。

若要在列表中的上一个效果开始时开始该动画效果（即，一次单击执行两个动画效果），则从下拉菜单中选择"与上一动画同时"。

若要在列表中的上一个效果完成播放后直接开始该动画效果（即，无须再次单击便可开始下一个动画效果），则从快捷菜单中选择"上一动画之后"。如果这是幻灯片上的第一个动画效果，则将标记为"0"，并在演示文稿中显示该幻灯片时立即开始播放。

②设置延迟或其他计时选项。

若要在一个动画效果结束和新动画效果开始之间创建延迟，则在"延迟"框中输入要延迟的秒数。

③设置动画效果的播放速度。

若要设置新动画效果的播放速度，则在"速度"下拉菜单中选择相应的选项。

④设置是否重复播放动画效果。

若要重复播放某个动画效果，则在"重复"下拉菜单中选择相应的选项。

⑤设置是否恢复对象的最初效果。

若要使某个动画效果在播完后自动返回其最初的外观和位置，则选中"播完后快退"复选项。例如，在飞旋退出效果播完后，该项目将重新显示在它在幻灯片的最初位置上。

⑥设置动画效果启动的触发器。

若要使某个对象在某一个动作之后开始播放它的动画效果，则单击"触发器"按钮，对动画效果的触发进行设置。

（4）为动画效果添加声音

为了使演示文稿播放时更加活泼、生动，用户还可以在幻灯片中插入影片和声音。在为某个文本或对象的动画效果添加声音之前，必须已经向该文本或对象添加了动画效果。

单击包含要为其添加声音的动画效果的幻灯片，单击"动画"→"高级动画"→"动画窗格"，再单击"动画窗格"列表中动画效果右边的箭头，然后在弹出的菜单中单击"效果选项"命令，弹出如图 3.2.7 所示对话框。

执行以下操作完成该动画效果"效果"选项卡的设置：

若要从列表中添加声音，则单击"声音"下拉菜单中的选项，单击右方的喇叭按钮可以试听该声音效果。若要从文件中添加声音，则单击"其他声音"，然后找到想要使用的声音文件，单击"确定"按钮。

图 3.2.7 "飞入"对话框

（5）删除动画效果

单击包含要删除的动画的文本或对象，在动画窗格的列表中删除对应动画即可。

案例说明：扫二维码观看对象元素动画效果的添加和设置。

2. 加入音频和视频

（1）音频的添加和设置

在幻灯片中插入音频或背景音乐的具体方法如下：单击"插入"→"音

设置动画效果

频"→"嵌入音频"/"嵌入背景音乐"，即可在幻灯片中插入一个音频/背景音乐，如图3.2.8所示。将鼠标指针放在"小喇叭"图标上，按住鼠标左键不放，拖动鼠标可以调整插入音频的位置。选中"小喇叭"图标，然后单击下方的"播放"按钮即可播放音频，如图3.2.9所示。

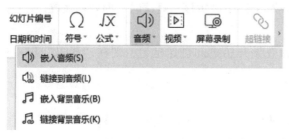

图 3.2.8　插入音频

图 3.2.9　播放音频

插入音频后，可以对其进行编辑，如设置"淡入""淡出"效果，设置为背景音乐，设置手动或自动播放等。单击选中"小刺叭"图标，在"音频工具"选项卡中即可对音频进行设置，如图3.2.10所示。用户可以根据需要在"音频工具"选项卡中对音频进行编辑。若要删除音频，可以选中音频后直接按 Delete 键进行删除。

图 3.2.10　设置音频

案例说明： 扫二维码观看音频的添加和设置。

（2）视频的添加和设置

插入视频和插入音频的操作非常相似。单击"插入"→"视频"→"嵌入本地视频"，在弹出的对话框中选定一个视频，再单击"打开"按钮即可。还可以调整其大小和位置。

插入音频

插入视频后，可以在"视频工具"中进行设置，包括设置视频封面、剪辑视频，如图3.2.11所示。若要删除视频，可以选中后直接按 Delete 键进行删除。

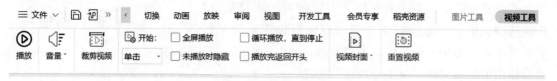

图 3.2.11　设置视频

3. 幻灯片切换方法

幻灯片切换效果是在"幻灯片放映"视图中从一个幻灯片移到下一个幻灯片时出现的类似动画的效果。可以控制每个幻灯片切换效果的速度，还可以添加声音。

（1）向演示文稿中的幻灯片添加相同的幻灯片切换效果

在工作区左方的幻灯片导航区中，选择要设置的幻灯片缩略图（按住 Ctrl 键可同时选定多个幻灯片）。选择"切换"选项卡，单击一个幻灯片切换效果，如图 3.2.12 所示。若要查看更多切换效果，则在"快速样式"列表中单击"其他"按钮。

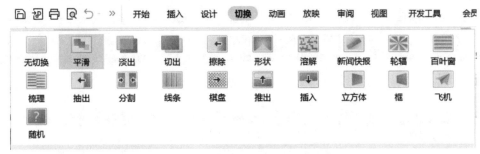

图 3.2.12　动画切换到此幻灯片组

若要设置幻灯片切换速度，则在"速度"命令文本框中输入所需的速度。单击"应用到全部"按钮，可以将刚刚的设置应用到所有幻灯片。

（2）向演示文稿中的幻灯片中添加不同的幻灯片切换效果

在"切换"选项卡上的"切换到此幻灯片"组中，单击要用于该幻灯片的幻灯片切换效果。设置幻灯片切换样式、切换速度的方法与前面介绍的一样。不同的是，用户无须单击"应用到全部"命令而对每张幻灯片做同样的操作。

（3）向幻灯片切换效果添加声音

单击"切换"→"声音"，然后选择相应的声音效果。若要添加列表中的声音，则选择所需的声音；若要添加列表中没有的声音，则选择"来自文件"，找到要添加的声音文件，然后单击"确定"按钮。

（4）更改演示文稿中的幻灯片切换效果

单击已设置切换效果的某个幻灯片缩略图，选择"切换"，单击另一个幻灯片切换效果即可。

（5）从演示文稿中删除幻灯片切换效果

选择"切换"→"无切换"。若再单击"应用到全部"命令，则删除所有幻灯片的切换效果，否则，只删除当前幻灯片的切换效果。

案例说明：扫二维码观看幻灯片切换动画效果的设置。

4. 演示文稿的演示

1）幻灯片放映

幻灯片切换效果

单击"幻灯片放映"选项卡，如图 3.2.13 所示，幻灯片放映有以下几种方法：

①从头开始播放（可使用 F5 功能键实现）；

②从当前开始播放（可使用 Shift + F5 组合键实现）；

③自定义放映，在弹出的"定义自定义放映"对话框中，"幻灯片放映名称"文本框中可以自定义放映的名称，"在演示文稿中的幻灯片"列表框中显示当前演示文稿中所有的幻灯片，"在自定义放映中的幻灯片"列表为自定义放映的幻灯片。单击选中"在演示文稿中的幻灯片"列表里需要放映的幻灯片，单击"添加"按钮，即可将选中的幻灯片加入"在

自定义放映中的幻灯片"列表中。单击"确定"按钮后，会返回到"自定义放映"对话框，单击"放映"按钮即可放映仅在自定义列表中的幻灯片，如图 3.2.14 所示。

图 3.2.13　放映选项卡

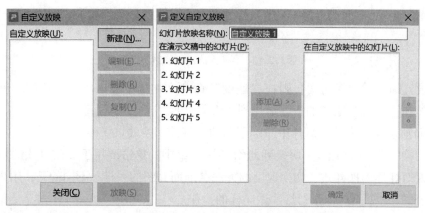

图 3.2.14　设置自定义放映

2）设置放映方式

单击"幻灯片放映"→"设置放映方式"下拉按钮，可选择"手动放映"或"自动放映"。单击"设置放映方式"，可在弹出的对话框中设置放映类型、幻灯片范围、换片方式等。选择"演讲者放映（全屏幕）"，可以根据需要选择其他选项，单击"确定"按钮即可，如图 3.2.15 所示。

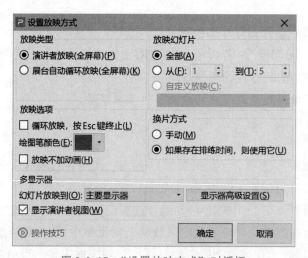

图 3.2.15　"设置放映方式"对话框

（1）放映类型

演讲者放映（全屏幕）：这是常规的全屏幻灯片放映方式，可以通过人工控制放映幻灯片和动画。用户可通过"幻灯片放映"→"设置"→"排练计时"按钮来设置时间。

展台自动循环放映（全屏幕）：自动全屏放映，若5分钟没有用户指令，则重新开始。观众可以更换幻灯片，也可以单击超链接和动作按钮，但不能更换演示文稿。若用户选择此选项，WPS 2019演示将自动选择"循环放映，按Esc键终止"命令。

（2）放映选项

循环放映，按Esc键终止：循环放映幻灯片，按下Esc键可终止幻灯片放映。如果选择"在展台浏览（全屏幕）"复选框，则只能放映当前幻灯片。

（3）放映幻灯片

全部：播放所有幻灯片。当选定此单选按钮，演示文稿从当前幻灯片开始放映。

从…到…：用户在"从"和"到"数值框中录入数值范围，在幻灯片放映时，只播放该录入顺序号范围内的幻灯片。

自定义放映：运行在列表中选定的自定义放映。

（4）换片方式

手动：放映时幻灯片的切换条件是单击鼠标，或每隔数秒自动播放，或单击鼠标右键，选择快捷菜单中的"前一张""下一张"或"定位至幻灯片"命令。在此方式下，WPS 2019演示会忽略默认的排练时间，但不会删除。

如果存在排练时间，则使用它：该方式是使用预设的排练时间自动放映，若演示文稿没有预设的排练时间，则仍需人工手动切换幻灯片。

（5）绘图笔颜色

为放映时添加的标注选择颜色。在放映时，用户可以右击鼠标，选择"指针选项"命令，可选择绘图笔的笔形及颜色，在幻灯片放映过程中添加注释。注释完毕后，可按Esc键退出注释操作，鼠标指针恢复到正常的形状。若要删除注释，可在快捷菜单中选择"指针选项"中的"橡皮擦"命令或"擦除幻灯片上的所有墨迹"命令。

3）结束放映方式

当要结束幻灯片放映时，可以通过两种方式：按Esc键结束放映，或右击空白处，在弹出的菜单中选择"结束放映"命令。

另外，在幻灯片放映过程中，用户可以通过键盘的方向键、鼠标左键、鼠标右键、编号+Enter键、翻页笔、手机遥控等方式对幻灯片进行翻页。

4）播放操作

（1）放映指针与墨迹画笔

在放映演示文稿时，为了增强效果，更清晰地表达演示者意图，经常需要在演示时借助放映指针来指示幻灯片内容，方便听众理解。具体设置方法为：放映状态下，在空白处右击，选择"墨迹画笔"→"箭头"命令即可设置放映显示指针。

有时候需要在幻灯片上写注释。写注释前需先设置画笔样式和画笔颜色。放映状态下，在空白处右击，选择"墨迹画笔"→"箭头"，选择并设置画笔类型：箭头、圆珠笔、水彩笔和荧光笔，如图3.2.16所示。

图 3.2.16　画笔类型

（2）使用缩放功能

在放映演示文稿时，有些图表的内容可能太小，观众不能看清，此时就可以选择"放大"功能来放大部分内容。具体设置方法为：在放映状态下，在空白处右击，选择"放大"，即可在演示状态下放大幻灯片局部。在此界面中，可以将幻灯片继续放大、缩小或恢复原大小。

5）对演示文稿的播放进行排练和计时

在 WPS 2019 中可以排练演示文稿，以确保它满足特定的时间框架。进行排练时，使用幻灯片计时功能记录演示每个幻灯片所需的时间，然后在向实际观众演示时使用记录的时间自动播放幻灯片。在创建自运行演示文稿时，幻灯片计时功能是一个理想选择。

单击"幻灯片放映"→"排练计时"，选择"排练当前页"或 图 3.2.17　预演计时器
"排练全部"。此时将显示"预演"计时器，开始对演示文稿计时，用户需立即做好对演示文稿进行演示的准备。预演计时器如图 3.2.17 所示。

左侧倒三角的作用是对幻灯片进行翻页。如果要暂停计时，就单击"暂停"按钮。预演计时器左、右两个计时时长分别是本页幻灯片的单页演讲时间计时和全部幻灯片演讲总时长计时。单击"重复"按钮，可以重新记录单页时长，并且会重新计算总时长。按 Esc 键可以退出计时模式。最后一张幻灯片放映结束后，将出现一个消息框，如图 3.2.18 所示。若要保存记录的幻灯片计时，单击"是"按钮，此时将打开"幻灯片浏览"视图，并显示演示文稿中每张幻灯片的时间；若要放弃记录的幻灯片计时，则单击"否"按钮。

图 3.2.18 幻灯片计时排练消息框

如果不希望通过使用记录的幻灯片计时来自动演示演示文稿中的幻灯片，则选择"幻灯片放映"→"放映设置"，在换片方式中，取消"如果存在排练时间，则使用它"，改为"手动换片"即可。

案例说明： 扫二维码观看演示文稿的排练计时设置。

5. 演示文稿的定稿

1）批注的使用

当用户制作完演示文稿后，在与别人交流沟通修改时，会用到批注功能。具体方法如下：

①在幻灯片任意位置插入批注。

单击"审阅"→"插入批注"按钮，此时出现批注编辑框，输入相应的内容即可。使用鼠标选中批注可拖动至幻灯片任意位置，若要添加多个批注，可再次单击"插入批注"按钮进行批注。

②编辑批注。

选中已添加的批注，单击"编辑批注"按钮，即可对批注内容进行修改。单击"上一条"或"下一条"按钮，可在不同批注间跳转。想要在幻灯片中不显示批注标记，单击"显示/隐藏标记"按钮即可进行切换。

③删除批注。

要删除批注，则使用鼠标选中某批注后，单击"删除批注"按钮即可。在"删除批注"下拉菜单中还可选择"删除文稿中的所有标记"命令，删除演示文稿中所有的批注。或直接选中某批注，右击，在右键菜单中选择"删除批注"命令即可。选中批注，右击，其右键菜单中还包括"编辑批注""复制文字""插入批注"命令。

2）文件损坏处理

用户在实际学习工作中，可能会因为文件格式问题、文件损坏、文件加密而无法打开文稿。WPS 提供备份管理和历史版本功能。

（1）备份管理

在生活和工作中，常用 WPS 编辑演示文稿，有时会遇到忘记保存编辑后的文稿、计算机断电或死机的情况，为了避免这些情况的发生，可以设置文稿备份管理。具体方法如下：选择"文件"→"备份与恢复"→"备份中心"，用户可以查看备份文件、清除备份文件。

（2）历史版本

在应用"历史版本"功能前，用户需要先开启云文档，具体方法如下：单击"文件"→

"备份与恢复"→"历史版本"命令，弹出"WPS演示"对话框，提示用户将文稿另存到云文档，才可以开启"历史版本"功能，用户可以选择"另存为云文档"进行相应设置并保存。

用户可以在此窗口中打开之前保存的文稿，如图3.2.19所示。

图3.2.19 "历史版本"对话框

3）文件加密

用户可以对制作的演示文稿设置权限、加密和解密。

（1）文档权限

单击"文件"→"文档加密"→"文档权限"，在打开的"文档权限"对话框中，用户可将文稿设置为"私密文档保护"，并且可添加指定人，使文稿仅能供指定人查看或者编辑，如图3.2.20所示。

图3.2.20 "文档权限"对话框

（2）加密

单击"文件"→"文档加密"→"文档权限"→"密码加密"命令，在打开的对话框中用户可以根据提示设置打开或编辑文档的密码，如图3.2.21所示。

（3）解密

在给文档加密后，要想解除密码，操作方法很简单：仍然按照加密的方式打开"密码加密"对话框，然后将所有的密码输入框全部置空，单击"应用"按钮即可。

6. 演示文稿打包

当演示文稿链接了外部的音/视频时，可以使用文件打包功能将幻灯片打包，以避免多媒体文件丢失。WPS演示可将演示文稿打包成文件夹或者压缩文件。具体操作步骤如下：

图 3.2.21　"密码加密"对话框

单击"文件"→"文件打包"，用户可选择将演示文稿打包成文件夹或压缩包。

-注意:-

　如果文件未保存，会出现提示对话框，提示先保存文件。此处以打包成文件夹为例进行说明。当单击"将演示文档打包成文件夹"命令（图 3.2.22）时，会弹出"演示文件打包"对话框，填写文件夹名称，选择文件夹保存位置，单击"确定"按钮即可完成演示文稿打包。

图 3.2.22　文件打包

7. 演示文稿的打印

在 WPS 2019 演示中，可以创建并打印幻灯片、讲义和备注页。可以大纲视图打印演示文稿，并且可以使用彩色、黑白或灰度来打印。单击"文件"→"打印"，则如图 3.2.23 所示。若单击"打印预览"按钮，则如图 3.2.24 所示。

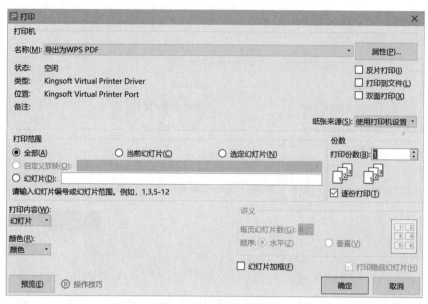

图 3.2.23　打印设置

图 3.2.24　幻灯片打印预览设置

在"打印"对话框中选择合适的打印选项，单击"打印"按钮即可。

若单击"颜色"下拉菜单，可选择下列选项之一：

①彩色（黑白打印机）：如果在黑白打印机上打印，则此选项将采用灰度打印。

②灰度：此选项打印的图像包含介于黑色和白色之间的各种灰色色调。背景填充的打印颜色为白色，从而使文本更加清晰（有时灰度的显示效果与"纯黑白"一样）。

③纯黑白：此选项打印不带灰填充色。

【任务要求】

本任务制作"年度工作总结"演示文稿，第 1 张幻灯片为封面，第 2 张幻灯片为目录页，第 3~11 张幻灯片为项目介绍，第 12 张幻灯片为封底。制作演示文稿过程中，利用设置 WPS 演示的动画效果的方法来完成设计和制作。

1. 设置母版

进入"幻灯片母版"选项卡，在"Office 主题母版"的子版式中分别将目录版式、标题幻灯片版式、空白版式的背景和标题占位符等进行设置，调整在适当位置，必要时增加蒙版来加强渐变效果。

可参照各版式效果图完成母版设置，效果如图 3.2.25 和图 3.2.26 所示。

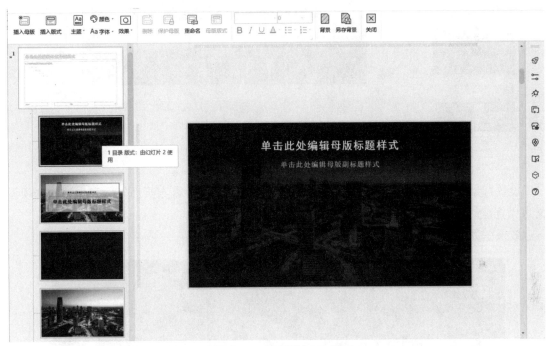

图 3.2.25 "目录版式"设置

2. 幻灯片内容及对象动画效果要求

(1) 第 1 张幻灯片

封面幻灯片选择"空白"版式，左上角插入背景图片，图片大小覆盖幻灯片幕布尺寸。再插入两个黑色无框矩形框，将幻灯片幕布进行上下对半遮罩。插入艺术字，内容为"年度工作总结"，位置调整设置在幻灯片居中。复制艺术字后，两项艺术字对齐备用。用合并形状功能将两个矩形框与文字分别进行剪除。

剪除后的上方矩形框和下方矩形框分别设置向上和向下"退出 – 飞出"效果，设置"开始：与上一动画同时""方向：到顶部（到底部）""速度：非常慢（5 秒）"。

背景图片设置路径动画，"路径：直线"，路径从右向左整体移动。设置"开始：与上一动画同时""速度：慢速（3 秒）"。

图 3.2.26 "标题幻灯片"版式设置

设置背景音乐：插入音频文件，将音乐图标放置在幻灯片幕布页面外。音乐计时选项设置为"直至幻灯片末尾"，淡入淡出时间设置为 5 秒。

效果图如图 3.2.27 所示。

图 3.2.27 封面效果图

（2）第 2 张幻灯片

选择空白版式，录入序号形状及目录文字，并依次设置"进入：擦除"效果，设置"开始：在上一动画之后""方向：自右侧""速度：非常快(0.5 秒)"，如图 3.2.28 所示。

（3）第 3 张幻灯片

选择"标题幻灯片"版式，插入目录文字，本页无须设置对象动画效果，如图 3.2.28 所示。

图 3.2.28　第 2、3 张幻灯片效果图

（4）第 4 张幻灯片

选择空白版式，插入 6 张素材图片，依次排列整齐后进行组合，设置 6 张图片动画效果为"路径：直线"，路径从右向左整体移动。

插入两个无轮廓椭圆形状，设置在页面上下两端，增加轮播图片立体感。动画效果设置和放映效果分别如图 3.2.29 和图 3.2.30 所示。

图 3.2.29　第 4 张动画效果图

（5）第 5 张幻灯片

选择"标题幻灯片"版式，插入目录文字，本页无须设置对象动画效果，如图 3.2.31 所示。

图 3. 2. 30   第 4 张放映效果图

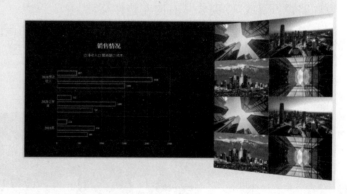

图 3. 2. 31   第 5、6 张幻灯片效果图

（6）第 6 张幻灯片

选择空白版式，幻灯片右侧插入 8 张图片对象，排列组合为一个整体，设置三维旋转效果"左透视"。左侧插入图表，数据参照素材"图表数据.xls"文件进行设置，图表样式选择"样式7"。

将图片组合设置"进入：飞入"效果，设置"开始：在上一动画同时""方向：自右侧""速度：快速（1秒）"。将图表设置"进入：盒状"效果，设置"开始：在上一动画之后""方向：内""速度：中速（2秒）"。

（7）第 7 张幻灯片

选择"空白"版式，将前一页幻灯片图片组合到左侧，调整三维旋转样式为"右透视"。添加项目工作名称及图标图片,设置"进入:盒状"效果,设置"开始:在上一动画同时","方向:内","速度:中速(2秒)",如图3.2.32所示。

(8)第8张幻灯片

选择"标题幻灯片"版式,插入目录文字,本页无须设置对象动画效果,如图3.2.32所示。

图3.2.32 第7、8张幻灯片效果图

(9)第9、10张幻灯片

插入形状"燕尾形",纯色填充,透明度"20%",复制三份,平铺在幕布中。插入本页文字、图表形状,分别组合。插入"飞机"图标在幕布外侧。复制本页幻灯片。

在第9张幻灯片中,将三个组合放置在幕布外侧并放大,再将飞机图标移动到幕布外侧。第10张保持不变。如图3.2.33和图3.2.34所示。

图3.2.33 第9张幻灯片效果图

图 3.2.34　第 10 张幻灯片效果图

（10）第 11、12 张幻灯片

插入艺术字"感谢聆听"，纯色填充。复制当前幻灯片。

将第 11 张幻灯片的艺术字用拆分功能将文字拆分成笔画，将各笔画部分分散移出到幕布周围。不需要设置对象动画。

第 12 张艺术字保持不变，添加背景图案，纯色填充，透明度"25%"，线条"渐变线"，渐变样式"线性渐变"，渐变颜色用取色器取自背景图片。设置背景图案效果为"进入：百叶窗""开始：在上一动画同时""方向：水平"，"速度：中速（2 秒）"。

如图 3.2.35 和图 3.2.36 所示。

图 3.2.35　第 11 张幻灯片效果图

图 3.2.36 第 12 张幻灯片效果图

3. 设置幻灯片切换效果

为第 1~5 张幻灯片设置切换效果为"擦除"，第 6~12 张设置为"平滑"效果，速度为"2.00"秒，声音效果选择"无声音"。幻灯片换片方式为"自动换片"，第 9 和 11 张幻灯片设置换片时间为"0 秒"，其余幻灯片换片时间设置为"5 秒"。

4. 预览演示文稿，并进行适当调整

5. 保存演示文稿

【任务自评】

评价要点	评价要求	自评分	
文本录入	共 10 分。录入文稿内容正确（错、漏一处扣 3 分，扣完为止）		
幻灯片操作	共 75 分。 标题正确、用艺术字（10 分）；插入图片（10 分）；排版设计规范，配色协调（10 分）；动画效果设置正确（15 分）；母版设置正确（10 分）；幻灯片切换效果设置正确（10 分）；幻灯片放映效果设置正确、连贯（10 分）		
保存演示文稿	共 5 分		
职业素养	共 10 分。包含敬业精神与合作态度		

【素质拓展】

企业文化是在一定的条件下，企业生产经营和管理活动中所创造的具有该企业特色的精神财富和物质形态。它包括企业愿景、文化观念、价值观念、企业精神、道德规范、行为准

则、历史传统、企业制度、文化环境、企业产品等。其中价值观是企业文化的核心。

学习贯彻习近平总书记重要讲话精神，在新形势下全面深入推进企业文化建设，实现更高质量、更高水平的发展。在企业发展过程中，需要优秀传统文化的滋养，需要让创新的热情充分涌流，需要把诚信作为生存之本，需要培育企业核心价值体系，塑造出特色鲜明、内涵深刻的品牌精神。要做到勇于担当，以对国家、对民族的崇高使命感和强烈责任感，树立大局观、全局观，以高瞻远瞩的战略眼光，推动企业的长远发展，自觉把个人理想和事业融入中华民族伟大复兴的实践中。

【能力拓展】

1. 导游小姚正在制作一份介绍首都北京的演示文稿，按照下列要求帮助她组织材料完成演示文稿的整合制作，完成后的演示文稿共包含19张幻灯片，其中不能出现空白幻灯片。

（1）根据文件夹下的Word文档"PPT素材.docx"中的内容创建一个初始包含18张幻灯片的演示文稿"PPT.pptx"，其对应关系见表3.2.1（".docx"".pptx"均为文件扩展名）。

表3.2.1 对应关系

Word大纲中的文本颜色	对应PPT的内容
红色	标题
蓝色	一级文本
黑色	二级文本

（2）为演示文稿应用考生文件夹下的设计主题"龙腾.thmx"（.thmx为文件扩展名）。将该主题下所有幻灯片中的所有级别文本的格式均修改为"微软雅黑"字体、深蓝色、两端对齐，并设置文本溢出文本框时自动缩排文字。将"标题幻灯片"版式右上方的图片替换为"天坛.jpg"。

（3）为第1张幻灯片应用"标题幻灯片"版式，将副标题的文本颜色设为标准黄色，并为其中的对象按下列要求指定动画效果。

①令其中的天坛图片首先在2秒钟内以"翻转式由远及近"方式进入，紧接着以"放大/缩小"方式强调。

②为其中的标题和副标题分别指定动画效果，其顺序为：自图片动画结束后，标题自动在3秒内自左侧"飞入"进入，同时副标题以相同的速度自右侧"飞入"进入，1秒后标题与副标题同时自动在3秒内以"飞出"方式按原进入方向退出，再过2秒后标题与副标题同时自动在4秒内以"旋转"方式进入。

（4）为第2张幻灯片应用"内容与标题"版式，将原素材中提供的表格复制到右侧的内容框中，要求保留原表格的格式。

（5）为第3张幻灯片应用"节标题"版式，为文本框中的目录内容添加任意项目符号，并设为3栏显示、适当加大栏间距，最后为每项目录内容添加超链接，令其分别链接到本文档中相应的幻灯片。将考生文件夹下的图片"火车站.jpg"以85%的透明度设为第3张幻灯片的背景。

（6）参考原素材中的样例，在第 4 张幻灯片的空白处插入一个表示朝代更迭的 SmartArt 图形，要求图形的布局和文字排列方式与样例一致，并适当更改图形的颜色样式。

（7）为第 5 张幻灯片应用"两栏内容"版式，在右侧的内容框中插入图片"行政区划图.jpg"，调整图片的大小，改变图片的样式，并应用一个适当的艺术效果。第 11、12、13 张幻灯片应用"标题和竖排文字"版式。

（8）参考文件"城市荣誉图示例.jpg"中的效果，将第 16 张幻灯片中的文本转换为"分离射线"布局的 SmartArt 图形并进行适当设计，要求：

①以图片"水墨山水.jpg"为中间图形的背景。

②更改 SmartArt 颜色及样式，并调整图形中文本的字体、字号和颜色与之适应。

③将四周的图形形状更改为云形。

④为 SmartArt 图形添加动画效果，要求其以 3 轮幅图案的"轮子"方式逐个从中心进入，并且中间的图形在其动画播放后自动隐藏。

（9）为第 18 张幻灯片应用"标题和表格"版式，取消其中文本上的超链接，并将其转换为一个表格，改变该表格样式且取消标题行，令单元格中的人名水平垂直均居中排列。

（10）插入演示文稿"结束片.pptx"中的幻灯片作为第 19 张幻灯片，要求保留原设计主题与格式不变，为其中的艺术字"北京欢迎你！"添加按段落、自底部逐字"飞入"的动画效果，要求字与字之间延迟时间 100%。

（11）在第 1 张幻灯片中插入音乐文件"北京欢迎你.mp3"，当放映演示文稿时，自动隐藏该音频图标。单击该幻灯片中的标题即可开始播放音乐，一直到第 18 张幻灯片后音乐自动停止。为演示文稿整体应用一个切换方式，自动换片时间设为 5 秒。

任务三　WPS 演示制作技巧——WPS 文档快速转化成演示文稿

将 WPS 文档快速转化成演示文稿是一种技巧，可以帮助使用者在时间有限的情况下完成演示文档制作。同时，使用者可以使用智能美化功能，发挥自己的创意和想象力，制作出图文并茂的演示文档。

【知识目标】

※ 掌握 WPS 文档输出为 PPT 格式的操作方法；

※ 了解 WPS 演示文稿的"智能美化"功能。

【技能目标】（1＋X 考点）

※ 掌握 WPS 演示文稿的"智能美化"操作方法；

※ 掌握演示文稿一键换肤、一键变装的功能。

【素质目标】

※ 提升总结提炼重点的能力；

※ 提升个人审美素养。

【任务描述】

优多多数字云课堂团队成员陈灵接到制作本年度工作项目总结演示文档的任务，由于时间紧急，项目组组长要求陈灵在本年度工作项目报告文档的基础上，将文档转化为 WPS 演示文稿，并对其进行智能美化。

【相关知识】

1. WPS 文字文档输出为演示文稿

打开 WPS 总结文档，单击"文件"→"输出为 PPTX"，选择目标保存位置，如图 3.3.1 和图 3.3.2 所示。

图 3.3.1 文字文档输出为 PPTX 格式

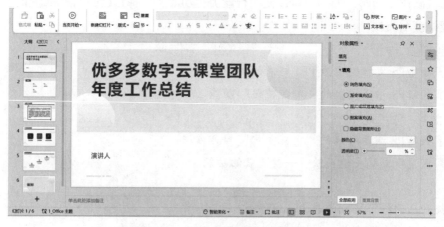

图 3.3.2 工作总结演示文稿初稿

2. 演示文稿美化

(1) 打开全文美化设置

为了让自动生成的演示文稿看起来更美观，单击"设计"→"全文美化"，进入全文美化界面，如图 3.3.3 和图 3.3.4 所示。

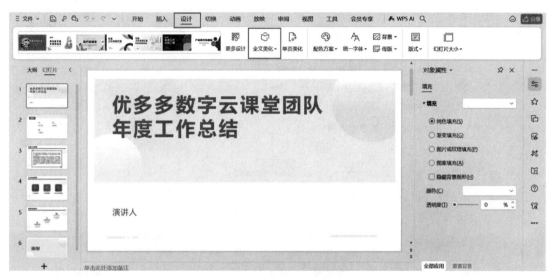

图 3.3.3　全文美化设置

图 3.3.4　全文美化界面

（2）选择心仪的模板

单击"分类"，根据需求，"风格"选择"商务"，"场景"选择"总结汇报"，并选择需要更换的模板，单击"应用美化"按钮，如图3.3.5和图3.3.6所示。

图 3.3.5　全文换肤

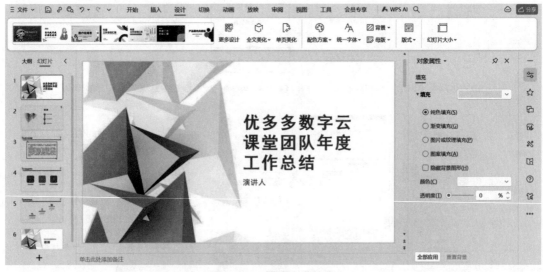

图 3.3.6　最终生成效果

（3）局部细节调整美化

应用模板后，对文稿中的内容根据实际情况进行增减或者调整。

案例说明：扫二维码观看 WPS 文字快速转换为 WPS 演示文稿。

WPS 文档快速
生成演示文档

【项目自评】

评价要点	评价要求	自评分
WPS 文字文档输出为演示文稿	共 15 分。将文字文档转化为 PPTX 格式的演示文档（15 分）	
演示文稿美化	共 60 分。 打开全文美化（10 分），通过分类筛选找到合适模板（20 分），将模板应用于全文（20 分），对全文进行局部细节调整（10 分）	
保存演示文稿	共 15 分	
职业素养	共 10 分。包含敬业精神与合作态度	

【新技术】

1. 人工智能

人工智能（Artificial Intelligence，AI）是研究、开发用于模拟、延伸和扩展人的智能的理论、方法、技术及应用系统的一门新的技术科学。

如今，无论是国内还是国外，人工智能的应用都越来越广泛，涉及诸多领域。国外掀起 ChatGPT 热潮，国内各大厂商也陆续推出如 WPS AI、百度文库文档助手等智能化的协同办公工具。未来，人工智能的应用将会有更多的突破和更广泛的应用前景，人工智能逐渐成为新一轮科技革命和产业变革的重要驱动力量。但在推广和使用人工智能的同时，还需要综合考虑人工智能带来的各种问题，包括隐私、知识产权、劳动、民事和刑事、道德和伦理等方面。

目前，有关部门正在建立健全人工智能相关法律体系，相继出台了《新一代人工智能伦理规范》《生成式人工智能服务管理暂行办法》等一系列规范办法，以推动技术研究及科学发展，加强监督监管机制。

2. OKPlus 插件

OKPlus 是一款演示文稿的免费插件，主要简化了演示文稿动画设计过程，完善动画相关功能，为广大动画设计者提供了更多的功能支持。OKPlus 中有填线切换、形文规整、便捷目录、统一图片、图像裁剪、配色、颜色规整、渐变等多种 PPT 制作中常用的便捷功能，如图 3.3.7 所示。

图 3.3.7　OKPlus 插件功能区

案例说明：扫二维码观看如何安装使用 OKPlus 插件。

OKPLUS 操作视频

【能力拓展】

1. 使用 WPS 文档快速转化成演示文稿的方法制作一个产品说明介绍演示文稿。

2. 运用 WPS AI 功能进行年终个人总结的文稿创作和智能美化。

项目 四

办公应用篇——综合应用

【项目导读】

在 WPS Office 中还有一部分在线应用，其中思维导图和云文档是日常工作、学习中非常重要的两个应用。本项目将介绍 WPS 综合应用中的思维导图及云文档的基本操作和使用方法。主要内容包括思维导图节点及连线的编辑和设置，以及关联、图片、标签等元素的基本操作；云文档的管理和在线协同办公的运用。

任务一 思维导图制作——项目招标投标基本框架

创建思维导图时，有丰富的视图、样式和颜色可供选择，主要用于辅助和表达发散性思维。绘制思维导图时，通常要先拟定好 1 个中心主题，然后围绕其展开设置子主题。主题之间用关联线连接，可以插入概要、图片、标签、任务、备注、图标、超链接等内容进行标注。

【知识目标】

※ 认识 WPS 思维导图工作界面；

※ 熟悉思维导图结构设计形式。

【技能目标（1＋X 考点）】

※ 掌握思维导图的导入与导出；

※ 掌握思维导图的基本绘制方法；

※ 掌握节点间关联线的绘制方法及样式编辑；

※ 掌握在思维导图中插入关联、图片、标签、任务、超链接、备注、符号等元素的操作方法。

【素质目标】

※ 培养发散思维、布局规划、思维整合的能力；

※ 对《中华人民共和国招标投标法》有初步了解，倡导公开、公平、公正和诚实信用的价值观。

【任务描述】

某公司为提升新进员工业务水平能力，在新一批员工招聘结束后计划开展一次新进员工培训，采购部负责人陈冬将进行招投标知识培训。陈冬计划从招投标基本原则、相关法规、招投标流程等方面进行讲解。由于招投标的过程相对比较复杂，为了帮助新进员工更好地理解招投标基本流程，特意制作了项目招投标基本框架，框架图如图4.1.1所示。

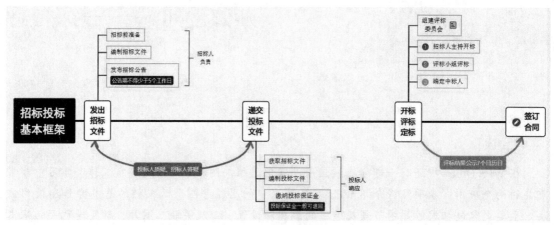

图 4.1.1　项目招标投标基本框架

本任务需了解思维导图的基本编辑方式，熟悉各级节点、连线的编辑以及标签、概要等元素的运用。

【相关知识】

1. 认识 WPS 思维导图工作界面

WPS 思维导图工作界面主要包括标题栏、快速访问工具栏、功能区、画布编辑区等部分，如图4.1.2所示。

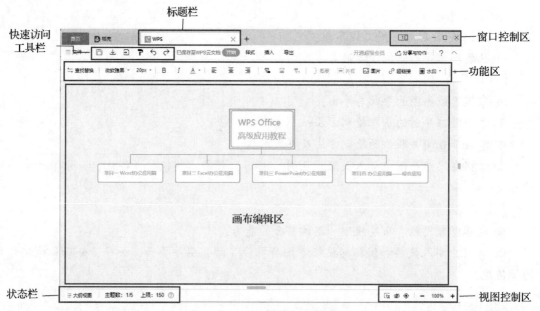

图 4.1.2　思维导图工作界面

标题栏：主要用于显示正在编辑的导图文件名。

窗口控制区：主要用于控制窗口的最小化、最大化和还原。

快速访问工具栏：用于显示常用工具按钮，默认显示的按钮有"保存至云文档""另存为/导出""导入思维导图""格式刷""撤销""恢复"等，单击这些按钮就可以执行相应操作。

功能区：主要有"开始""样式""插入""导出"四个选项卡，单击任一选项卡，可以显示其按钮和命令。

画布编辑区：用于各级主题、连线、标签、概要等内容编辑，是完成 WPS 思维导图绘制的工作区域。

状态栏：位于窗口左下方，用于显示大纲视图、主题数、上限、帮助等信息。

视图控制区：位于窗口右下方，主要用于切换移动画布或进行主题框选、显示视图导航、定位到中心主题等。

2. WPS 思维导图的创建

WPS 思维导图是在线应用，使用时需登录 WPS 账号，并保持网络畅通。创建 WPS 空白思维导图有两种基本方法。

方法 1：打开 WPS Office 软件后，单击左上角"首页"→"新建"→"思维导图"，选择"新建空白思维导图"，即可创建空白思维导图，如图 4.1.3 所示。

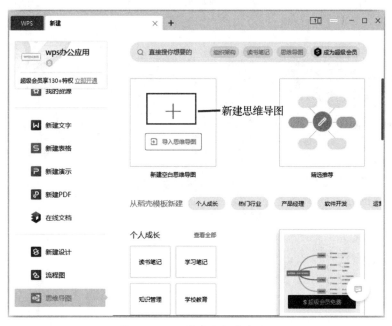

图 4.1.3　思维导图创建方法 1

方法 2：在 WPS 文稿、表格编辑时，在"插入"功能区单击"思维导图"选项卡，选择"创建空白图"选项即可进入思维导图绘制界面，如图 4.1.4 所示。

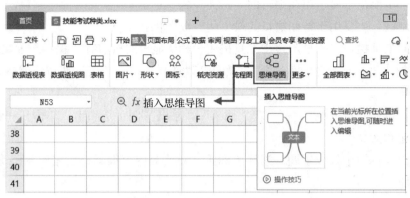

图4.1.4　思维导图创建方法2

3．思维导图结构设计

构建思维导图时，首先要确认结构形式，选用合适的结构形式更有利于帮助我们合理地创建思维导图。下面首先介绍WPS思维导图中4种常见的导图结构。

（1）左右分布

从一个中心主题向四周扩散出许多子主题，有利于发散思维，是思维导图中出现频率最高的一种导图。导图按照逻辑关系形成放射型立体结构，主题明确，中心内容、重点内容清晰，如图4.1.5所示。

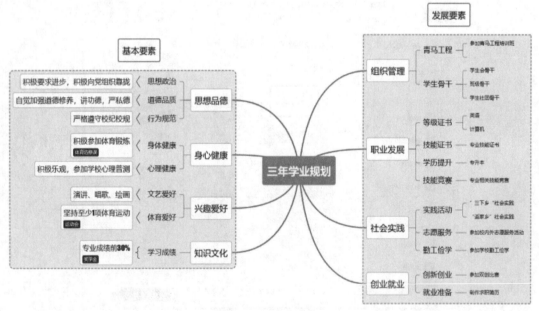

图4.1.5　左右分布

（2）右侧分布

"右侧分布"是从中心主题出发向右呈现分支主题内容，主要用于分析事物结构，适合数据分析、学习方案设计等，能有效激发"右脑"潜能，在视觉上更具有冲击力，如图4.1.6所示。

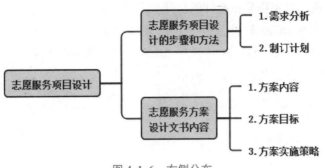

图 4.1.6　右侧分布

（3）组织结构

组织结构图用于类似于企业部门的环境，将节点的内在联系绘制出来，更好地反映和表达出各节点之间的关系，让节点之间的隶属关系更加清晰，各节点下的分支结构更加明了，增强制作的协调性，如图 4.1.7 所示。

图 4.1.7　组织结构

（4）鱼骨图

鱼骨图又名因果图，具有简洁直观的特点，不仅可以帮助梳理思路，还可以帮助快速找出问题的根本原因，是快捷高效解决问题的方式之一。绘制鱼骨图时，中心主题和分支主题由鱼头延伸出的主线进行关联，主线无法删除，随着分支主题的增加或减少而延长或缩短，如图 4.1.8 所示。

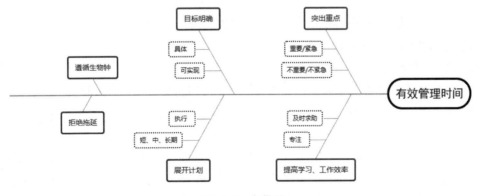

图 4.1.8　鱼骨图

4. 思维导图导入与打开

（1）本地思维导图的导入

WPS 支持多种格式的思维导图本地文件导入，包括 xmind、mmap、mm、km、txt、pos

等格式文件，可实现已有思维导图文件的打开。

方法1：打开 WPS Office 软件，单击"首页"→"新建"→"思维导图"→"导入思维导图"，在弹出的"文件导入"对话框中单击"选取文件"按钮，然后在对应的文件夹中选择想要打开的思维导图文件，如图 4.1.9 所示。

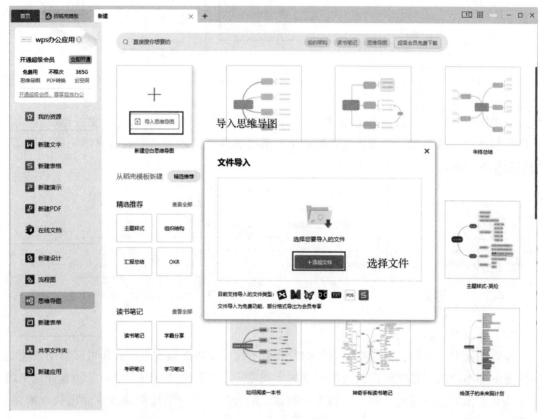

图 4.1.9　思维导图导入方法 1

方法2：在思维导图编辑状态下，单击"文件"→"导入思维导图"，再单击选择想要打开的思维导图文件，如图 4.1.10 所示。

（2）本地思维导图的打开

对于已经制作好的存放在云文档的思维导图，可以通过云文档直接打开。

方法1：可以在 WPS Office 软件打开的状态下单击"首页"→"文档"→"我的云文档"，选择对应的文件名即可。

方法2：在 WPS Office 软件 Word、Excel 等编辑状态下找到"插入"功能区，单击"思维导图"选项，在弹出的对话框中切换到"我的文件"，如图 4.1.11 所示，就可以显示出云文档中所有的思维导图，这样可以更方便地找到思维导图文件。

5. 思维导图保存和导出

WPS 思维导图文件可以进行自动保存，文件保存地点为 WPS 云文档。编辑思维导图后，在工具栏中显示"已保存到 WPS 云文档"即为保存成功。

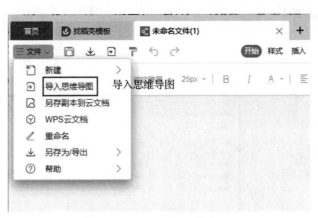

图 4.1.10　思维导图导入方法 2

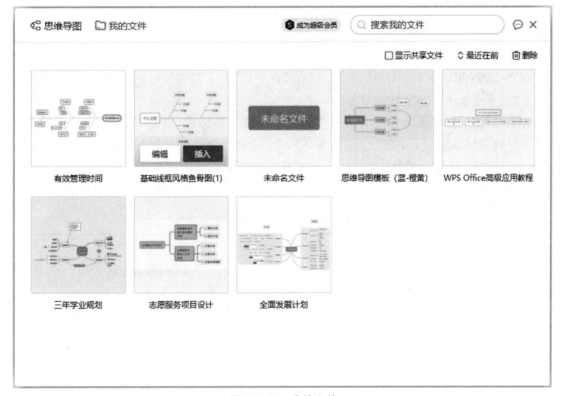

图 4.1.11　我的文件

　　思维导图除了可以直接保存为云文档以外，还可通过单击"文件"→"另存为"，在"另存为/导出"选项中根据实际需要选择保存格式，完成思维导图的保存或导出，如图 4.1.12所示。其中，PNG、JPG、PDF 类型文件可以直接导出，POS、PPT 等类型文件需要开通会员才能完成导出。

　　6. 思维导图的基本绘制方法

　　思维导图是发散的，能有效帮助用户清晰地整理和展示自己的思维脉络，在绘制前，要明确思维导图的主题及结构。

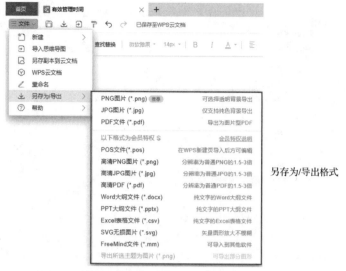

图 4.1.12 "另存为/导出"选项

（1）思维导图结构选择

WPS 思维导图有 9 种结构可供选择，可直接在"开始"→"结构"中完成设置和结构切换。

（2）节点编辑

WPS 思维导图的基本单元为节点，节点由各级主题组成。选中节点，可根据需求在"插入"功能区单击"子主题""同级主题""父主题"按钮进行节点增加，对导图的分支内容进行整理、精炼、概要和扩展。除此以外，WPS 思维导图分支内容还可以通过快捷键完成设置，见表 4.1.1。

表 4.1.1　主题编辑快捷键

快捷键	作用
Enter	增加同级主题
Tab	增加子主题
Shift + Tab	增加父主题
Delete	删除主题
Space	编辑主题内容

选中节点可完成节点文本及节点样式设计，通过"开始"功能区完成节点内文本字体、字号、字体颜色、加粗、倾斜、对齐方式等设置。通过"样式"功能区下"节点样式"功能组可预置主题风格，如对节点样式不满意，可通过"节点背景""边框"（边框宽度、边框颜色、边框类型、边框弧度）等按钮快速修改该节点样式。

（3）关联线编辑

WPS 思维导图连接线包含节点与节点之间默认的连线和将有关联节点连接起来的关联线。

可通过单击"插入"→"关联"的方式，将有关联的节点用关联线连接起来，编辑关联内容和设置关联线样式（连线宽度、连线颜色、连线类型、箭头类型、删除关联）。选中已添加的关联线，单击关联线右上角灯泡，在弹出的菜单栏中进行操作。关联线的样式设计则需要先选中关联线，然后单击"灯泡"标识来完成，如图4.1.13所示。

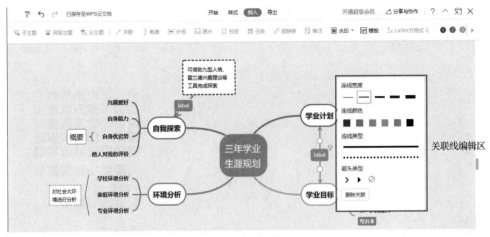

图 4.1.13　关联线样式设计

案例说明：扫二维码观看关联线的编辑。

（4）主题风格编辑

单击"样式"→"风格"，可根据思维导图应用场景设置系统提供的风格，也可在"创建自定义风格"对话框中进行风格的自定义。"创建自定义风格"对话框如图4.1.14所示。

关联线设置

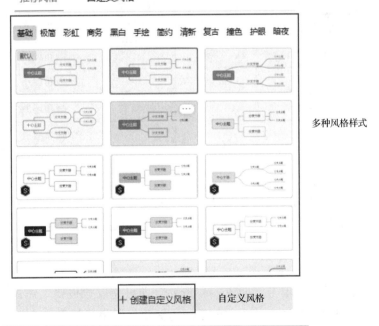

图 4.1.14　"创建自定义风格"对话框

（5）画布编辑

WPS 思维导图应用的场景多，可以根据实际场景选择相契合的画布背景颜色，或者将图片填充为画布背景。画布编辑工具如图 4.1.15 所示。

图 4.1.15　画布编辑工具

在导图编辑过程中，可通过 WPS 软件右下方视图控制区来控制画布比例和定位到中心点，也可使用快捷键完成画布缩放，见表 4.1.2。

表 4.1.2　画布缩放快捷键

快捷键	作用
Ctrl ++	画布放大
Ctrl + −	画布缩小
Ctrl + 0	画布还原
Ctrl + 滚轮	画布缩放

7. 思维导图的扩展

思维导图作为一个体现发散性思维的工具，在使用过程中需要根据不断地拓展和调整。"概要""外框""标签""图片""任务"等功能都可以进一步对思维导图进行扩展，丰富导图内容。

（1）添加概要

选中一个或多个节点，单击"插入"→"概要"即可完成"概要"添加，可以对节点进行补充说明。如需修改概要样式，选中已添加的概要后，将鼠标悬停在灯泡处，可对"概要宽度""概要颜色""概要类型"进行样式编辑。

（2）添加外框

选中一个或多个节点，单击"插入"→"外框"即可完成"外框"添加，可以对节点进行整体说明。如需修改外框样式或删除，选中已添加的外框后，将鼠标悬停在灯泡处，可对"外框线宽""外框填充颜色""外框线条颜色""外框线条样式""外框样式"进行编辑。

（3）添加图片

选中一个节点，单击"插入"→"图片"，在弹出的"插入图片"对话框中选择"稻壳图片""本地图片""在线图片"图片库中的图片素材，来进行导图内容及形式的丰富和排版的美化，如图4.1.16所示。

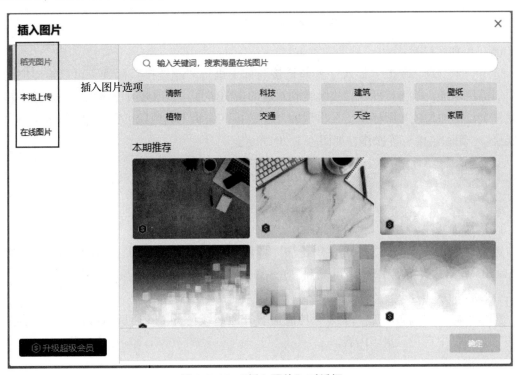

图4.1.16　"插入图片"对话框

图片添加成功后，选中添加的图片即可在图片编辑工具栏中进行图片与文字位置的调整或图片的删除，如图4.1.17所示。

图4.1.17　图片编辑工具栏

（4）添加标签

选中一个或多个节点，单击"插入"→"标签"即可进行"标签"添加，可以标识对应节点的相关状态或直接输入内容进行自定义，还可以进行标签颜色编辑，如图4.1.18所示。

（5）添加任务

选中一个节点，单击"插入"→"任务"即可进行"任务"添加，可以设置任务的优先级、进度、开始日期及结束日期等相关信息，如图4.1.19所示。

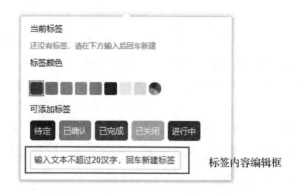

标签内容编辑框

图 4.1.18 "标签"编辑工具栏　　　　图 4.1.19 "任务"编辑工具栏

（6）添加超链接

选中一个节点，单击"插入"→"超链接"即可进行"超链接"添加，可以给对应的节点添加链接地址，单击就可以直接跳转到对应的指向信息。如需修改已添加的超链接，将鼠标悬停至已添加超链接图标上，在出现的"超链接"编辑工具内即可完成"编辑链接""复制链接""删除链接"等操作，如图 4.1.20 所示。

图 4.1.20 "超链接"编辑工具栏

（7）添加备注

选中一个节点，单击"插入"→"备注"即可进行"备注"添加，可添加的备注内容支持 markdown 格式，节点出现备注内容相应标签，鼠标悬停在标签上显示备注内容。

（8）添加水印

WPS 思维导图画布添加"水印"功能需要开通超级会员，开通后即可在"插入自定义水印"会话框中自定义水印内容。

（9）添加图标

选中一个或多个节点，单击"插入"→"图标"即可进行"图标"添加，可给对应节点添加相应的个性化"图标"，并且支持修改"图标"颜色、符号等。

8. WPS 思维导图编辑常用功能

（1）格式刷

要在 WPS 思维导图中快速设置节点相同格式，可以运用格式刷。用格式刷"刷"格式，可以快速将指定段落或文本的格式运用到其他段落或文本上。

（2）自由主题

在使用思维导图时，当某个主题与其他主题的关系不确定时，往往需要作为自由主题分布在外。WPS 思维导图"自由主题"有两种创建方法。

方法 1：自由拖拽。

"自由拖拽"的方式可改变节点位置，用鼠标选中并按住目标节点，橘色提示框为鼠标松开后节点所在的位置；未出现橘色提示框时松开鼠标，则节点将变为自由主题。

方法 2：双击空白处。

鼠标左键双击空白处即可创建自由主题。

【任务实施】

1. 思维导图创建

新建思维导图文件，文件名为"项目招标投标基本框架"，保存在云文档内。

2. 结构及风格

导图结构设置为横向时间轴，风格设计设置为"折现（紧凑）"，并将此风格设置为默认主题。

3. 主题设置

主题共有 18 个，分为 3 个级别，具体内容如图 4.1.21 所示。

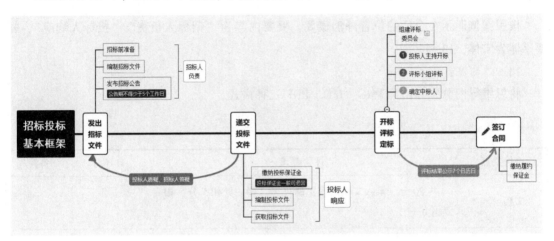

图 4.1.21　任务案例

①中心主题：节点样式为黑底白字，边框弧度设置为小圆角，字体为微软雅黑，26 px 大小，加粗。

②分支主题：节点样式为黑框黑字，边框弧度设置为小圆角，边框宽度为 2 px，字体为微软雅黑，17 px 大小，加粗。

③子主题：为子主题添加蓝色直角边框，边框弧度设置为直角，边框宽度为 1 px，字体为宋体，14 px 大小。

4. 连线设置

设置中心主题与分支主题之间的连线为黑色#000000，宽度为 4 px；分支主题与子主题之间的连线为灰色#616161，宽度为 2 px。

5. 关联设置

①将"发出招标文件"与"递交投标文件"设置关联，关联线为蓝色，宽度为第三种，添加关联说明为：投标人质疑、招标人答疑。

②"开标评标定标"与"签订合同"设置关联，关联线为绿色，宽度为第三种，添加关联说明为：评标结果公示 7 个工作日。

6. 添加标签

①将"公示期不得少于5个工作日""投标保证金一般可退回"两个标签内容添加到合适的位置。

②将两个标签颜色设置为红色。

7. 添加图标

为"投标人主持开标""评标小组评标""确定中标人"三个子主题添加带颜色的1、2、3顺序图标；为"签订合同"添加"笔"图案标签。

8. 添加备注

为"组建评标委员会"节点添加备注，内容为"开标前半天或者一天在专家库内抽取专家，特殊情况不得超过2天抽取专家。"。

9. 添加概要

按照案例所示在合适的位置添加概要，概要内容为"招标人负责""投标人响应"，概要字体为宋体，13号。

10. 文档保存

将思维导图分别导出为PNG、JPG、PDF三种格式。

【项目自评】

评价要点	评价要求	自评分	备注
文档录入	共20分。录入文稿内容正确（错、漏一处扣5分，扣完为止）		
导图结构	共25分。 导图组织结构正确（5分）、风格正确（5分）；连线设置（5分）；关联线设置（10分）		
节点美化	共40分。插入标签（5分）；插入图标（5分）；插入备注（5分）；添加概要（5分）；各级节点样式设置正确（20分）		
文件保存	共5分。文件名及文件类型保存正确		
职业素养	共10分。包含敬业精神与合作态度		

【素质拓展】

《中华人民共和国招标投标法》已由中华人民共和国第九届全国人民代表大会常务委员会第十一次会议于1999年8月30日通过，经2017年修正，共六章节六十八条。

《中华人民共和国招标投标法》第5条规定："招标投标活动应当遵循公开、公平、公正和诚实信用的原则。"

【能力拓展】

1. 为本书项目一中的任务一"简单公文的制作"绘制 1 个复习课思维导图，导图结构为左右分布。

要求：

（1）中心主题下至少有二级节点。

（2）设置一级节点文字为蓝色，背景为浅黄色。

（3）设置二级子节点的连线为黑色，宽度为 2 px。

（4）为你认为有难度的学习重点和难点添加概要。

（5）选择 1 个一级子节点，将它以下的子节点全部折叠起来。

（6）将思维导图保存为 PNG 格式。

任务二　协作办公——创建云文档

WPS 云文档拥有丰富的云端功能，可以实现多设备、多用户协同办公。在使用中需要掌握云文档的创建、历史版本查看与恢复、云文档分享、权限设置、云文档导出等基本操作。

【知识目标】

※ 了解什么是云文档；

※ 掌握云协作的基本操作。

【技能目标（1 + X 考点）】

※ 掌握云文档的创建方法；

※ 能够使用云协作实现文档上传、团队协同办公；

※ 能够设定云文档的相关信息安全事项；

※ 掌握云协作多人同时对文档编辑和评论的方法；

※ 掌握协作撰稿、方案讨论、会议记录和资料共享的操作方法。

【素质目标】

※ 通过协同工作，提升团队协作能力；

※ 增强个人责任意识和保密意识，提高个人网络诚信度，合理、规范地进行团队协作和数据共享，养成良好职业道德。

【任务描述】

小王是某公司项目负责人，每周五要对本项目情况进行总结和汇报，为及时掌握项目成员工作完成情况，小王采用了云协作的方式来完成项目工作进度的统计和任务基本情况分析。具体的表格如图 4.2.1 所示。

项目工作进度周报（6月第_1_周）

	9	6	66.7%
	本周工作合计	完成量	完成率

序号	负责人	本周工作任务完成情况	重要性	完成情况	未完成原因及拟解决方案	备注
1	张灿灿	任务1	一般	完成		
2	张灿灿	任务2	重要	完成		
3	张灿灿	任务3	日常	未完成		
4	刘欣	完成项目工作情况报告	重要	完成		
5	王明	任务5	一般	未完成		
6	王明	任务6	重要	完成		
7	高飞	完成项目12%的项目内容	重要	完成		
8	高飞	对项目核心技术部分剖析并提交日常总结	日常	未完成		
9	杨亦林	任务9	日常	完成		

序号	负责人	下周工作任务计划情况	重要性	计划完成时间	工作措施	备注
1	张灿灿	任务1	重要	6月11日		
2	张灿灿	任务2	重要	6月10日		
3	刘欣	统筹项目物资及经费，及时汇报	一般	6月13日		
4	刘欣	做好每日项目总结，管理项目进度	一般	6月12日		
5	王明	任务5	一般	6月10日		
6	高飞	对照上周工作情况，查漏补缺，继续优化项目	日常	6月13日		
7	杨亦林	任务7	重要	6月11日		

任务量	本周	下周
重要	4	3
一般	2	3
日常	3	1

图 4.2.1　项目工作进度周报

【相关知识】

WPS Office 拥有丰富的云端功能，包括多平台的 WPS Office、协同办公、移动会议等模块，可实现文件或文件夹的云端保存，能有效、快捷地提高办公效率。其中最常用的是"云文档同步"功能，支持文档备份同步、链接分享、多人协作、历史版本找回等特性。

1. 云文档的基本操作

（1）新建云文件/云文件夹

方法1：单击"首页"→"文档"→"我的云文档"，在右边云文档控制面板空白处单击鼠标右键，在快捷菜单中进行选择，可完成云文件夹、云文字、云表格等云文件的新建，如图 4.2.2 所示。

方法2：单击"首页"→"文档"→"我的云文档"→"新建"，然后进行云文件或云文件夹的新建。也可创建"在线文字""在线表格""在线演示"等在线文件，如图 4.2.3 所示。

（2）上传本地文件/文件夹至云文档

将本地文件/文件夹上传至云文档可实现文档的云端备份，达到实时同步、云端传输的效果。WPS 提供了两种上传本地文件/文件夹至云文档的方法。

方法1：单击"首页"→"文档"→"我的云文档"，然后在右边云文档控制面板空白处单击，选择"上传文件"或"上传文件夹"，随即在弹出的上传文件或上传文件夹对话框中选择需要上传的文件或文件夹。

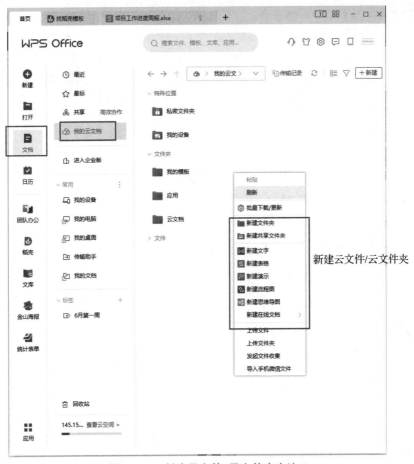

图 4.2.2　创建云文件/云文件夹方法 1

方法 2：单击"首页"→"文档"→"我的云文档"→"新建"，然后进行本地文件或文件夹的上传，或者选中本地文档，直接拖拽到云文档界面。

（3）云文档的管理

单击"首页"→"文档"→"我的云文档"，在我的云文档管理界面选择任何一个或多个文件、文件夹，即可对选中对象进行"打开""复制""剪切""删除"等操作，如图 4.2.4 所示。

（4）历史版本查看与还原

云文档可以保存该文档之前一段时间以来的修改情况，单击选中一个云文档，单击鼠标右键，在快捷菜单中选择"历史版本"可打开"历史版本"对话框，即可查看文档的所有编辑过的历史版本，也可将文档恢复至任一历史版本，如图 4.2.5 所示。

2. 云文档协作

（1）云文档分享

云文档分享可以打破时间和空间的限制，是完成云协作的基本操作，云文档分享共有两种方法。

图 4.2.3　新建云文件/云文件夹方法 2

图 4.2.4　云文档管理

图 4.2.5　"历史版本"对话框

方法 1：在云文档控制面板选中任意云文档后单击 "file：///D：/重点工作任务/wps/WPS 教材/wps 图片标注版/图 4.2.6.png" 进行文件分享，如图 4.2.6 所示。

图 4.2.6　云文档控制面板进行分享

　　方法2：处于编辑状态下的云文档可以通过单击工具栏中的"分享"按钮直接完成分享，如图4.2.7所示。

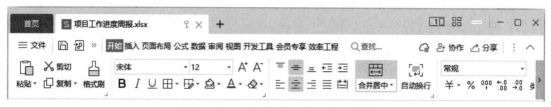

图4.2.7　文件编辑状态下云文档分享

（2）协作权限

　　在进行云文档多人协作时，首先要根据实际协作需求对分享时的查看、编辑等分享权限进行设置。其中，"任何人（可查看、可评论、可编辑）"指收到分享的任何人都可以进行查看、评论、编辑操作，"仅下方指定人（可查看/评论编辑）"指只有指定的人才可以进行查看或编辑操作，如图4.2.8所示。

图4.2.8　分享权限设置

　　如要修改分享权限，可以通过云文档控制面板内对应的"设置"工具进行修改。分享权限设置好后，可通过复制分享链接，发给微信或QQ好友。获得链接的任何人即可参与协作。

注意：
　　"免登录链接"只有设置"仅查看"时免登录，编辑时还需要对方登录才可以编辑。

（3）文档加密保护

文档分享过程中，可以对正在分享的文档进行修改和调整，文档协作模式下有"开始""插入""数据""公式"等7个功能区，如图4.2.9所示。

图4.2.9　文档协作模式

其中，"协作"功能区和"效率"功能区为在线云文档专门的功能区。协作功能区下有"文档加密保护"选项，可对正在分享的该文档进行权限设置，如图4.2.10所示。

图4.2.10　分享云文档的权限设置

案例说明：扫二维码观看分享云文档的权限设置。

（4）云文档导出

若要将云文档导出至本地，可通过两种方法实现。

方法1：在云文档控制面板中，选中要导出的云文档后单击鼠标右键，在弹出的"请选择文件夹"对话框中指定存放位置，完成导出。

文档协作权限设置

方法2：在云文档打开的状态下，单击"文件"→"另存为"或"文件"→"下载"也可以完成云文档导出。

注意：

　　"另存为"选项提供了 Excel、CSV、PDF、图片 4 种格式的文件导出方式，如图 4.2.11 所示。

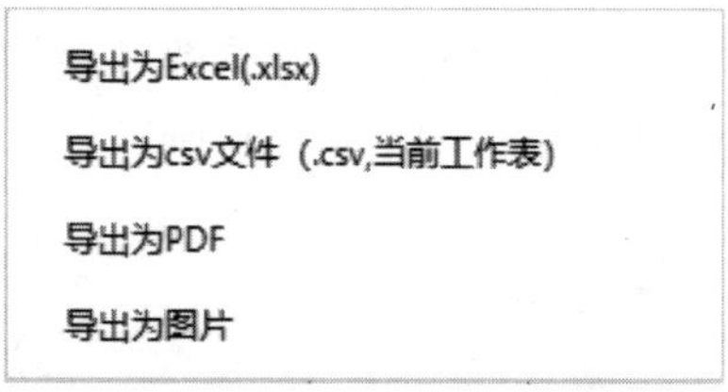

> 导出为Excel(.xlsx)
>
> 导出为csv文件（.csv,当前工作表）
>
> 导出为PDF
>
> 导出为图片

图 4.2.11　云文档"另存为"选项

【任务实施】

　　1. 表格制作

　　①建立工作簿：新建一个工作簿，并按照图 4.2.11 所示表格输入表格内容。

	A	B	C	D	E	F	G	H	I	J	K	L
1					项目工作进度周报（6月第_1_周）							
2	序号	负责人	本周工作任务完成情况				重要性	完成情况		未完成原因及拟解决方案		备注
3	1	张灿灿	任务1				一般	完成				
4	2	张灿灿	任务2				重要	完成				
5	3	张灿灿	任务3				日常	未完成				
6	4	刘欣	任务4				重要	完成				
7	5	王明	任务5				一般	未完成				
8	6	王明	任务6				重要	完成				
9	7	高飞	任务7				重要	完成				
10	8	高飞	任务8				日常	未完成				
11	9	杨亦林	任务9				日常	完成				
12	序号	负责人	下周工作任务计划情况				重要性	计划完成时间		工作措施		备注
13	1	张灿灿	任务1				重要	6月11日				
14	2	张灿灿	任务2				重要	6月10日				
15	3	刘欣	任务3				一般	6月13日				
16	4	刘欣	任务4				一般	6月12日				
17	5	王明	任务5				一般	6月10日				
18	6	高飞	任务6				日常	6月13日				
19	7	杨亦林	任务7				重要	6月11日				

图 4.2.11　建立工作簿

　　②标题设置：黑体、36 号、加粗，行高为 56 磅，背景颜色为巧克力黄、着色 2、浅色 80%。

　　③表格样式设置：新宋体、14 号、白色，行高为 28 磅，背景颜色为橙色、着色 4、深色 25%；表格上下用粗闸框线，内部为虚线。

　　④公式计算：在表格上方和下方合适位置，利用公式计算出本周工作合计、完成量、完成率，以及本周和下周的不同难度的任务量。

　　⑤图表制作：将本周和下周的不同难度的任务量数据以图表形式进行展示，图表样式为二维簇状条形图，图表无颜色填充。

2. 保存与分享

①保存：将文档命名为"项目工作进度周报"并保存至"我的云文档"。

②云文档分享：复制分享链接给指定协作对象完成数据填写。

③云文档管理：设置云文档标签为"6月第1周"，并将文档移动至"云文档协作"文件夹中。

④云文档加密保护：设置除文档所有人外的其他人员仅有"阅读""编辑"权限。

⑤结束协作分享：待数据填写完整后，取消文档分享。

案例说明：扫二维码观看云文档协作。

云文档协作

【项目自评】

评价要点	评价要求	自评分
数据录入	共15分。完整正确录入表格内容（有错、漏之处，一处扣5分，扣完为止）	
表格制作	共25分。标题及表格样式设置（5分）；公式计算（10分）；插入图表（10分）	
云文档操作（45分）	共45分。表格上传至云文档（10分）；指定至少1个对象进行云文档分享及数据填写（10分）；云文档管理（5分）；云文档加密保护（10分）；结束云文档分享（10分）	
云文档保存	共5分。云文档命名正确、文件类型导出类型正确	
职业素养	共10分，包含敬业精神与合作态度	

【新技术】

WPS团队工作台是一款应用于团队协作办公的工具软件，它可以提供比互联网硬盘更加安全、更加便捷、更加专业的文件分享、云存储、在线协作和团队管理服务。WPS团队工作台的主要功能包括实时协作、在线文档、离线备份、权限管理、版本控制、数据加密保护、安全审计、发起审核流程、查看跟进进度和API接口等。用户可以在WPS团队工作台上上传、管理和分享各种文件类型，方便团队成员实时协作、分享信息和管理工作进度，提高团队协作效率和工作效果。

案例说明：扫二维码观看团队工作台。

团队工作台操作视频

【能力拓展】

1. 正确制作文档，完成后面的要求。

临近毕业，学校需要收集各位毕业生毕业感言；为使母校建设得更好，需要每位同学对母校的发展建设献策。

要求：

（1）录入标题内容"情系母校　感恩母校　我为母校献计策"，居中对齐。

（2）正文使用"标题二""加粗"，颜色为"蓝色"，添加"高亮区"。

（3）在正文模板中插入两列一行表格，备注"专业""姓名"。

（4）将文档上传至"云文档"，并分享给多个对象进行编辑。

（5）将编辑好的云文档导出到本地，导出格式为PDF文件。

案例说明：扫二维码观看WPS办公应用职业技能等级划分及要求。　WPS办公应用职业技能
等级划分及要求